"十四五"普通高等教育本科部委
新工科系列教材

新型纺织加工技术

张　岩　主编
魏真真　于金超　副主编

中国纺织出版社有限公司

内 容 提 要

本书系统地介绍了近年来纺织加工方面的新技术，内容包括生物基纤维、循环再利用化学纤维、喷气涡流纺纱技术、三维机织物、三维编织物、纬编针织物加工技术和新型经编针织技术。详细介绍了这些新型技术的基本原理、产品应用和研究前景。

本书可供纺织高等院校相关专业的师生学习和科研使用，也可供纺织企业的科技人员阅读。

图书在版编目（CIP）数据

新型纺织加工技术 / 张岩主编. --北京：中国纺织出版社有限公司，2021.5（2024.7重印）

"十四五"普通高等教育本科部委级规划教材．新工科系列教材

ISBN 978-7-5180-8456-2

Ⅰ. ①新…　Ⅱ. ①张…　Ⅲ. ①纺织工艺—高等学校—教材　Ⅳ. ①TS1

中国版本图书馆 CIP 数据核字（2021）第 049830 号

策划编辑：沈　靖　孔会云　　责任编辑：沈　靖

责任校对：寇晨晨　　责任印制：何　建

中国纺织出版社有限公司出版发行

地址：北京市朝阳区百子湾东里 A407 号楼　邮政编码：100124

销售电话：010—67004422　传真：010—87155801

http://www.c-textilep.com

中国纺织出版社天猫旗舰店

官方微博 http://weibo.com/2119887771

北京虎彩文化传播有限公司印刷　各地新华书店经销

2024 年 7 月第 2 次印刷

开本：787×1092　1/16　印张：13.75

字数：284 千字　定价：58.00 元

前言

纺织工业是我国传统支柱产业和重要的民生产业，也是创造国际化新优势的产业。随着新经济的发展，加快纺织产业的转型升级，促进我国由纺织大国迈向纺织强国已经迫在眉睫。近十几年来纺织行业飞速发展，新材料、新技术、新工艺不断涌现，纺织品的应用领域不断拓展。然而现有教学内容无法紧跟行业的发展，导致培养的人才无法达到企业对人才的要求。因此亟须将行业最新进展和发展方向引入课堂，使人才的培养可以紧跟甚至超前于行业发展。

本教材编写于“十四五”开局之年，同时也是“新工科”建设的关键时期，根据“新工科”建设需求和纺织工业的最新发展编写而成。全书共分为七章，主要内容包括新型纤维原料、新型纱线和织物；在以往教材、科研论文和行业实践的基础上，系统地介绍了近几年来纺织行业新兴的加工技术。本教材突破原有框架，集纤维、纱线、机织物、针织物和编织物的成型技术于一体，突出新型加工技术和应用领域。

本教材由苏州大学张岩组织编写。各章节分工如下：第一、第二章由苏州大学于金超编写；第三章由苏州大学张岩编写；第四章由苏州大学王萍编写；第五章由天津工业大学吴利伟编写；第六章由苏州大学魏真真编写；第七章由苏州大学冒海文编写。

本书适用于纺织高等院校相关专业的本科生和研究生学习和科研使用。同时也希望能为纺织行业相关的工程技术人员和管理人员提供参考和帮助。

限于编者水平，书中难免存在不妥和错误之处，敬请读者批评指正。

编者

2021年3月

目录

第一章　生物基纤维 …… 1

第一节　生物基纤维概述 …… 1
第二节　聚乳酸纤维 …… 6
第三节　再生纤维素纤维 …… 21
参考文献 …… 32

第二章　循环再利用化学纤维 …… 33

第一节　循环再利用化学纤维概述 …… 33
第二节　物理化学法循环再利用技术 …… 35
第三节　化学法循环再利用技术 …… 39
第四节　热能法循环再利用技术 …… 43
第五节　循环再利用化学纤维的产品开发及应用 …… 51
参考文献 …… 55

第三章　喷气涡流纺纱技术 …… 56

第一节　喷气涡流纺纱概述 …… 56
第二节　喷气涡流纺纱原料 …… 62
第三节　喷气涡流纺纱线加工成形 …… 65
第四节　喷气涡流纺纱线新产品开发 …… 74
参考文献 …… 77

第四章　三维机织物 …… 79

第一节　三维机织物的结构和组织 …… 79
第二节　三维机织物的织造方法和原理 …… 86
第三节　三维机织物的性能和应用领域 …… 99
参考文献 …… 104

第五章　三维编织物 …… 106

第一节　编织物概述 …… 106
第二节　三维二步法编织 …… 111
第三节　三维四步法编织 …… 118

第四节　其他三维编织方法 …… 133
参考文献 …… 135

第六章　纬编针织物加工技术 …… 138

第一节　纬编针织物概述 …… 138
第二节　圆纬机加工技术 …… 147
第三节　横机加工技术 …… 163
参考文献 …… 171

第七章　新型经编针织技术 …… 172

第一节　经编针织物概述 …… 172
第二节　少梳栉经编产品及加工方式 …… 179
第三节　贾卡经编产品及加工方式 …… 192
第四节　多梳栉经编产品及加工方式 …… 204
第五节　双针床经编产品及加工方式 …… 206
第六节　轴向经编产品及加工方式 …… 209
参考文献 …… 213

第一章　生物基纤维

第一节　生物基纤维概述

合成纤维原料主要来源于石化资源，其产能的快速提升将带来资源枯竭、环境污染等难题，威胁到环境以及人类健康和可持续发展。为了满足市场需求，必须有相应的替代资源来满足生产发展和消费增长的需要。我国生物质资源十分丰富，生物基纤维及其原料是我国战略性新兴生物基材料产业的重要组成部分，具有绿色、环境友好、原材料可再生以及生物降解等优良特性，有助于解决当前经济社会发展所面临的严重的资源和能源短缺以及环境污染等问题，同时能满足消费者日益提高的物质生活需要，增加供给侧供应，促进消费回流。由于生物基纤维采用农、林、海洋废弃物、副产物加工而成，是来源于可再生生物质的一类纤维，体现了资源的综合利用与现代纤维加工技术的完美融合，其纤维纺织品及其他产品亲和人体，环境友好，具备特有的多方面功能，引领全球纺织品等新一轮的消费热潮。

一、生物基纤维简介

生物基纤维或生物源纤维是指利用可再生的生物体或生物提取物制成的纤维，以区别于用煤、石油等不可再生石化资源为原料生产的纤维。生物基纤维的品种很多，为了研究和使用上的方便，可以从以下不同角度对它们进行分类。

1. 根据生物学的属性分类

可分为动物质纤维（如羊毛、蚕丝等）、植物质纤维（如棉纤维、麻纤维等）和微生物质纤维（如细菌纤维素纤维等）。

2. 根据产业分类

可分为农副产生物质纤维和海副产生物质纤维。

3. 根据生产过程分类

生物基纤维可分为生物基原生纤维、生物基再生纤维和生物基合成纤维三大类。

（1）生物基原生纤维。经物理方法加工处理后直接使用的动植物纤维，如棉、麻、丝、毛等。

（2）生物基再生纤维。即以天然动植物为原料，经过物理或化学方法制成纺丝溶液，而后通过适当的纺丝工艺制备而成的纤维，如甲壳素纤维、壳聚糖纤维、再生纤维素纤维、再生植物蛋白纤维等。

（3）生物基合成纤维。以生物质为原料，通过化学方法制成高纯度单体，而后经过聚合反应获得高分子量的聚合物，再经适当的纺丝工艺加工成的纤维。

生物基再生纤维和生物基合成纤维统称为生物基化学纤维。但是，这两类纤维的不同之处在于：生物基再生纤维不改变生物质大分子原有的化学结构，纺丝过程是对其物理形态的再造，它仅仅改变聚集态结构；而生物基合成纤维的化学及物理性质取决于所使用的单体，它与单体来源无关。换言之，合成纤维可以用生物基单体也可以用石油基单体，相同单体制成的纤维的性能就相同。生物基合成纤维强调的是其单体源于生物体。

二、生物基化学纤维的特点

（1）原料是植物、动物的副产物，具有可再生性，可以实现可持续发展。

（2）生物基化学纤维具有较低的碳足迹。生物基化学纤维所含碳原子全部或者部分来源于生物质。以植物生物质为例，植物在生成的过程中吸收地球大气中的 CO_2，利用光合作用合成新型含碳天然大分子。其废弃后无论是经过环境中的生物降解作用，或是燃烧转为 CO_2，从全生命周期来看并不会产生额外的碳排放。因此，生物基化学纤维具有整体减碳排放或者无增碳排放的特点。

（3）大部分生物基化学纤维可呈现优异的生物降解性和生物相容性。根据具体化学结构的不同，一些生物基化学纤维可以在堆肥、自然环境和生物体内发生降解，以及具有较好的生物相容性，可应用于生物医用等领域。

三、生物基合成纤维和生物可降解纤维的关系

近年来，随着全球对传统塑料等难以在自然环境中降解所造成的严重环境污染，以及日益严峻的微塑料污染问题的关注，开发生物可降解塑料及纤维制品变得尤为重要。特别是各国“禁塑令”的逐渐实施，一些具有潜在造成微塑料污染的制品将被禁止使用。然而，生物基化学纤维主要是指其原料中含有可再生植物生物质或动物生物质成分，而生物可降解纤维既可以来源于生物基，也可以来源于石油基，因此，生物基合成纤维不等同于生物可降解纤维。按照高分子材料或纤维原料来源及是否可以生物降解可以分为 4 个象限（图 1-1）。

1. 石油基、非生物可降解纤维（第Ⅲ象限）

传统石油基化学纤维如涤纶（PET）、锦纶（PA）、丙纶（PP）和氨纶等均处于此象限。这些纤维具有高熔点，高结晶度，分子结构规整，力学性能优良，并且具有较好的耐水解性和抗化学腐蚀性，因此在自然环境中降解非常缓慢。例如，聚烯烃在自然环境中，受到日光照射，可以发生热氧降解，但降解速率极低。低密度聚乙烯（LDPE）2.5 年内降解转化为 CO_2 的比例仅为 0.35%，因此，我们通常认为这类纤维材料为非生物降解纤维。

2. 生物基、可生物降解纤维（第Ⅰ象限）

所有的生物基原生纤维（天然纤维）以及生物基再生化学纤维由于保留了天然生物质的多糖或蛋白结构，因此其纤维制品具有与天然生物质较为类似的完全可生物降解性。而生物基合成纤维中如聚乳酸（PLA）和聚己内酯（PCL）等均可在堆肥和中性酶降解溶液中发生质量损失、力学性能下降，以及矿化为 CO_2 和水等小分子，因此具有较好的可生物降解性能。从全生命周期分析来看，此类纤维是生态友好的纤维材料。

3. 生物基但难以生物降解纤维（第Ⅳ象限）

高分子材料的生物降解性能是个较为复杂的过程，与材料本身的化学结构和性能紧密关

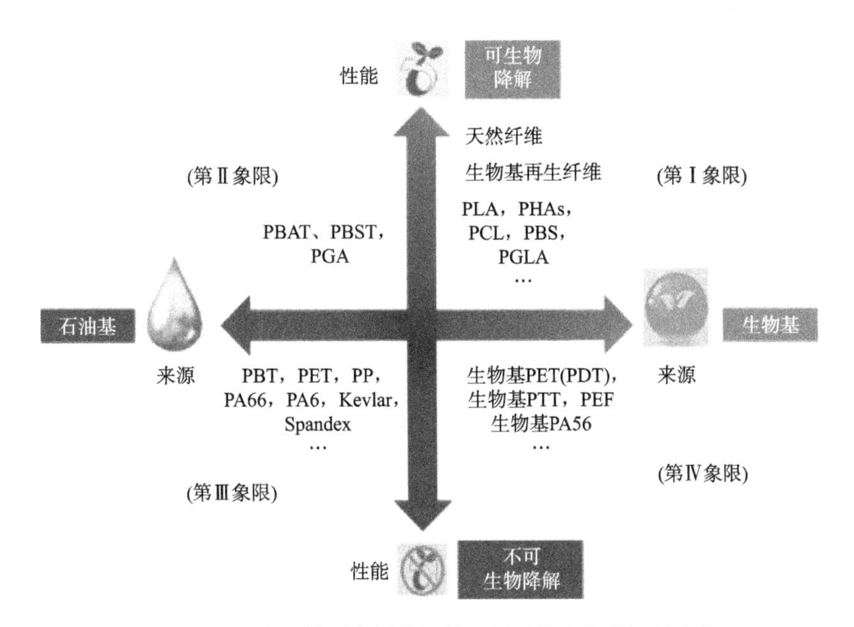

图 1-1 高分子材料或纤维原料来源及其生物降解性分类

联。有些化学纤维材料尽管具有生物基属性，但却由于本身的结晶度高、热学性能优异，制约其生物降解性能，属于难以降解的纤维材料。例如，生物基 PTT（聚对苯二甲酸丙二醇酯）纤维所使用的二元醇单体是生物基 1,3-丙二醇（PDO）。PDO 可以以谷物为原料，用生物法进行生产。进一步采用直接酯化法（用对苯二甲酸和 PDO 直接反应）或酯交换法（对苯二甲酸二甲酯与 PDO 进行酯交换反应）制得。PTT 纤维具有优于其他聚酯纤维的回弹性能、较低的拉伸模量、较高的断裂伸长率；具有较好的染色性能；扛褶皱性和柔软的手感。生物基 PTT 聚酯纤维是我国近年来具有国际领先地位的新型生物基纤维品种。然而，生物基 PTT 聚酯纤维与涤纶较为接近，并不具有生物降解性能。其生态优势在于可有效降低产品的碳足迹，但制品废弃后难以通过自然环境降解。

再比如 PEF（聚呋喃二甲酸乙二醇酯）纤维，它与生物基 PTT 聚酯纤维较为类似，PEF 聚酯纤维则是利用生物基二元羧基单体，即生物基呋喃-2,5-二甲酸与乙二醇制备而来。呋喃二甲酸可以以淀粉或纤维素等天然生物质为原料，经生物发酵或化学方法制备。PEF 纤维与涤纶 PET 纤维相似，具有较为接近的熔点和玻璃化转变温度，尽管有报道称 PEF 具有一定的生物降解性，然而其生物降解速率较为缓慢，根据目前的生物可降解堆肥标准，其并非生物可降解纤维。

其他生物基纤维材料，如尼龙 56 和生物基 PDT 纤维也属于此类。

4. 石油基、可生物降解纤维（第Ⅱ象限）

如前所述，高分子材料的生物降解性能是个较为复杂的过程，与材料本身的化学结构和性能紧密关联。有些化学纤维材料尽管主要来源于石油基，但却由于本身的分子链结构较为柔性，酯键容易发生水解，以及微生物或者生物酶降解，因而呈现较好的生物降解性能。例如，制备 PGA（聚乙酸醇）的重要化合物——草酸二甲酯（DMO），它是以煤为原料制得，经加氢、水解、聚合制得。PGA虽由煤制得，但是其生物降解能力很好，可以在1~3个月内完全降解，降解产物是水和CO_2，完全无毒无害，常被用于可吸收手术缝合线，兼具高生物降解性和生物相容性。而PGLA（聚乙丙交酯）则是由9份乙交酯（PGA）和1份丙交酯（PLA）按照一定比例共聚制得。丙交酯如果为生物法制备而来，则PGLA则可称为生物基，且为可生物降解纤维。PGLA具有较高的拉伸强度、良好的生物相容性和可生物降解性，也常用于可吸收手术缝合线。

其他纤维如PBAT和PBST也主要来源于石油基。PBAT和PBST分别由己二酸丁二醇酯（PBA）、丁二酸丁二醇酯（PBA）与对苯二甲酸丁二醇酯（PBT）共聚制备，其材料兼具PBA和PBT的性质，具有良好的断裂伸长率、延展性、耐热性和冲击性，同时具有优良的生物降解性能。主要应用为农用地膜等薄膜材料，纤维应用还处于开发阶段。

四、生物基化学纤维的加工方法

传统生物基原生纤维以棉纤维和桑蚕丝为代表。我国生产棉纤维和桑蚕丝纺织品的历史已经延续了几千年。“绫罗绸缎”用以形容蚕丝纤维纺织品的精美及高档品质，在古代更是权贵和财富的象征。棉纤维和桑蚕丝的生产主要以棉花和蚕丝为原料，主要经过多种物理手段制备而成。我国在中华人民共和国成立初期民间广泛采用手工“弹棉花”，即将棉籽与棉纤维进行物理分类，并进一步加工为纤维制品的过程。而现今的生物基化学纤维的加工方式主要分为以下几种。

（一）生物基再生纤维的加工过程

以再生纤维素纤维为例，其加工过程可大体分为纤维素原料预处理加工和纤维成型加工两道工序。

1. 纤维素原料预处理加工

来自原料中的纤维素不能直接利用，需要经过提纯处理才可以用于制备纤维，提纯处理的目的是将原料中的木质素、半纤维素等物质去除，然后将其制成浆粕（制浆过程）。常用的处理方式有化学处理，大多是采用酸碱水解的方式进行处理，但是这种处理方式对环境的危害较大，已经逐渐开发了多种新型处理方式，如生物处理（利用真菌和细菌去除木质素、角质以及其他物质）、酶处理、物理处理（利用机械力、高能辐射、微波处理）、蒸汽爆破等。

最开始制作纤维所需要的纤维素主要来自棉花、木材，但是受到我国耕地面积和林业资源的限制，原料来源开始向其他的可再生资源转移，比如竹、麻、香蕉、甘蔗等，尤其是一些农副产品，如甘蔗渣、农作物秸秆、椰子壳等，利用这些农副产品作为纤维的原料可以实现变废为宝，降低产品成本，为扩大产量提供了广阔的可能。

2. 纤维成型加工

已经实现工业化的纺丝技术是溶液纺丝，其中最为典型的是黏胶法和直接溶剂法。

黏胶法是广泛采用的纤维素纤维生产方法，先将纤维素用强碱处理生成碱纤维素，再与CO_2反应得到纤维素黄酸钠，再将该衍生物溶于强碱中制成黏胶（纺丝液），纺丝溶液从喷头的细孔中压入由硫酸、硫酸钠和少量硫酸锌组成的凝固浴中凝固、再生，经过拉伸等加工后得到人造纤维（图 1-2）。生产过程包含复杂的化学反应，工艺流程长，生产效率低，并生产 CS_2、H_2S 等废气，含酸、碱、Zn^{2+}的废水，含 CaO、Al_2O_3、MgO、Fe_2O_3 等的污泥，消耗大量水、电、煤等能源。

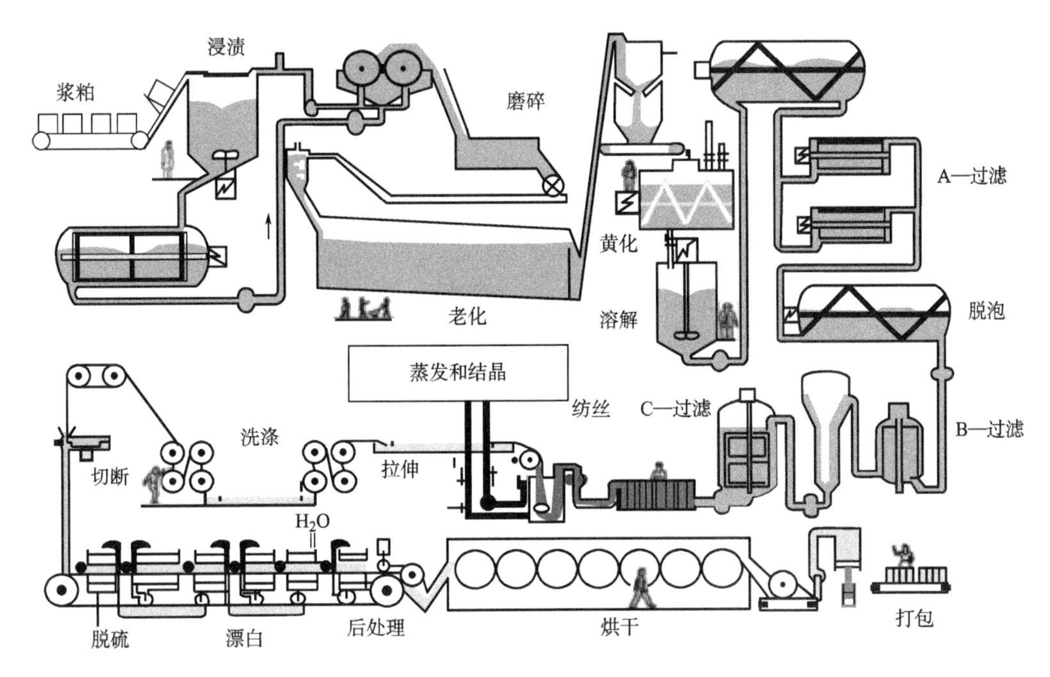

图 1-2 黏胶法制备再生纤维素纤维的工艺流程图

直接溶剂法的代表是以 *N*-甲基吗啉-*N*-氧化物（NMMO）为代表的新溶剂体系的开发。NMMO 法生产工艺是一种不经过化学反应而制得纤维素纤维的工艺，首先将浆粕与含结晶水的 NMMO 充分混合、溶胀，然后减压除去大部分结晶水，溶解，形成一稳定、透明、黏稠的纺丝原液，经过滤、脱泡后纺丝。具有工艺流程短、污染小、溶解性能好等优点（图 1-3）。NMMO 法生产的再生纤维素纤维称为“Lyocell 纤维”（莱赛尔），被誉为 21 世纪的绿色纤维。

由上述内容可看出，直接溶剂法可以省略一系列化学处理的过程，缩短了生产流程，减少了污染。目前国内外研究人员正致力于其他溶剂体系的开发。

其他溶剂有离子液体和低温碱/尿素体系等，其中低温碱/尿素体系是由我国自主研发的纤维素溶解体系。

纤维素纤维清洁化加工工艺的研究还包括纤维素酯的熔融纺丝法，即通过生物质原料的衍生化制备纤维原料，然后再进行熔融纺丝。然而由于天然生物质原料化学结构复杂，包含多个羟基官能团，容易发生高温降解，其工艺虽已有报道，但尚未形成商品。

（二）生物基合成纤维的加工过程

生物基合成纤维的加工过程与传统涤纶、锦纶等纤维的制备工艺较为类似，均主要通过熔融聚合制备切片，后经熔融纺丝工艺制备纤维。随着工艺的进一步发展，也可以开发熔体

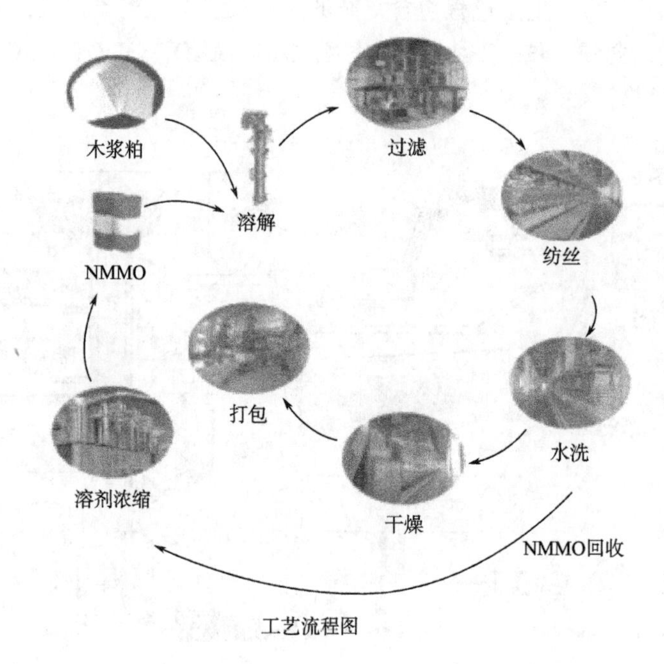

图 1-3 直接溶剂法制备再生纤维素纤维的工艺流程图

直纺丝工艺。

以聚乳酸为例，聚乳酸的单体是乳酸，或者经乳酸二聚环化制备的丙交酯，可以以玉米、马铃薯、甜菜等作物为原料经生物发酵获得。这些农作物在我国的产量很大，因此聚乳酸纤维在我国的发展潜力很大。聚乳酸切片的生产多采用两步法，先将乳酸缩聚制成低聚物，然后在催化剂的作用下制成丙交酯，再在真空中蒸馏提纯后进行催化开环缩聚制得聚乳酸。进一步利用切片，通过熔融纺丝工艺，即可制得多种规格的聚乳酸纤维应用于下游市场。生物基合成纤维的加工过程与传统涤纶、锦纶等纤维的制备工艺较为类似，均通过聚合制备切片，后经熔融纺丝工艺制备纤维。随着工艺的进一步发展，也可以开发熔体直纺丝工艺。

第二节 聚乳酸纤维

一、聚乳酸纤维的概述

1. 聚乳酸纤维简介

聚乳酸纤维（玉米纤维），又名“乳丝”，得名于日本钟纺于 20 世纪 90 年代推出的聚乳酸纤维与天然纤维的混纺品种（CornFiber™）。聚乳酸的第一代原料是玉米，其可溯源为：玉米→淀粉→糖→乳酸→聚乳酸（图 1-4）。凡是含有淀粉、纤维素与半纤维素的天然生物质原料，都可用来生产乳酸，再经聚合生产聚乳酸。为避免“与人争粮、与粮争地”，也可采用非粮作物（如木薯）作为原料，甚至稻草、秸秆等农业废弃物为原料来生产乳酸，进而生产聚乳酸。

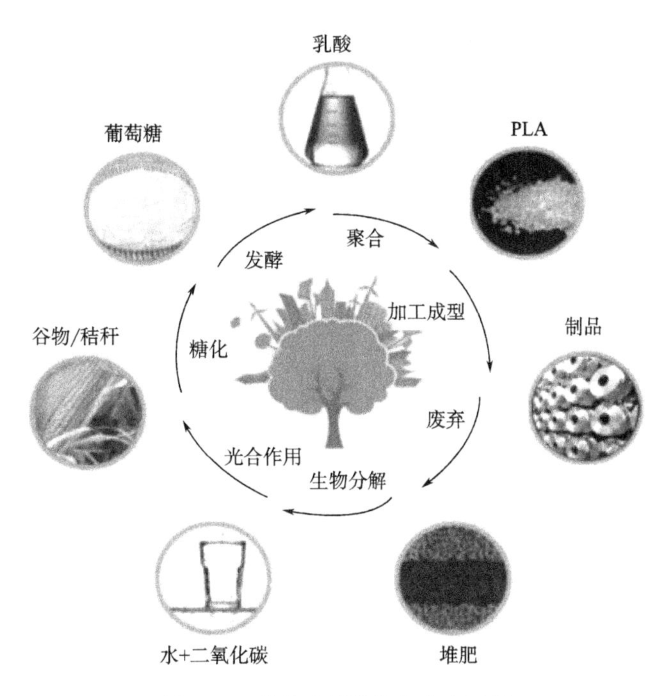

图 1-4 聚乳酸纤维的全生命周期

乳酸最早是从酸奶里找到，后来科学家发现动物、人类的肌肉运动产生的酸就是乳酸。利用乳酸聚合制备成聚乳酸高分子材料，是美国杜邦公司 Carothers（尼龙的发明人）首先在实验室发明制得的。

聚乳酸纤维的研发已有半个多世纪历史。美国 Cyanamid 公司于 20 世纪 60 年代研制出聚乳酸可吸收缝线。日本钟纺与岛津制作所于 1989 年合作开发出纯纺聚乳酸纤维（Lactron™）及其与天然纤维的混纺品种（CornFiber™），并在 1998 年长野冬运会上展出；日本尤尼吉卡公司于 2000 年开发出聚乳酸长丝与纺粘非织造布（Terramac™）。美国 Cargill Dow Polymers（CDP）公司（现 Nature Works）于 2003 年发布涵盖聚乳酸树脂、纤维、薄膜的系列产品（Ingeo™），并特许德国 Trevira 公司生产 Ingeo™ 系列非织造布，用于汽车、家纺、卫生等领域。近年来，我国也有多家单位开展了聚乳酸纤维的相关研发与产业化，如马鞍山同杰良生物材料公司、恒天长江生物材料有限公司、安徽丰原集团、上海德福伦化纤有限公司等。

2. 聚乳酸纤维的工艺与应用

目前主流的聚乳酸纤维均采用高光学纯度左旋聚乳酸（PLLA）为原料，利用其高结晶、高取向特性，通过不同的纺丝工艺（熔纺、湿法纺、干法纺、干湿纺、静电纺等）制备而成。其中，熔纺聚乳酸纤维（长丝、短纤）可用于服装、家纺等领域，生产设备和工艺接近于涤纶，具有良好的可纺性以及适中的性能。经过适当改性，聚乳酸纤维可获得较优的阻燃（自熄）和天然抑菌特性。但是，熔纺聚乳酸纤维在力学强度、高温尺寸稳定性、回弹及抗老化等方面仍有改进空间。

湿法纺、干法纺、干湿纺和静电纺聚乳酸纤维（膜）主要用于生物医用领域，代表性产品包括：高强可吸收缝线、药物载体、防粘连隔膜、人工皮肤、组织工程支架等。

随着医疗、卫材、过滤、装饰等领域对一次性非织造布的需求激增，聚乳酸非织造布也成为研发热点之一。

美国田纳西大学于20世纪90年代最先研究了聚乳酸纺粘和熔喷非织造布，日本钟纺随后开发出面向农业应用的聚乳酸纺粘非织造布，法国Fibreweb公司研发出聚乳酸纺粘、熔喷非织造布及多层复合结构（Deposa™），其中，纺粘非织造布层主要提供力学支撑，熔喷非织造布层与纺粘非织造布层共同提供阻隔、吸附、过滤、保温等效能。

国内同济大学、上海同杰良生物材料有限公司、恒天长江生物材料有限公司等单位在非织造布用复合纤维以及非织造布产品开发方面，已成功开发了纺粘、水刺、热轧、热风等非织造布，应用于卫生巾、尿裤等一次性卫生用品，以及面膜、茶包、空气与水过滤材料等产品。

聚乳酸纤维以其天然来源、可生物降解环保性等优势，还在汽车内饰、香烟丝束等方面得到推广应用。

3. 聚乳酸纤维的特点

聚乳酸纤维广受称道的优点之一是可生物降解或体内吸收。生物降解性能必须在标准堆肥条件下测定，降解产物为水和CO_2。常规聚乳酸纤维在正常使用或绝大多数自然环境中只发生缓慢水解甚至难以察觉，例如，在自然土壤中掩埋1年也基本不发生降解，而在常温堆肥条件下1周左右即发生降解。

聚乳酸纤维在体内的降解吸收受其结晶度影响很大，模拟体外降解实验表明，高结晶度聚乳酸纤维经过5.3年仍基本保持形状和近80%的强度，可能需要40~50年才能降解完全。

4. 聚乳酸纤维的创新拓展

作为研发生产了半个多世纪的化纤品种，聚乳酸纤维当前的实际用量仍不及涤纶的千分之一，成本因素固然居前，性能短板也不容忽视。通过改性扬长避短是发展聚乳酸纤维的必由之路。

我国是化纤生产和消费大国，近年来在改性聚乳酸纤维方面的研究处于领先地位。聚乳酸纤维既能与传统天然的“棉麻毛丝”混纺制成性能互补的机织、针织面料，也可与其他化学纤维（如氨纶、PTT等）混纺制成织物，体现了亲肤、透气、导湿等功效，已在内衣面料方面得到推广。同济大学、中科院宁波材料所、东华大学、苏州大学、嘉兴学院、上海同杰良生物材料公司等已进行了大量的技术开发与产品推广等。

中科院宁波材料所科研人员受塑料“合金化”的启发，采用另一商品化生物基可降解树脂（聚羟基脂肪酸酯）与聚乳酸进行共混纺丝，研制出新型合金改性聚乳酸纤维。该新型纤维染色性好，天然抑菌，可用于高值纺织品和医疗卫生领域。

二、聚乳酸的合成

聚乳酸的单体为乳酸，可100%从玉米、甜菜、大米等生物质原料由生物发酵而得。虽然名叫乳酸，但其主要合成路线，并不是由单体乳酸直接逐步缩聚而得。缩聚法需要用到溶剂，涉及溶剂的回收，生产成本较高；为了获得高分子量聚乳酸，缩聚法还需要在高温和真空条件下不断去除聚合反应过程中产生的水，使体系的含水量保持在痕量水平以下。该方法还存在其他一些缺点，诸如需要较大的反应容器，产品颜色较深，立构规整度低。尽管 Mitsui Chenicals 公司发明了一种新的工艺，可以在无溶剂条件下直接缩聚左旋乳酸单体以制备高分子量的聚乳酸，但这并不是当前商业化聚乳酸合成的主要路线。目前，商业化聚乳酸主要采用的 CargillInc 公司开发的工艺路线——丙交酯开环聚合得到聚乳酸。

（一）缩聚法

1. 直接缩聚法

乳酸同时具有—OH 和—COOH，可直接缩聚，聚合的同时蒸馏出反应生成的副产物缩聚水。根据反应需要，也可添加合适的催化剂。PLA 的直接缩聚原理为：

$$HO-\underset{}{\overset{CH_3}{\overset{|}{C}H}}-\overset{O}{\overset{\|}{C}}-OH \rightleftharpoons HO\left[\overset{CH_3}{\overset{|}{C}H}-\overset{O}{\overset{\|}{C}}-O\right]_{\partial}H+(\partial-1)H_2O$$

从反应方程式可以看出，直接缩聚法要获得高分子量的聚合物必须注意以下三个问题：动力学问题、水的有效脱出、抑制降聚。关于水的有效脱出，通常使用沸点与水相近的有机溶剂，在常压下反应带走聚合产生的小分子。为了提高反应程度，一般可采用延长反应时间、提高反应温度（限制在分解温度之下）、尽量排除生成的低分子物质、使用良性剂和活性剂等方法。

乳酸直接缩聚制备聚乳酸工艺可以分为以下三个基本阶段：脱除乳酸原料中的自由水，低相对分子量聚乳酸的缩聚和高相对分子量聚乳酸的熔融缩聚。直接缩聚法主要有溶液缩聚法和熔融缩聚（本体聚合）法两种。日本 Mitsui Toatsu 化学公司的研究中心采用溶液缩聚法制得了重均分子量达 36 万的 PDLLA，该方法是将乳酸、催化剂和高沸点有机溶剂一起放入反应容器中，在 140℃脱水 2h，然后在 130℃下将高沸点有机溶剂和水一起蒸出，在 30nm 分子筛中脱水 20~40h，直至通过分子筛的水含量小于 3×10^{-6} 质量百分浓度。这种方法中，反应生成的丙交酯和有机溶剂经循环返回反应体系继续进行脱水反应，避免了 PDLLA 分解现象。总体而言，溶液缩聚易于获得相对分子质量过万的聚乳酸，而且对单体的要求不高，有利于用外消旋乳酸为原料进行合成。但是，其对脱水的要求更高，操作复杂。同时，由于一般要用有机溶剂共沸脱水，也使成本增加。而且某些高沸点的溶剂在聚乳酸的提纯时难以除尽，影响产品纯度。基于以上原因，人们逐渐更多关注不使用溶剂的乳酸直接缩聚法。乳酸的熔融缩聚法中则采用适当的催化剂使反应平衡向有利于脱水而抑制丙交酯生成的方向进行。反应体系的极性对催化剂的活性有很大影响，通过加入热稳定性好而又不易挥发的质子酸，如 TSA 作助催化剂，可制得重均分子量达 1 万以上的聚乳酸。总之，乳酸的熔融聚合也可以获得分子量过万的聚乳酸，且操作简单。但对乳酸单体的纯度要求高。目前，国内对于乳酸熔融聚合方面的研究报道还不多，要赶超国外技术水平还有相当长的路程。目前，国产的 L-乳酸质量难以保证，这一重要原料的质量问题制约着该领域的发展。

2. 固相缩聚法

直接缩聚纺制备的聚乳酸通常有相对分子量低和产率低的缺点。通过连续熔融/固态缩聚可以提高聚乳酸的相对分子质量。

在连续熔融/固态缩聚中，除了具有直接缩聚过程中的三个阶段以外，还要经历第四阶段。在第四阶段，熔融缩聚的聚乳酸被冷却到熔点以下，通常形成凝固的颗粒。固体颗粒再进行重结晶，此时可以观察到结晶相与无定形相两相。活性末端官能团与催化剂集中在被晶体包围的无定形相中，所以虽然缩聚过程是在低温（低于聚合物的熔点）的固态进行，缩聚速率却可以得到极大的提高。金属催化剂既可以在无定形态相中催化固态缩聚，也可以催化熔融缩聚。此类催化剂是金属，也可以是锡、钛、锌的金属盐。

3. 共沸脱水缩聚法

在共沸脱水中，具有和直接熔融缩聚相同的基本步骤，只是没有最后高黏性的熔融缩聚，因为此时的缩聚反应是在溶液中进行的。这种方法易于除去反应体系中生成的水，因而制备的聚乳酸也具有更高的分子量。

在聚乳酸直接缩聚法中，脱水技术是提高相对分子质量的关键步骤。因此，虽然有一些耐水催化剂可以提高聚乳酸的相对分子质量，但是仍然需要一些脱水技术辅助合成聚乳酸。其中常见的方法是在锡盐类催化剂的作用下，使用有机溶剂（如二苯醚、二甲苯、均三甲苯、十氢化萘等）共沸技术和干燥剂（如分子筛）。

乳酸的共沸脱水缩聚法似乎可以通过提高成本来实现高分子量聚乳酸的制备，然而溶剂（如聚苯醚）的使用导致生产工艺与控制设备更加复杂，并且从粗产物中除去溶剂也并非易事，因此共沸脱水缩聚这一方法并非理想的选择。

（二）扩链法

在获得高聚合度聚乳酸的方法中，扩链剂扮演着重要角色。扩链剂是指在短时间内能够提高低聚物聚合的某些化合物，通常是一种双官能团化合物，且极易与两种低聚物末端官能团发生反应。其原理是：聚乳酸低聚物中含端—OH 和端—COOH，采用对这两种基团反应活性均较高的扩链剂与其作用，使聚乳酸低聚物分子量成倍增长，得到具有较高分子量的聚乳酸。扩链聚合法具有反应速率快、时间短的优点，但反应活性较高的偶合剂或扩链剂一般都具有较差的热稳定性。具有端—OH 和端—COOH 的二异氰酸酯、二环氧化物、双噁唑啉、二酸酐和双乙烯酮缩醛是应用较多的几种扩链剂。Hiltunen 等采用 L-乳酸为原料、1,5-二羟基萘作为扩链剂，于 220℃条件下进行聚合，最终获得了最高重均分子量高达 7.2 万的高分子量聚乳酸。

（三）开环聚合法

L-丙交酯开环聚合可以制备高分子量 PLA，并可以调控 PLA 的分子量、分子链结构形态和物理化学性质。目前工业化 PLA 树脂合成均采用该方法。该方法可以通过熔融聚合物、本体聚合、溶液聚合和悬浮聚合等技术实现。

熔融聚合技术被认为是简单且具有可重复性的方法。丙交酯开环聚合制备 PLA，第一步是乳酸经脱水环化制得丙交酯：

$$2HO-\overset{\overset{\displaystyle CH_3}{|}}{C}H-COOH \xrightarrow[\text{环化}]{\text{脱水}} \text{(}H_3C, O, O\text{; }O, O, CH_3\text{ 六元环)} + H_2O$$

第二步是通过熔融聚合技术由丙交酯经开环聚合制得 PLA：

$$\text{H}_3\text{C-丙交酯} \xrightarrow[\text{催化剂}]{\text{开环聚合}} \left[\text{O}\overset{\text{CH}_3}{\text{CH}}\text{—}\overset{\text{O}}{\text{C}}\right]_n$$

现阶段，高相对分子质量的聚乳酸（PLA）主要通过高纯丙交酯在一定催化体系的催化下开环聚合制得，丙交酯开环聚合物制备 PLA 的反应机理依赖于聚合物条件、催化剂类型、引发剂浓度和溶剂等因素。开环聚合物所用的催化剂不同，聚合机制也不同，这些体系大致分为以下三类。

1. 阳离子型开环聚合

一般认为阳离子型开环聚合的机制为阳离子先与单体中氧原子作用生成翁离子或氧翁离子，经单分子开环反应生成酰基正离子，并引发单体进行增长。由于每次增长发生在手性碳上，因此不可避免外消旋化，而且随聚合温度的升高而增加。这类引发剂很多、主要有质子酸型引发剂，如 HCl、HBr、$AlCl_3$；路易斯酸型引发剂，如 $SnCl_4$ 等。其中，$SnCl_2$ 被认为是 L-PLA 开环聚合的高效催化剂，以 $SnCl_2$ 为催化剂，在聚合温度较高的情况下（>160℃）得到的聚合物仍保持原来单体的构型，而不会发生消旋化。

$$R^{\oplus} + \text{丙交酯} \longrightarrow R\text{—}^{\oplus}\text{O(丙交酯)} \longrightarrow \text{RO—}\overset{\text{CH}_3}{\text{CH}}\text{—}\underset{\text{O}}{\text{C}}\text{—O—}\overset{\text{CH}_3}{\text{CH}}\text{—}\underset{\text{O}}{\text{C}^{\oplus}} \xrightarrow{n\text{Lactide}} \text{polymer}$$

2. 阴离子型开环聚合

引发剂主要为碱金属化合物，如醇钠、醇钾、丁基锂等烷氧负离子进攻丙交酯的酰氧键，形成活性中心内酯负离子，该负离子进一步进攻丙交酯进行链增长，以 ROK 为例，其聚合机制示意如下。其特点是反应速度快，活性高，可进行溶液和本体聚合，但副反应不易消除，不易得到高分子量的聚合物。

$$\text{RO}^{\ominus}\text{K}^{\oplus} + \text{丙交酯} \longrightarrow \text{RO—CO—}\overset{\text{CH}_3}{\text{CH}}\text{—O—CO—}\overset{\text{CH}_3}{\text{CH}}\text{—O}^{\ominus}\text{K}^{\oplus} \xrightarrow{n\text{Lactide}} \text{polymer}$$

3. 配位开环聚合

在开环聚合中，配位开环聚合一直是人们关注的焦点，所用的催化剂为有机铝化合物、锡类化合物、稀土化合物等。金属铝可与不同配体形成配位化合物，催化 PLA 开环聚合得到大分子单体，进而可制备接枝、星型等结构的共聚物，其反应在一定程度上表现出活性聚合的特征。以烷氧铝为例，其聚合机制如下。

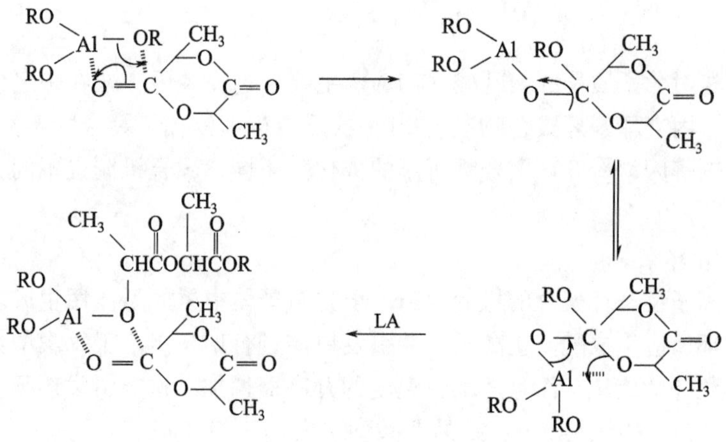

开环聚合制备的聚乳酸的后处理与其加工过程和加工性密切相关。与通用塑料相比，聚乳酸由于较高的吸湿性，更容易水解，熔体稳定性有限，所以聚乳酸更需要后加工处理。聚乳酸的后处理可以分为两类：一是在熔融状态进行的后加工；二是后续的独立加工过程。在熔融状态进行的后加工过程主要是为了提高熔体稳定性和可加工性。催化剂失活是应用于聚乳酸的一个重要技术，常用的失活剂包括含磷化合物、抗氧化剂、丙烯酸类衍生物以及有机过氧化物。催化剂失活通常与处于剩余的丙交酯（脱挥）同时进行：在低压高温条件下蒸馏除去低相对分子质量组分。增加惰性气流，可以更好地除去未反应的丙交酯。丙交酯的回收可以与聚乳酸的制备过程相结合，这样可以提高生产线效率。除去聚乳酸中丙交酯组分的方法是在聚乳酸的熔点下进行残留丙交酯的固相聚合，这样可以在减少残留丙交酯组分的同时增加聚合物的相对分子质量。

聚乳酸合成方法未来发展的方向是：开发高效催化剂，快速促进脱水，加快反应达到，降低反应的活化能；另外，还可采用合适的单体（如光气）使乳酸低聚物进行缩合，以提高其相对分子质量。

三、聚乳酸纤维的成形

聚乳酸是一种具有良好的溶解和熔融性能、较高的结晶性、耐热性和透明性、可加工性良好的高分子材料，能够生产可生物降解的聚乳酸纤维。聚乳酸纤维的制备方法主要有熔融纺丝、溶液纺丝、静电纺丝等。现阶段较成熟的为熔融纺丝和溶液纺丝两种纺丝方法，其他纺丝方法还处于试验研究阶段。PLA 的溶液纺丝通常以二氯甲烷、三氯甲烷或甲苯等为溶剂，而这些溶剂是有毒的，污染大、溶剂回收困难，缺乏竞争力，限制了溶液纺丝制备聚乳酸纤维的商业化发展。对于熔融纺丝方法，基于聚乳酸属于热塑性聚合物的性质，可应用聚酯等普通熔纺设备进行熔融纺丝，设备易改装，工艺简单，生产环境好，且工艺和设备在不断地改进和完善，使熔融纺丝方法成为制备聚乳酸纤维的主流工业化生产方法。

聚乳酸为热塑性、半结晶高分子，玻璃化转变温度（T_g）和熔点（T_m）是影响其加工与应用的重要热力学参数。PLA 的 T_g 主要取决于分子量、共聚比例、是否含有增塑剂、物理老化、结晶度等因素，商品结晶性 PLA 的 T_g 通常为 50~63℃。当温度高于 T_g 时，PLA 处于高弹态（或橡胶态）；当温度低于 T_g 时，PLA 处于玻璃态；当温度进一步降至 β 转变温度（约-45℃）以下，PLA 的分子运动被严重抑制，成为高度脆性的材料。PLA 的 T_m 为 125~178℃，主要取决于光学纯度、结晶度、晶粒尺寸、晶型等因素。对于高光学纯度 PLA，其 T_m 可能高达 180℃；而随着光学纯度的降低或共聚比例的升高，T_m 降幅可达 50℃之多。表 1-1 为 PLA 共聚比例对其 T_g 和 T_m 的影响。

表 1-1 不同共聚比例 PLA 的玻璃化转变温度和熔点

共聚比例	玻璃化转变温度 T_g/℃	熔点 T_m/℃
100/0（L/D，L）-PLA	63	178
95/5（L/D，L）-PLA	59	164
90/10（L/D，L）-PLA	56	150
85/15（L/D，L）-PLA	56	140
80/20（L/D，L）-PLA	56	125

对于熔融纺丝工艺，加工温度的选择依赖于 T_m。原则上，加工温度须超过 T_m，以获得均匀、稳定的熔体，同时尽可能低以避免严重降解。由于 PLA 晶粒尺寸和晶体完善程度并非单一，而是呈一定的宽度分布，因而 PLA 的熔融总是发生于某个温度范围，通常说的 T_m 仅是此温度范围的峰值。根据经验，加工温度一般应设置比 T_m 高 40~50℃，在熔体冷却固化过程中，PLA 可在介于 T_m 和 T_g 的温度范围内发生结晶，但其控制性因素不同。当温度接近于 T_m 时，结晶主要受成核控制；而当温度接近于 T_g 时，结晶则主要受扩散生长控制。因此，可通过在加工过程中改变 PLA 所处的温度窗口以及冷却速率，获得非晶或半结晶的 PLA 制品，这对于调控 PLA 纤维的结构与性能至关重要。

1. 原料预处理及干燥

聚乳酸在潮湿和有氧的环境中会通过酯键断裂发生水解反应而产生降解，造成分子量大幅度下降，从而严重影响成品纤维的品质，所以纺丝前要在高度真空下严格除去切片中的水分，将含水量降低至 0.05%（质量分数），且这种水解反应在有温度的条件下更易进行，即使在含水量很低的情况下熔纺时，聚乳酸也会因热降解而损失分子量（可达 15%以上）。研究发现，加入少量抗氧剂亚磷酸三壬基苯酯（TNPP）可以有效地抑制聚乳酸在熔融纺丝过程中的降解，对比亚磷酸三苯酯（TPP）在 PET 熔融纺丝过程中的扩链作用，TNPP 极有可能在聚乳酸熔纺过程中通过酯交换反应也起到扩链作用，而通过聚 L-乳酸（PLLA）与聚 D-乳酸（PDLA）以 1∶1 比例共混熔融纺丝，会形成 PLA 立构复合物晶体，不仅能够获得较高分子量的聚乳酸，而且纺丝温度（耐热性）能够显著提高，从而改善纤维的力学性能，增加纺丝加工的可操作性。

在此阶段，聚乳酸的分子量及其分布和结晶度的变化会对最终纤维性能造成很大影响，较宽和较低的分子量分布都有碍于纺丝成型，分子量分布越宽，重均分子量将增大，熔体流变性能变差，难以出丝。由于 PLLA 对温度的敏感性，在干燥升温过程中特性黏度有较大幅度的下降，且温度越高，特性黏度下降的幅度越大。因此，干燥过程中烘箱的真空度、聚乳酸切片的干燥温度及时间是否得当是决定生产能否正常进行的重要因素之一。当干燥温度过高以及干燥时间过长时，切片容易降解，纺丝过程中单体多，同时因降解产生的水分易造成纺丝飘丝；干燥温度过低或者干燥时间不足时，切片中的水分没有充分去除，容易造成气泡丝。

2. 熔融纺丝过程

将 PLA 树脂加热到 T_m 以上 40～50℃时即发生熔融流动，此时熔体的流变行为是影响其加工成型的首要因素。图 1-5 为不同特性黏度（分子量）和 D-乳酸含量 PLA 的动态流变曲线。其中，PLA 的熔体黏度适中，且随剪切速率（或剪切频率）的变化平缓，说明其熔融加工性良好、稳定。熔融纺丝（熔融纺）较早用于制备 PLA 纤维，也是目前工业化生产 PLA 纤维的主流方法。

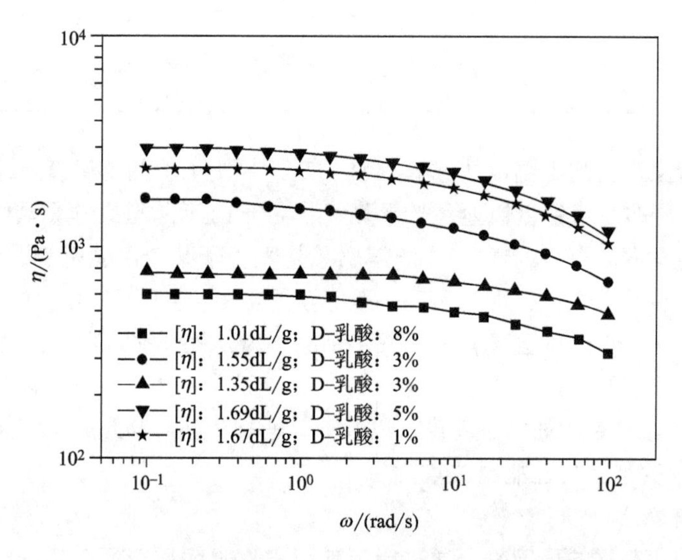

图 1-5　不同特性黏度和 D-乳酸含量 PLA 的熔体黏度曲线

工业熔融纺生产 PLA 纤维主要采用螺杆挤出机和配套的冷却、牵伸、卷绕系统，其主要设备流程如图 1-6 所示，与常规聚酯（如涤纶）的工业生产装置相仿。具体而言，所采用的 PLA 树脂原料的黏均分子量（M_v）为 5 万～35 万。根据光学纯度不同，熔融温度范围为 185～240℃。可采用带有喂料口冷却、螺杆长径比为 24～36 的常规单螺杆挤出机，螺杆的混合段末端可连续熔体静态混合器以提高熔体的均匀性，挤出各段的建议设置温度见表 1-2。计量泵通常为齿轮泵，其作用是确保熔体的精确计量，并与纺丝速率一起决定成品丝的纤维等规格参数。纺丝组件是保证纺丝过程稳定、成品丝质量合格的重要部件（图 1-7），其作用包括：容纳纺丝熔体，减缓由计量泵引起的熔体压力不匀，过滤除去熔体中的凝胶、杂质等。

分配板将熔体均匀、稳定地输送至喷丝板中的各个喷丝孔。喷丝孔的主体一般为柱形圆孔，其入口是锥形的，从而确保熔体压力平稳、均匀。喷丝孔的基本参数包括直径和长径比。对于 PLA 单丝而言，喷丝孔的直径一般为 0.5~1mm；而对于 PLA 复丝而言，喷丝孔的直径一般为 0.2~0.05mm。喷丝孔的长径比一般选择 2~3 为宜。喷丝孔在喷丝板面上的布置应充分考虑丝条的均匀基础和良好散热。

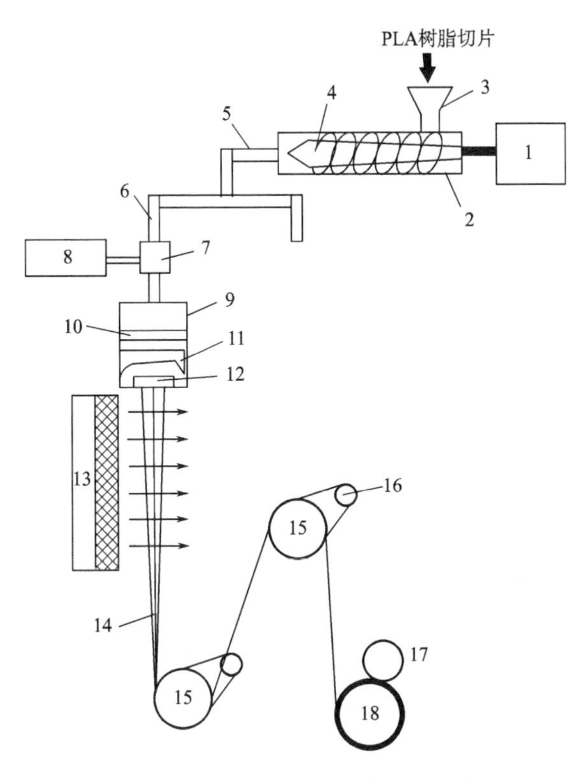

图 1-6　PLA 工业熔融纺设备流程示意图

1—驱动电动机　2—螺杆挤出机　3—喂料斗　4—螺杆　5—熔体管路　6—静态混合器　7—计量泵　8—计量泵驱动电动机　9—纺丝组件　10—过滤器　11—分配板　12—喷丝板　13—侧吹风　14—初生丝　15—导丝辊　16—罗拉　17—摩擦辊　18—卷绕辊

表 1-2　PLA 熔体挤出各段的建议设置温度

熔体挤出段	建议设置的熔体温度/℃
喂料口	25
1 区	200
2 区	220
3 区	230
计量泵	235
纺丝组件	235

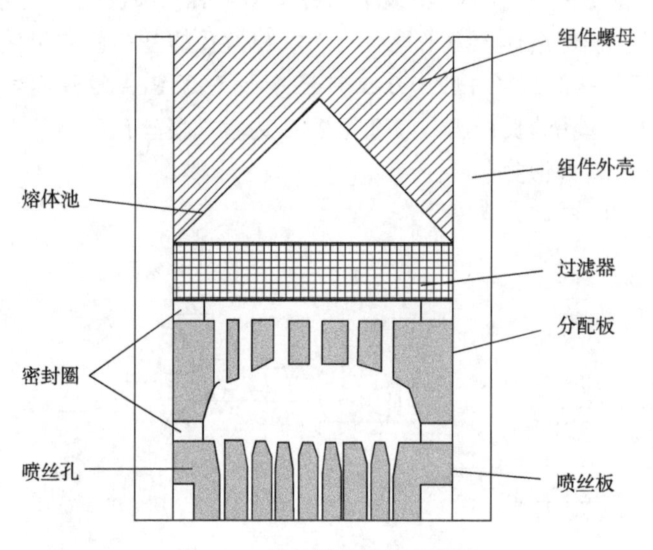

图 1-7　纺丝组件结构示意图

根据熔融纺的工艺速度不同，可将 PLA 纤维生产分为低速熔融纺和中高速熔融纺两类。PLA 工业级低速熔融纺—多级热牵伸工艺，其特点是：PLA 在螺杆挤出机内熔融，经计量泵、喷丝板挤出到水浴中冷却，然后通过多道由导丝辊和热水浴组成的热牵伸系统，最后定型、收卷。该工艺适合于制备直径较大（>30μm）的单丝或复丝。由于纺丝速度低（<50m/min），对熔体的流动性、可纺性要求相对不高，可采用分子量和黏度较高的 PLA 树脂作为原料。

为提高生产效率，PLA 纤维可采用中高速熔融纺丝工艺生产，可分为纺丝—牵伸一步法（纺牵一步法）和纺丝—牵伸两步法（纺牵二步法）。其中，纺牵一步法工艺的纺丝速度通常为 1000~5000m/min，牵伸比为 3~6，一步得到全取向丝（FDY）。高速纺工艺的纺丝速度一般超过 3000m/min，最高可达 8000~10000m/min，是效率最高的纤维生产方式。但由于纺丝速度快、张力大，对设备配置和原料的可纺性要求高，同时丝条冷却速度快，在纤维的结构、性能及均匀性等方面未必优于纺牵一步法工艺。

实际生产中也可采用更为灵活的纺牵二步法工艺：第一步在 500~3000m/min 的纺丝速度下得到预取向丝（POY），第二步根据需要进行必要的加工。例如，在 200~700m/min 的喂入速度下进行热牵伸、热定型得到 FDY，或进行假捻变形得到弹性丝（DTY）；或进行牵伸、卷曲、切断、定型等工艺得到不同规格的短纤维。显然，纺牵一步法工艺的生产效率较高，纤维品质更稳定，但对 PLA 树脂的熔体流动性与高速可牵伸性要求较高，而且高速热辊设备的投入较大；纺牵二步法虽然生产效率较低，但工艺灵活，设备投入较低，适合于生产不同规格、差异化程度较高的 PLA 纤维。

3. 纺丝工艺参数控制

（1）纺丝温度。在熔体纺丝中，聚乳酸与其他聚合物一样，纺丝温度影响了熔体的流动性能，同时对熔体细流的冷却固化效果、初生纤维的结构以及拉伸性能都有很大的影响。纺丝成型参数主要包括螺杆温度、纺丝头温度、卷绕速率、拉伸倍数、拉伸温度和热定型温度，其中温度影响最大。纺丝温度升高，聚乳酸熔体具有较好的流动性，然而，PLA 在高温下又极容易降解，这就是聚乳酸的热敏性与熔体高黏度之间的矛盾，在过高的纺丝温度下，容易出现毛丝、断头，甚至无法纺丝等现象；温度过低物料输送不通畅，喷丝口出来的物料达不到纺丝要求。因此，聚乳酸纺丝成形的温度范围极窄，在熔融纺丝中相对分子质量的损失是个备受关注的问题。表 1-3 为聚乳酸的分子量随纺丝温度的升高而降低，200℃以上时分子量的下降速率变快，到 240℃时，降解率超过 16%。纺丝温度为 200℃时，已超过 PLA 熔点 20~30℃，但是熔体流动仍然十分困难，不具备可纺性；将温度提高到 220℃左右时，熔体可以流动，但黏度较高，根据此时的流变行为很难进行顺利纺丝，如果提高剪切速率，丝条出现熔体破裂，表面粗糙，将纺丝温度升高到 230℃时，挤出熔体形成连续不断的细流，可纺性良好。再继续升高温度，丝条流动速率进一步加大，纤维色泽由白变黄，表明聚乳酸已经开始产生严重的降解。因此，聚乳酸熔融纺丝温度应控制在 225~235℃，以选择低温限为最佳。

表 1-3 不同纺丝温度下聚乳酸切片的降解百分率

纺丝温度/℃	200	210	220	230	240
降解率/%	3.6	13.3	15.0	15.0	18.8

（2）纺丝速率。纺丝速率（卷绕速率）是影响卷绕丝预取向度的一个重要因素，对纤维最终性能起关键作用。纺丝速率对初生纤维的结晶度和力学性能有很大影响。研究表明，纺丝速率（0~5000m/min）越大，初生纤维的结晶度越高，在 3000m/min 时达到最大值 43%，并且得到最佳的力学性能：杨氏模量为 6GPa、屈服强度为 160MPa、拉伸强度为 385MPa。而后继续增大纺丝速率，初生纤维的结晶度和力学性能有所下降。高纺丝速率下，聚乳酸分子链取向，纤维产生诱导结晶，结晶度和力学性能得到提升。如果纺丝速率过高，结晶时间偏短，结晶不完全，因此，结晶度和力学性能相对降低。高速纺丝由于纺丝线上的速度梯度较大，产生冷却空气和丝束间摩擦阻力较大，使得卷绕丝的分子链具有较高的取向度，卷绕丝具有非常高的强度，后拉伸倍数可以相对降低。

（3）拉伸倍数。聚乳酸初生纤维的取向度和结晶度都比较低，并存在内应力，其强度低、伸长大、尺寸不稳定。随着拉伸倍数的提高，聚乳酸纤维的断裂强度不断增大，断裂伸长率随之减小，取向度变大。长丝的力学性能是由其超分子结构所决定。拉伸倍数增加，长丝的取向因子增大，说明在适当的拉伸温度（T_g 以上）下，长丝的结构单元获得足够的热运动能量，此时轴向外力的作用会使长丝内大分子沿着长丝轴取向，同时分子取向诱导了大分子结晶，结晶度和密度增加，使拉伸丝的杨氏模量和断裂强度增加，而由于纤维大分子伸展能力的下降，断裂伸长下降，其取向度也明显增大。因此，提高拉伸倍数对聚乳酸长丝物理力学性能和结构的改善十分重要。当然，过大的拉伸倍数易破坏分子的链段联接，从而产生大面积毛丝而导致丝束缠辊，难以顺利拉伸，以致无法纺丝。

（4）拉伸温度。拉伸温度对聚乳酸长丝的拉伸稳定性起到极为关键的作用。拉伸温度低时，由于链段未完全解冻，拉伸初生聚乳酸纤维时易发生脆性断裂，产生毛丝和断头；随着拉伸温度的提高，一方面，由于聚乳酸大分子在拉伸过程中发生取向，伸直链段的数目增多，而折叠链段的数目减少；另一方面，由于拉伸过程中发生了结晶，片晶之间的连接链相应增加，从而提高了聚乳酸纤维的强度和抗拉性，表现在纤维的力学性能上是纤维的断裂强度明显增大，断裂伸长率也增加。拉伸温度过高，分子链的活动能力太强，拉伸应力变小，会加快聚合物分子链滑动，丝条的抖动加剧，影响拉伸的稳定性，容易导致毛丝的产生，大分子的取向度反而随温度的升高而降低，达不到提高强度的目的。

四、聚乳酸纤维的结构与性能

（一）聚乳酸纤维的结构

纤维结构包括形态结构和聚集态结构，是纤维的固有特征和本质属性。不同的纤维结构决定了纤维具有不同的物理、化学性质。聚乳酸纤维原料和生产工艺的特殊性决定了聚乳酸纤维具有异于一般纤维的特殊结构。

1. PLA 纤维的化学组成和分子结构

聚乳酸是由乳酸聚合而成的一种分子中带有酯键的脂肪族聚酯材料。乳酸有 D-乳酸（右旋）和 L-乳酸（左旋）两种旋光异构体，可制成 3 种旋光异构体的聚乳酸：左旋的 PLLA（L-聚乳酸）、右旋的 PDLA（D-聚乳酸）和消旋的 PDLLA（DL-聚乳酸），其中 PLLA 及 PDLA 是半结晶高分子，PDLLA 是非结晶高分子。由于 PLA 的不同分子结构，对最终纤维的性能产生一定的影响。在 PLA 形成时，通过控制反应条件来控制这些结构比例，获得不同性能的 PLA 聚合体。经研究发现，聚合物的结晶度和熔点随着其中 PLLA 比例的提高而提高，纺丝过程中，通常要求聚合物原料的平均分子量为 3.3×10^5，所以最好采用左旋聚乳酸（PLLA）作为纺丝原料。采用溶液纺丝法可制备出相对分子质量为 $3\times10^5\sim5\times10^5$ 的聚乳酸纤维。

PLA 属于脂肪族类聚酯化合物，它的分子式是在每一链段侧面连接着—CH_3 基团，大分子趋向于螺旋结构，侧基只有甲基，这将会妨碍链段旋转。现已发现 PLA 纤维有 3 种晶格结构：α 晶系、β 晶系、γ 晶系，它们分别具有不同的螺旋构象和单元对称性。

2. PLA 纤维的形态结构

聚乳酸纤维的横截面近似圆形，纵向表面呈现无规律斑点和不连续的条纹，这些无规律性的斑点及不连续的条纹形成的原因主要是聚乳酸存在着大量的较疏松的非结晶区域，纤维表面部位的非结晶区是在氧气、水及细菌作用下部分分解而形成的。

3. PLA 纤维的聚集态结构

PLA 纤维聚合物的结晶度和熔点随着其中 PLLA 比例的提高而提高，目前对左旋聚乳酸（PLLA）研究和生产较多。PLLA 纤维结构规整，具有较高的结晶度（约 83.5%）。PLLA 纤维的晶体，随纺丝方法和工艺的不同而呈现不同的结构。Hoogsteen 等研究了溶液纺丝工艺及拉伸工艺对聚乳酸纤维晶体构造及形态的影响。当拉伸温度较低、拉伸倍数较低时晶体含量较少，纤维的晶胞结构含两种链结构，晶体呈 α 型非斜方晶体。反之，纤维中出现了 β 型斜方晶体。Midori 通过广角 X 射线衍射（WAXD），观察含有不同 D-丙交酯含量的聚乳酸纤维，它们具有不同的结晶反射，结晶形态为 α 型。若拉伸温度提高，PLA 纤维的结晶度、取向度上升，沸水收缩率下降。当拉伸温度一定时，随纺丝速度提高，PLA 纤维的结晶度、取向度增加，大分子间的作用力加强。定型温度上升，PLA 纤维的结晶略有增加，取向度无明显变化，纤维沸水收缩率下降；拉伸倍数提高，PLA 纤维结晶度无明显变化，取向度略有上升，纤维在拉伸过程中只有热结晶而无取向诱导结晶产生，沸水收缩率略有上升。

（二）聚乳酸纤维的性能

1. 物理性能

聚乳酸纤维的物理性能介于聚酯纤维和聚酰胺纤维之间，其拉伸强度与聚酯纤维接近，模量较低，玻璃化温度、熔点低，折射率低，且有良好的透明度和抗紫外线性能。表 1-4 列出了聚乳酸纤维与聚酯纤维、聚酰胺纤维的性能。聚乳酸纤维制成的织物手感柔软、悬垂性很好；聚乳酸纤维与聚酯纤维具有相似的耐酸碱性能，这是由其大分子结构决定的，其综合性能优于至今用量最大的合成纤维——聚酯纤维（涤纶）。

表 1-4　聚乳酸纤维与聚酯纤维、聚酰胺 6 纤维的性能比较

项目	聚乳酸纤维	聚酯纤维	聚酰胺 6 纤维
密度/（g/cm^3）	1.25	1.39	1.14
玻璃化温度/℃	57	70	40
熔点/℃	170	255	215
断裂强度/（cN/dtex）	3.0~4.5	4.0~4.9	4.0~5.3
断裂伸长率/%	30~50	25~30	25~40
燃烧热/（MJ/kg）	19	27	31
极限氧指数/%	26	20~22	20~24
折射指数	1.35~1.45	1.54	1.52

聚乳酸纤维抗皱性好，在变形较小时弹性回复率比锦纶还要好，变形在 10%以上时，弹性回复性也比锦纶以外的其他纤维好很多，聚乳酸纤维和常用纤维弹性回复率的比较见表 1-5。

表 1-5　聚乳酸纤维和常用纤维弹性回复率的比较

变形	回复率/%					
	聚乳酸纤维	棉纤维	涤纶	黏胶纤维	羊毛	锦纶
2%	99.2	75.0	88.0	82.0	99.0	—
5%	92.6	52.0	65.0	32.0	69.0	89.0
10%	63.9	23.0	51.0	23.0	51.0	89.0

2. 降解性能

生物降解性能是聚乳酸（PLA）纤维的一个突出特点。聚乳酸的降解机理与其他生物分解塑料不同的是其降解是按两阶段进行的。初期的非酶水解是在高温（>60℃）、高湿

(>80%)、碱性(pH>8)条件下开始，降解到平均分子量为10000~20000后，由于微生物分解，分子量降解加速，最后PLA完全分解为CO_2、水和部分生物体。聚乳酸及其制品的降解方法有堆肥降解、土地埋入降解、活性污泥中降解、海水浸渍降解等。然而，PLA纤维是化学合成的高分子化合物，在自然界中可直接分解高分子量聚乳酸的微生物及酶很少，因此在自然环境中降解缓慢。一般在土壤中或水中，其形状破坏大约需要4年。聚乳酸具有可降解性的根本原因是聚合物链上酯键的水解，水解导致了低分子量水溶物的产生，且水解反应可通过水解所产生的酸性基团自动催化。起先酯键水解较慢，随后逐步加快，水解从聚合物表面逐步深入到整个聚合体内部，从无定形区逐渐深入到晶区。水解速率不仅与聚合物的化学结构、分子量及分子量分布、形态结构和样品尺寸有关，而且依赖于外部水解环境，如微生物的种类及其生长条件、环境温度、湿度、pH等。聚乳酸纤维之所以是一种生态环保型纤维，主要是因为其降解产物是乳酸，乳酸是人体内存在的天然有机化合物，安全性好。

3. 吸湿快干性能

聚乳酸纤维的回潮率为0.4%~0.6%，吸湿性能较差，比涤纶稍大而低于天然纤维，但聚乳酸纤维纵向表面存在有无规律性的斑点及不连续的条纹，且纤维存在孔洞或缝隙，使纤维很容易形成毛细管效应，而表现出非常好的芯吸现象，聚乳酸织物具有优良的导湿快干性能。

4. 抗紫外线性能

聚乳酸纤维分子结构中含有大量的—CH、C—C键，这些化学键不吸收照射到地球表面的波长大于290nm的紫外线；另外，聚乳酸是由纯度达99.5%的乳酸在真空条件下缩聚而成，因此聚乳酸纤维的化学结构和高纯度使其具备优良的抗紫外线性能，甚至日照500h后，仍保持90%以上的抗紫外线能力。

5. 燃烧性能

聚乳酸纤维的燃烧产物为CO_2和H_2O，不产生任何有毒气体，是一种无污染的纤维；其极限氧指数能达到26%以上，属于难燃纤维；且聚乳酸纤维燃烧所产生的燃烧热为19kJ/kg，燃烧热只有聚酯纤维的1/3，且燃烧时发烟少，离火后自动熄灭，也不会产生氮或硫的氧化物等有毒气体，非常适合作为建筑材料。

(三)聚乳酸纤维的应用

(1)服用纺织品。聚乳酸纤维织物比较柔软，可以加工成短纤维、复丝和单丝的形式，与棉、羊毛或黏胶等可分解性纤维混纺，制得类似丝的织物，不但耐用、吸湿性好，而且具有优良的形态稳定性和抗皱性能，对皮肤无刺激，具有极好的舒适性，尤其适合加工内衣等产品。用超细聚乳酸纤维加工的织物，具有丝绸般的风格，是女装、礼服、长袜和休闲装的理想面料。

(2)家用纺织品。聚乳酸纤维具有耐紫外线、稳定性良好、发烟量少、燃烧热低、自熄性较好、耐洗涤性好的特点，特别适合制作室内悬挂物(窗帘、帷幔等)、室内装饰品、地毯等产品。

(3)产业用纺织品。由于聚乳酸拥有良好的生物相容性、低毒性、生物可降解性，因此在医学材料中得到广泛的应用。聚乳酸纤维用于制作手术缝合线，能自动降解，免除了病人取出缝合线的痛苦；经过拉伸的高分子量聚乳酸材料，或聚乳酸纤维增强的复合材料，不仅可以作为骨结合部固定材料，而且可以作为组织缺损部补强材料；其非织造布还可用作手术衣、手术覆盖布、口罩、吊绳、纱布、外用脱脂棉、绷带等。聚乳酸纤维还可以应用于农业、林业、渔业、土木、建筑、造纸等领域，如薄膜、沙袋、渔网等。

第三节 再生纤维素纤维

一、再生纤维素纤维概述

（一）再生纤维素纤维简介

纤维素是自然界赐予人类的最丰富的天然高分子物质，它不仅来源丰富，而且是可再生的资源。自古以来人们就懂得用棉花织布及用木材造纸，但直到 1838 年，法国科学家 Anselme Payen 对大量植物细胞经过详细的分析发现，它们都具有一种相同的物质，他把这种物质命名为纤维素（Cellulose）。据科学家估计，自然界通过光合作用每年可产生几千亿吨的纤维素，然而，只有大约 60 亿吨的纤维素被人们使用。纤维素可以广泛应用于人类的日常生活中，与人类生活和社会文明息息相关。利用纤维素生产再生纤维素纤维是纤维素应用较早和非常成功的应用实例。早在 1891 年，克罗斯（Cross），贝文（Bevan）和比德尔（Beadle）等首先制成了纤维素黄酸钠溶液，由于这种溶液的黏度很大，因而命名为“黏胶”。黏胶遇酸后，纤维素又重新析出。1893 年由此发展成为一种最早制备化学纤维的方法。到 1905 年，Mueller 等发明了稀硫酸和硫酸盐组成的凝固浴，使黏胶纤维性能得到较大改善，从而实现了黏胶纤维的工业化生产。这种方法得到的再生纤维素纤维就是人们至今一直应用的黏胶纤维。目前，再生纤维素纤维的生产方法具体有如下几种：

（1）黏胶法：黏胶纤维。

（2）溶剂法：铜氨纤维、Lyocell 纤维等。

（3）纤维素氨基甲酸酯法（CC 法）：纤维素氨基甲酸酯（Cellulose Carbamate）纤维。

（4）闪爆法：新纤维素纤维。

（5）熔融增塑纺丝法：新纤维素纤维。

环境友好的并可工业化生产的方法是属于生产第三代纤维素纤维的 *N*-甲基吗啉-*N*-氧化物（NMMO）法和 CC 法。所以，我们将主要介绍 Lyocell 纤维。

新溶剂法再生纤维素纤维即 Lyocell 纤维，是将纤维素（浆粕）直接溶解于 NMMO/水体系中，形成纤维素溶液，经干喷湿法纺丝制得的再生纤维素纤维，是一种高效绿色清洁加工技术。

以 NMMO 溶剂法生产 Lyocell 纤维是一种不经化学反应生产纤维素纤维的新工艺。NMMO 在溶解纤维素纤维时，不发生纤维素的分解。该工艺利用 NMMO 与纤维素上的多羟基可产生氢键而使纤维素溶解的特性，将纤维素浆粕溶解，并得到黏稠的纺丝液，然后以干喷湿法纺丝工艺制得纤维素纤维。与此同时，凝固浴、清洁浴中析出的 NMMO 被回收精制而重复使用。整个生产系统形成闭环回收再循环系统，没有废物排放，对环境无污染，而且纺丝速度相当高。

Lyocell 纤维原料是来自林、农业的天然纤维素，可以自然降解，不存在二次污染的问题。产品具有强度高、尺寸稳定性好、吸湿性好和混纺性能优异等特性，是其他化学纤维品种都不能比拟的。Lyocell 纤维采用溶剂法生产，溶剂无毒无害，回收率高达 99.5%，实现了清洁生产，如图 1-8 所示。

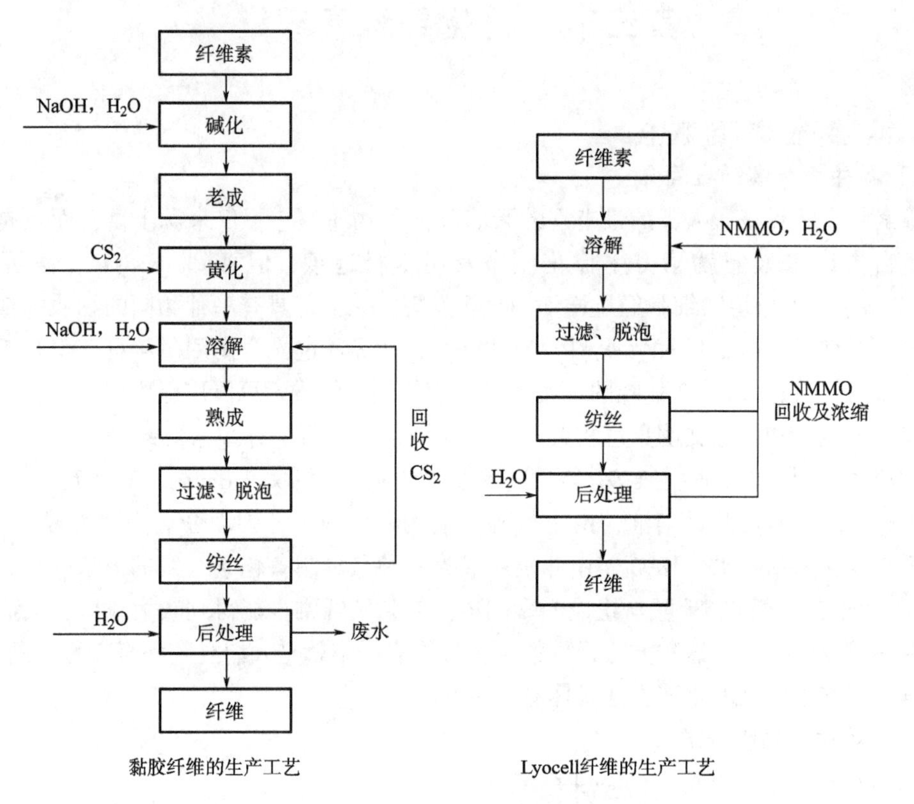

图 1-8　Lyocell 纤维和黏胶纤维的生产工艺对比图

Lyocell 纤维自 1980 年荷兰 Akzo 公司取得生产工艺和产品专利之后，分别由英国 Courtaulds 公司和奥地利的 Lenzing 公司于 1992 年和 1997 年实现工业化生产。

1994 年和 1996 年 Courtaulds 在美国亚拉巴马州 Mobile 分别建成 1.8 万吨/年和 2.5 万吨/年的生产线，商品名为“Tencel®”。1998 年 Courtaulds 在英国 Grimsby 着手建造 4.2 万吨/年的 Lyocell 短纤维（Tencel®）工厂。

1998 年，Akzo Nobel 收购 65%的 Courtaulds 股份，成立了 Acordis 公司，成为当时世界上最大的再生纤维素纤维生产商。1999 年 Akzo Nobel 将 Acordis 公司出售给了 CVC Capital Partners 集团，由该集团下属的荷兰公司 Corsadi BV 负责 Lyocell 纤维生产与销售，后来发展成 Tencel 集团公司。

Lenzing 公司于 1997 年在 Heiligenkreuz 建成 1.2 万吨/年的 Lyocell 短纤生产线，商品名为“Lenzing Lyocell®”。1999 年与 Akzo Nobel 公司合作，在德国 Obernburg 地区建立了一个产能

为5000吨/年的Lyocell长丝工厂，商品名为“Newcell®”。2000年，2004年Lenzing公司相继投资的Lyocell生产线正式投入运营，产能共为4万吨/年。同年收购Tencel集团公司，自此，Lenzing具有12万吨/年的产能。从2005年3月起，Lenzing公司决定将商品名“Tencel®”用于集团下所有的Lyocell短纤维。2008年Heiligenkreuz生产厂的第2条生产线投产，产能达到5万吨/年，自此Lenzing公司Lyocell纤维的全球总产能达到13万吨/年。2012年之后，后又新建单产6.7万吨/年生产线。发展至今奥地利Lenzing公司成为世界最大的Lyocell纤维生产商，Lyocell纤维合计产能为22.2万吨。目前全球有30多个国家和600余家企业加入了新溶剂法纤维素纤维制备技术的工业化开发中来，其中包括德国、日本、韩国、俄罗斯、印度、中国等国家（表1-6）。

表1-6　国外公司情况

公司	产能/（万吨/年）	品牌	产品类型
奥地利Lenzing	22.2	Tencel®	短纤
韩国Hanil	2	Acell®	短纤
Akzo Nobel和Lenzing合资	0.5	Newcell®	长丝
印度Birla	0.5	Birla Excel	短纤
俄罗斯研究所（My Tishi）		Orcel®	短纤
德国TITK		Alceru®	短纤

资料来源：中国化学纤维工业协会。

（二）国内Lyocell纤维的发展现状

我国从20世纪90年代初期开始对Lyocell纺丝工艺技术进行探索试验，走在众研究者前列的是成都科技大学和宜宾化纤厂，前期他们联合攻关探索工艺条件，并获得阶段性成果；1999年四川大学对NMMO合成及回收进行系统研究，并且建立了50吨/年的NMMO的小规模生产装置。1994年东华大学对Lyocell纤维进行研究，并建成国产设备100吨/年的小试生产线。上海里奥化纤有限责任公司引进德国LIST公司技术，并于2006年底正式投产1000吨/年的生产线。

自2005年开始，中国纺织科学研究院就启动新溶剂法纤维素纤维国产化工程技术的研究开发工作。并于2006年和2007年分别完成了5升和100升间歇溶解纺丝工艺的研究开发，完成了连续浸渍混合溶解设备的设计和制造；2008年打通了送料—预溶—薄膜蒸发—纺丝全连续化流程，制备出合格的新溶剂法纤维素纤维。2012年9月，中国纺织科学研究院和新乡化纤股份有限公司共同承担的“千吨级Lyocell纤维产业化成套技术的研究和开发”项目通过科技成果鉴定，专家指出该项目填补了连续薄膜推进式真空蒸发溶解—干喷湿纺先进技术路线的国内空白，纤维的性能指标居国际同类产品的先进水平。2015年中国纺织科学研究院、新乡化纤股份有限公司、甘肃蓝科石化高新装备股份有限公司共同投资设立“中纺新乡绿色纤维科技股份有限公司”，拟建年产3万吨规模，一期建设1.5万吨/年国产Lyocell纤维项目于2016年12月一次性全线打通工艺路线，产品性能达到预期指标。该项目采用中国纺织科学研究院研发技术，拥有自主知识产权、全套装备国产化，是我国生物基纤维领域“绿色制造”工业化的重要突破，是中国化纤工业由大向强转变的重要技术标志之一。

2014年河北保定天鹅新型纤维制造有限公司的一期1.5万吨/年 Lyocell 项目生产线正式开工生产。2015年10月，顺平县政府与恒天集团保定天鹅新型纤维制造有限公司签署年产6万吨 Lyocell 项目（将原 Lyocell 项目整体搬迁，再新上3万吨，采用国内工艺技术）。2016年1月保定天鹅新型纤维制造有限公司承担的《新溶剂法再生纤维素纤维产业化技术》项目通过科技成果鉴定。该项目开发配套相关工艺技术，实现浆粕高效溶解，有效控制了纤维素降解和 NMMO 分解，制备出可纺性优良的纺丝原液；研发出新型复合无醛交联剂及其处理技术，生产出抗原纤化的交联型 Lyocell 纤维。专家评审认定：该项目对纤维素纤维绿色生产技术具有示范作用，项目整体技术居国际先进水平。

山东英利实业公司一期规划3万吨，其中1.5万吨/年 Lyocell 生产线于2015年4月生产，目前已经实现连续生产，通过科技成果鉴定。该项目在新溶剂法纤维素纤维工艺技术、装备制造、产品开发等方面进行了系统的创新；而且工艺技术路线合理、先进、可靠，产品质量优良。专家评审认定：项目总体技术具有创新性，已达到国际先进水平。目前国内新型再生纤维素纤维的产业化情况统计见表1-7。

表1-7 目前国内新型再生纤维素纤维的产业化情况统计

单位	产能	生产情况	技术来源
上海里奥	1000吨	生产	德国 LIST 公司
中纺绿纤	3万吨	一期1.5万吨，建成投产	纺科院完全知识产权技术
保定天鹅	3万吨	一期1.5万吨，已连续生产	集成技术
山东英利	3万吨	一期1.5万吨，已连续生产	集成技术

资料来源：中国化学纤维工业协会。

（三）我国 Lyocell 纤维生产面临的问题

国内两条年产1.5万吨 Lyocell 纤维项目已实现顺利开车生产，但在规模、成本等方面与国外存在一定差距。我国 Lyocell 纤维稳定健康发展面临的问题主要集中在知识产权、运行成本、品牌建设、技术装备等方面。

1. 知识产权问题

Lyocell 纤维的工艺技术在1980年被研发成功后，国外企业就一直掌控 Lyocell 纤维核心技术和专利。目前，Lenzing 公司现拥有1400个专利，其中绝大多数是关于 Lyocell 纤维的专利，已经在63个国家获得授权专利248个。并且，采用产业链品牌合作控制发展，以形成稳定的技术支撑和市场支撑。我国 Lyocell 纤维生产起步较晚，近几年虽有较大发展，但专利受控仍存在。

2. 单线生产能力较低，配套条件较弱，运行成本较高

目前国内 Lyocell 纤维企业缺乏成熟的技术、设计、建设经验以及大规模生产经验，工艺技术全靠自身摸索，职工未经过实际生产培训，生产过程中遇到较大困难；我国目前单线产能低，现有技术单线产能仅为1.5万吨/年，而国外新线已经达到6.5万吨/年；从规模化生产角度考虑，Lyocell 纤维在中国的规模化生产还存在配套工程缺乏的问题，如 Lyocell 纤维专

用浆粕、溶剂 NMMO 等。这些均影响国内 Lyocell 纤维企业的产品运行及生产成本。

3. 应用推广能力与品牌意识

国内 Lyocell 纤维企业，产品应用推广能力较弱，没有上下游合作创新模式。企业的品牌意识不强，对终端消费引导和服务能力较弱。

4. 关键技术与装备

国内 Lyocell 纤维企业缺乏成熟的技术和稳定运转的经验，技术、设计、建设等都从零开始，没有稳定运行的生产实践经验可借鉴；关键设备的制造难度大，生产工艺尚需优化，如浆粕预处理流程工艺优化、活化反应器国产化、高效薄膜蒸发器国产化、纺丝机工艺设计和调整、后处理系统等；溶剂回收技术与国外尚有差距，增加了运行成本，其中蒸发系统需要高效蒸发设备或采取措施降低蒸汽蒸发量。

（四）我国 Lyocell 纤维的发展前景及发展方向

1. 我国 Lyocell 纤维的发展前景

随着 Lyocell 技术的不断进步，产品应用推广逐步加强，国内绿色纺织原料升级换代，Lyocell 纤维将会有广阔的发展空间：①中国拥有巨大的消费市场，目前，Lenzing Lyocell 纤维在亚洲地区的销售份额占比为 63%，其中在亚洲的销售份额中中国所占比例最大，这表明国产 Lyocell 纤维蕴涵了极为广阔的市场空间。②符合国家环保发展政策，Lyocell 纤维整个生产工艺是一种物理过程，无毒性副产物产生。生产过程使用的溶剂 *N*-甲基吗啉氧化物（NMMO）是一种无毒、无腐蚀性的有机溶剂，生产过程中溶剂回收率可达 99.5%以上，并循环使用，因此该纤维生产过程无毒、无污染。Lyocell 纤维能生物降解或安全燃烧转化成水蒸气、CO_2，不会对环境造成二次污染。③具有较好的穿着效果，Lyocell 纤维兼具天然、合成纤维两者的优点，其物理力学性能优良，尤其是湿强与湿模量接近合成纤维，同时具有棉纤维的舒适性、黏胶纤维的悬垂性和色彩鲜艳性、真丝的柔软手感和优雅光泽。Lyocell 纤维还具有原纤化效应，可生产常规纤维不能得到的类似桃皮绒的表面效果。④原料来源广泛，Lyocell 纤维的原料——纤维素浆粕取自自然界，可再生，来源取之不尽，优质木材、棉短绒及阔叶林、速生材、竹材、甘蔗渣、秸秆类均可制成纤维素浆粕。而合成纤维的原料来源于有限的石油资源，依靠大量进口，增加了行业的风险。

Lyocell 纤维以无毒无污染的 NMMO 溶剂法物理生产工艺生产，市场应用广泛，舒适性、功能性强，越来越为市场所接受。虽然由于目前产量有限，市场集中在中高端纺织品消费群体，相信随着 Lyocell 技术的应用推广、国产化进程的推进以及政府政策的大力支持，Lyocell 纤维将会逐步替代部分传统工艺的黏胶纤维市场，推动国内绿色纺织原料升级换代，拥有广阔的发展空间。

2. 我国 Lyocell 纤维的发展方向

随着 Lycoell 纤维的不断发展，相关差别化和功能性的 Lycoell 纤维的研究也越来越成为人们研究的热点。Lyocell 纤维的差别化及功能化主要有化学法和物理法两种方法。化学法是指在纤维素纤维上进行接枝、交联等反应，在纤维素纤维上引入功能性基团。共混方法是指纤维素 NMMO 的纺丝溶液中加入其他具有某种功能性物质，从而使纺出来的纤维素纤维具有一定的功能性。差别化及功能性是 Lyocell 纤维的发展趋势。

差别化产品包括：细旦 Lyocell 纤维、异形 Lyocell 纤维，主要用于针织内衣与女士外衣面料；高吸水、高保水 Lyocell 纤维，主要用于面膜；高强低伸 Lyocell 纤维，主要用于综合指标佳、高性能的轮胎帘子线等。

功能性产品包括：混入季铵盐、铜系、银系抗菌粉体制备的抗菌纤维；加入玉石、珍珠与纤维复合构成凉感纤维；引入光敏基团制备发光纤维素纤维；利用 NMMO 溶解纤维素，并将其功能化到单壁碳纳米管（SWNTs）表面，制备具有生物相容性的纤维素/碳纳米管生物复合增强纤维材料等。

目前，集多种功能于一身的差别化功能性纤维更是一个新的发展方向，如阻燃纤维，除具有阻燃功能外，还兼有抗静电、抗起球、抗菌和防霉等功能。

二、Lyocell 纤维的成形工艺

（一）原材料浆粕选择

一般认为，用高聚合度的浆粕制成的纤维的机械强度较高，而低聚合度浆粕制成的纤维，其强力、耐磨性及耐疲劳性能低。若浆粕聚合度分布较宽，其制成的纺丝溶液过滤性能就较差。由于 Lyocell 纤维强度要求较高，所用的浆粕聚合度的要求也高。试验中发现，聚合度过高会增加纺丝溶液的黏度及纤维系溶解不良而影响纺丝溶液性能。但纺丝溶液的纤维系聚合度达到 500~600 时，成纤强度基本不再随聚合度增大而增强。因此，在考虑了浆粕聚合度在 NMMO 溶剂中溶解时有部分降解后，Lyocell 纤维适用浆粕聚合度控制在 700 左右。浆粕中半纤维素及杂质含量也有严格要求，其含量较高时，意味着 α-纤维素含量低，当制备纺丝原液时，半纤维素先溶于 NMMO，造成 NMMO 溶剂黏度上升，影响 NMMO 溶剂向浆粕内部渗透，使溶解时间延长、纺丝溶液性能及纤维质量下降。灰分、树脂等杂质过高则严重影响纺丝溶液的过滤性能，使纺丝溶液颜色发暗，透明度降低，严重影响纺丝可纺性及纤维成品质量。Lyocell 纤维生产用浆粕主要指标要求见表 1-8。

表 1-8 Lyocell 纤维生产用浆粕主要指标要求

项目		指标
α-纤维素/%		≥96.5
聚合度（DP）		600~700
杂质	灰分/%	≤0.1
	铁（Fe）/（0.05mg/kg）	≤0.05
	氯（Cl）/（1.0mg/kg）	≤1.0
	铜（Cu）/（0.01mg/kg）	≤0.01
	锰（Mn）/（0.02mg/kg）	≤0.02
	其他元素/（0.01mg/kg）	≤0.01

（二）纺丝液的制备

纺丝液的制备过程可分为溶解、脱泡、过滤、输送四个环节，与传统的黏胶纤维生产工

艺比较，省去了碱浸渍、老成、黄化、熟成等工序。溶解工序时间较长。工艺对纺丝有很大的影响。

1. 纤维素溶解

根据相似相溶原理，过量的具有与纤维素相似结构的溶剂 NMMO，在一定温度下将纤维素浆粕溶解，溶解过程为：NMMO 首先切断纤维素分子链间的氢键，再与 NMMO 溶剂形成新的氢键络合物，示意如下：

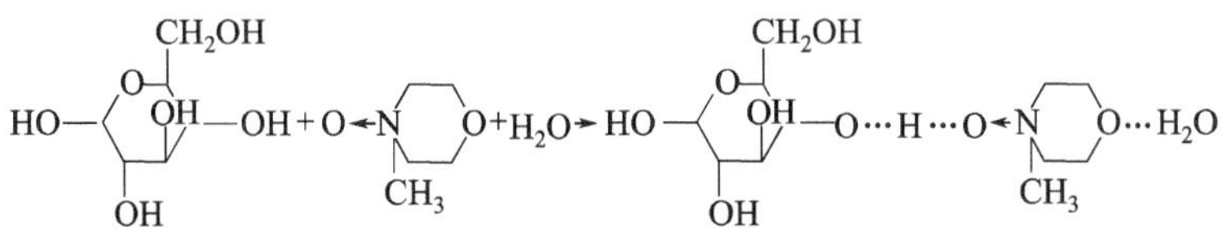

CH_2OH CH_2OH

HO—(O, OH)—OH + O←N(O)(CH$_3$) + H_2O → HO—(O, OH)—O···H···O←N(O)(CH$_3$)···H_2O

OH   OH

纤维素原料溶解过程可分为混合、浸润、膨润、溶胀、溶解五个环节，整个溶解过程为非连续式的，在溶解过程中有两个技术关键，一是温度，二是施加强剪切力。

温度不稳定性将增加溶解过程的复杂性。NMMO 在常温下为固态，呈弱碱性，熔点为130℃，燃点为 210℃，120℃时易产生变色反应，175℃时产生过热反应，并易气化分解成甲醛、甲酸、*N*–甲基吗啉、甲基吗啉、CO_2 等，210℃为其燃点。所以，纤维素在溶剂中的溶解温度不宜超过 120℃，生产实践中也发现，长时间温度超过 120℃的话，纤维素极易降解，溶液易变质，有氨气味，几乎无法纺丝。最终温度确定依据溶解温度与 NMMO 水合物熔融温度相关曲线。

施加强剪切力，增加剪切速率可以降低体系黏度，以加速高黏度溶液的混合、溶解。

2. 纺丝溶液脱泡

纺丝液必须经脱泡才能纺丝，因纺丝液黏度大大高于传统的黏胶溶液，一般抽真空脱泡很难脱彻底。且因纺丝溶液为纤维素、NMMO、水三元体系，不像熔融纺丝组分单一，由于含有水分，在溶液输送过程中温度控制稍有不当就有可能因水汽而产生气泡。如要达到较好的脱泡效果，可采用抽真空脱泡，同时增加脱泡表面积，适当升高溶液温度，降低溶液的黏度，使溶液脱泡更彻底。

3. 纺丝溶液过滤

因纤维素浆粕来源不同，所含的杂质也较多，再加之溶解过程中不可避免地会产生少量较大的凝胶粒子，其过滤有别于熔融纺丝溶液过滤，类似黏胶，需要分几道进行：第一道为粗过滤，过滤较大粒子杂质；第二道为细过滤，滤掉中等尺寸大小的粒子；第三道为精过滤，滤掉更细的粒子及部分凝胶颗粒等。只有经过多道过滤工序，才有可能提高溶液的可纺性。

4. 纺丝溶液输送

由于 Lyocell 纤维生产中溶液黏度很大，必须有一定功率的设备才能输送。同时，通过适当提高输送温度可改善其流动性能，但应尽量缩短输送时间，以避免输送时溶液中纤维素的降解。

（三）纺丝工艺

Lyocell 纤维的成形工艺采用干喷湿纺新技术，这样既可提高生产效率，又可提高纤维性能，但同时又增加了凝固成形的难度。经计量泵准确计量的纺丝液，在压力作用下送入喷丝头，经喷丝头喷出的丝条在空气层（10~300mm）垂直取向拉伸而不凝固，其后进入凝固浴槽脱去溶剂后凝固成形而不拉伸，再经过切断、水洗、上油、干燥等后处理工序即可打包出厂，整个工艺过程只需 3h，远少于常规黏胶短纤维生产周期。Lyocell 纤维作为溶剂法生产的新型纤维素纤维，喷丝板构造（如喷丝孔长径比）、空气层高度、拉伸比、凝固浴浓度和温度等因素对纤维的物理性能有重要影响，同时，它们之间也相互联系制约，有严格的匹配关系。

Lyocell 纤维出凝固浴后的水洗、拉伸、上油、干燥、卷曲、切断等工序均可参照普通湿法纺黏胶短纤维生产工艺流程进行。尤其是水洗工序，要使丝条含 NMMO 量降至 0.1%以下，溶剂回收率可提高到 99.5%以上，采用多道水洗、循环喷淋等措施是十分必要的。

（四）NMMO 溶剂回收

Lyocell 纤维以其优越的性能、简单的生产工艺、友好的环境保护等优点受到世界化纤界的广泛关注。然而 Lyocell 纤维生产溶剂 NMMO 昂贵的价格使得它在生产中的回收倍受人们的重视，只有当回收率大于 99%，才有工业化生产的经济价值。

Lyocell 纤维生产中，来自纺丝工段的 NMMO 溶剂经再生器过滤，除去其中的混浊微粒后，再利用阴离子交换树脂或活性炭或氧化铝等吸附剂处理回收液和水，可使过滤、漂白和过滤成分的分离一步完成，再利用溶液或乙醇进行再生。除去有色物质和微量过渡金属和阴阳离子分解物后，再经过蒸馏分成 NMMO 浓液和水，将 NMMO 浓液送回到溶解工段使用（水送至后加工洗涤工序），从而形成一种既经济、又无损生态环境的封闭循环处理系统，使 NMMO 在该系统中损失最小，提高 NMMO 溶剂的回收率。

Lyocell 纤维属于纤维素纤维的一种，纤维大分子中存在众多亲水性羟基，羟基与水形成氢键，导致纤维吸湿性好，同时，Lyocell 纤维具有较高的结晶度与致密的微结构，使其性能优于普通黏胶纤维，更接近棉纤维。具有良好的吸湿性、透气性、舒适性、染色性和可生物降解性能，Lyocell 纤维圆形截面和纵向良好的外观使织物具有丝绸般的光泽、优良的手感和悬垂性，服装具有飘逸感。

三、Lyocell 纤维的结构与性能

（一）Lyocell 纤维的结构

1. 分子结构

Lyocell 纤维属于典型的纤维素纤维。纤维素由碳、氢、氧三种元素组成，其中碳为 44.44%，氢为 6.17%，氧为 49.39%。碳、氢、氧元素组成β-D-（+）葡萄糖（$C_6H_{12}O_6$）$_n$，n 个葡萄糖之间以 1,4-甙键连接而形成纤维素分子$-\!\!\!(C_6H_{12}O_6)\!\!\!-_n$。Lyocell 纤维分子聚合度一般为 400~700（黏胶纤维为 300~500），较黏胶纤维有更高的平均分子量和更集中的分子量分布（表 1-9）。

表 1-9　平均分子量实测值

项目	Lyocell 短纤维	黏胶短纤维	黏胶长丝
M_n（数均分子量）	35480	29000	33000
M_w（重均分子量）	105800	90800	101800
M_n/M_w	2.98	3.13	3.08

2. 形态结构

Lyocell 纤维的横截面形状不同于黏胶纤维和棉，呈椭圆形或近似圆形。在湿法纺丝过程中 Lyocell 纤维形成了一定程度的皮芯层结构。皮层很薄，其面积约占截面面积的 3%。芯层主要由两部分组成：一部分是沿纤维轴向排列高度取向、结构规整、相互之间侧向联系较为薄弱的巨原纤，其平均直径为 0.25~0.96μm，长度在 1mm 以上；另一部分是由巨原纤四周的缨状大分子及少量伸出巨原纤表面的基原纤构成的无定形区。无定形区被水或 NaOH 溶液浸润后可发生剧烈膨胀。进一步削弱巨原纤之间的联系。该结构特点正是 Lyocell 纤维原纤化及吸湿后横向膨润率较大的原因。

3. 聚集态结构

纤维素有四种主要的结晶变体，即纤维素Ⅰ、纤维素Ⅱ、纤维素Ⅲ和纤维Ⅳ。天然纤素均为纤维素Ⅰ，经过碱处理、溶解和纤维素皂化等加工处理后转化为纤维素Ⅱ，其结晶度降低，晶粒尺寸减小。但纤维在成形过程中，受到沿纤维轴向的外力拉伸作用，拉伸诱导结晶，使晶粒得到了较为充分的生长，因此纺丝成形后的 Lyocell 纤维结晶度并不低。Lyocell 纤维在制造过程中将纤维素浆粕溶于 NMMO 时以及在纺丝时都要加入稳定剂以减少纤维素分子的降解，因此聚合度较普通黏胶纤维要高得多。另外，由于 Lyocell 纤维的牵伸主要是在干态（空气或甲醇）条件下进行，分子的取向度也比普通黏胶纤维高。有关数据见表 1-10：

表 1-10　Lyocell 纤维和黏胶纤维的聚集态结构

纤维类型	密度/(g/cm^3)	结晶度/%	双折射率(Δn)	光学取向度/%	M_n	M_w
Lyocell 短纤	1.5214	53.67	0.00611	99.8	35480	105800
黏胶短纤	1.5039	39.98	0.00428	69.9	29000	90800
黏胶长丝	1.4962	33.86	0.00484	79.1	33000	101800

4. 原纤化特征

原纤化是指湿态下纤维与纤维或纤维与金属等物体发生湿磨擦时，原纤沿纤维主体剥离成直径小于 1~4μm 的巨原纤进而纰裂成更为细小微原纤的过程。原纤化的结果是使得纤维以及含有该种纤维的织物产生一种多毛的外观。原纤化是纤维素纤维的共同特点。如果以一根原纤化纤维上产生微原纤的个数表示纤维的原纤化等级，会发现 Lyocell 纤维的原纤化等级最高（表 1-11），这是由上述的形态结构特点决定的。

表 1-11　纤维类型与原纤化等级的关系

纤维类型	微原纤数	原纤化等级
黏胶纤维	1	1
棉纤维	4	2
富强纤维	10	3
Lenzing Lyocell 纤维	45	4
Courtaulds Lyocell 纤维	60	5

（二）Lyocell 纤维的性能

Lyocell 纤维具有很多优良性能，几乎兼具了再生纤维与合成纤维的优点，而又避开了两类纤维的缺点。了解 Lyocell 纤维的性能特点，有利于在后加工特别是在染整加工过程中选择合适的方法及工艺。

1. 热学性能

Lyocell 纤维的热学性能直接影响其加工性能和使用性能，所以必须分析 Lyocell 纤维在其加工和使用温度范围内的力学性能、耐热性、热收缩性和燃烧性，以确定加工的可行性和使用的温度范围。经测定，在 200℃ 以上 Lyocell 纤维出现向高弹态的转变，分解起始温度为 288. 76℃，高于黏胶纤维的起始温度 275. 67℃，且热失重现象较轻。Lyocell 纤维在 190℃、30min 下纤维断裂强度和断裂伸长率分别为原值的 88. 4%和 88. 6%，有良好的耐热性能。在常规染整加工和正常使用中，织物可能遇到的最高温度约在 180℃、30s 左右，因此 Lyocell 纤维可适应加工和使用要求。纤维素纤维不存在合成纤维那样的大量热收缩，而且 Lyocell 纤维结晶度高、结构致密稳定，故热收缩率很低，保持了类似棉、麻等天然纤维的特性。Lyocell 纤维燃烧性能与黏胶纤维相同。

2. 力学性能

单纤维经一次拉伸后，从拉伸变形的类型来说，Lyocell 短纤维属高强高模、中伸类型，且在润湿态下拉伸性能比干态条件下强力和模量下降相对较小。从断裂指标上看，Lyocell 纤维断裂强度分别是棉纤维的 1. 8 倍、黏胶纤维的 1. 6 倍，与聚酯纤维相当（表 1-12）。Lyocell 纤维湿态强度比干态强度略有下降，湿强为干强的 94%，没有黏胶纤维强力下降明显，其湿强为黏胶纤维湿强的 2. 5 倍。Lyocell 短纤维在负荷状态下具有优越的尺寸稳定性，织物保形性好，耐撕破和拉伸的能力较强，能经受剧烈的机械处理和湿处理而不影响织物的品质。

表 1-12　Lyocell 纤维、黏胶纤维的断裂指标

测量指标	Lyocell	黏胶短纤	棉	PET
干态断裂比强度/（cN/dtex）	4. 22	2. 62	2. 42	4. 28
干态断裂伸长率/%	14. 00	17. 70	8. 40	30. 10
湿态断裂比强度/（cN/dtex）	4. 00	1. 59	2. 83	4. 28
湿态断裂伸长率/%	13. 50	16. 90	13. 20	30. 30

3. 吸湿性能

Lyocell 纤维的吸湿性能与黏胶纤维相同，比棉、蚕丝好，低于羊毛。有关数据见表 1-13。Lyocell 纤维在水中有膨润现象，而且由于其形态结构的特点造成膨润的各向异性十分明显，横向膨润率可达 40%，而纵向只有 0.03%。如此高的横向膨润率会给织物的湿加工带来一定困难，如织物遇水后紧绷、僵硬，易产生折痕、擦伤等疵病，并且由于织物与织物之间或织物与机械之间进行摩擦而产生大量的毛羽，引起不均一的原纤化，因此对染整机械及各种附加处理工序的选择十分重要。较低的纵向膨润率则是使 Lyocell 纤维织物在湿加工以后尺寸稳定性优于黏胶纤维织物的重要原因。

表 1-13　Lyocell 纤维和其他纤维素纤维的吸湿膨润性

吸湿膨润性	Lyocell 纤维	普通黏胶纤维	Polynosic 纤维	Modal 纤维	铜氨纤维	棉
标准回潮率/%	12~13	12~14	12~13	12	12.5	8.5
吸水率/%	65~70	90	60~75	75~80	100	40~45
在水中膨润率/（cm^3/g）	0.53	0.68	0.60	0.49	—	0.295
在水中径向膨润率/%	40~50	30~35	30	30	—	8
在水中轴向膨润率/%	0.03	2.6	1.0	1.1	—	0.6

Lyocell 纤维特殊的吸湿膨润现象在某种程度上使织物在脱水干燥后变得松软，且悬垂性增强，更具动感。Lyocell 纤维导湿性能也较棉好，当人体蒸发的汗液和热量被织物吸收后，能很快从织物表面散发出来，使人体感到凉爽，因此 Lyocell 纤维又被称为“凉爽纤维”（coolfiber）。Lyocell 纤维和棉针织物的舒适性比较见表 1-14。

表 1-14　Lyocell 纤维和棉针织物的舒适性比较

性能	Lyocell 纤维	棉
织物重量/（g/m^2）	227	196
回潮率/%	11~13	8.0
保水率/%	66	50
单位面积吸水量/（$g/100m^2$）	1.8	1.7
吸汗能力/%	250	230
出汗时热传导阻力/（m^2Pa/W）	11.3	18.3
汗湿汽传导阻力/（m^2Pa/W）	2.92	3.17

4. 染色性能

Lyocell 纤维属于再生纤维素纤维，用于纤维素纤维的染料都适用于 Lyocell 纤维，如活性染料、直接染料、硫化染料、还原染料及不溶性偶氮染料等。由于活性染料在色谱范围、色泽鲜艳度、染色牢度及新品种推出等方面存在明显的优势，因此印染厂更多地选用活性染料。

虽然 Lyocell 纤维的染色性能与棉、麻、黏胶纤维有相似之处，但由于它在形态结构、聚集态结构、物理力学性能及原纤化等方面的特点，使得染料对其在直接性、亲和力、扩散速率、固色率、移染性、匀染性及染色牢度等方面与其他纤维素纤维又不尽相同。这里涉及的内容较多，因篇幅有限不作介绍。

参考文献

[1] 任杰，李建波. 聚乳酸 [M]. 北京：化学工业出版社，2018.
[2] 佟毅. 生物基材料聚乳酸 [M]. 北京：化学工业出版社，2018.
[3] 任杰. 生物基化学纤维生产及应用 [M]. 北京：中国纺织出版社，2018.
[4] 陈鹏，任杰. 一文看懂聚乳酸纤维 [M]. 中国化学工业协会生物基纤维科普知识系列.
[5] 王华平，乌婧. 一文带你了解生物基化学纤维. 中国化学工业协会生物基纤维科普知识系列.
[6] 吴改红，刘淑强. 聚乳酸纤维及其纺织品 [M]. 上海：东华大学出版社，2014.
[7] 靳高岭. 国内外新溶剂法再生纤维素纤维的发展现状与前景 [J]. 纺织导报，2016 (10)：96-97.
[8] 靳高岭，李增俊，万蕾. 新溶剂法再生纤维素纤维（Lyocell）国内外发展现状与前景，中国化纤工业协会网站专题报告.
[9] 高殿才，路喜英，王华平，等. Lyocell 纤维产业化技术开发 [J]. 人造纤维，2019 (1)：2-6.
[10] 逄奉建. 新型再生纤维素纤维 [J]. 沈阳：辽宁科学技术出版社，2009.
[11] 陈秀芳. Lyocell 纤维的结构与性能 [J]. 安徽纺织职业技术学院学报，2002，1 (3)：13-17.

第二章　循环再利用化学纤维

第一节　循环再利用化学纤维概述

一、循环再利用化学纤维的定义

循环再利用化学纤维是采用废旧化学纤维或纺织品及其他废弃的高分子材料，经物理开松后重新使用，或经熔融或溶解后进行纺丝，或将回收的高分子材料进一步裂解成小分子重新聚合再纺丝制得的纤维。由于其利用废旧纤维为原料制备纤维，实现了再生，固又称为再生化学纤维，循环再利用化学纤维品种主要包括聚酯纤维、聚酰胺纤维、聚丙烯纤维、聚丙烯腈纤维、聚氨酯纤维、聚氯乙烯纤维等。循环再利用化学纤维与原生化学纤维在成分、结构、物化性质等方面基本相似，可经过纺纱等加工制成纺织品或复合材料。

二、国内外废旧资源回收利用现状

为充分利用废弃资源，减少环境的压力，延长纺织服装及废弃物的生命周期，21 世纪以来，各国家纷纷开始了废旧资源回收再利用方面的研究，并出台了一系列政策，支持和鼓励包括废旧纺织品在内的固体废弃物的再利用。

1. 发达国家循环经济政策

（1）德国。德国相继颁布《废弃物处理法》和《循环经济和废物管理法》，确定了产生废弃物最小法、污染者承担治理义务以及政府与公民合作三原则。2001 年又推出了《城市垃圾环境友好处置法》，要求部分家庭废物须经过预处理后才能进行最后处置。目前，废弃物处理成为德国经济支柱产业，年均营业额约 410 亿欧元，并创造 20 多万个就业机会，近 80 万吨的废旧纺织品收集被循环利用。

（2）日本。日本废塑料和废橡胶的回收率已达 90%，并已建立起比较成熟的废旧物资回收网络和交易市场。日本政府制定了一系列的法律法规，大力推行循环经济。每年日本有近 12 万吨的纺织品和服装被收集并循环利用，主要用于服装和产业用领域。

（3）英国。英国相关环境保护部门已经开始一项可持续服装路线图的项目，整个项目包括绿色设计、清洁生产、有机认证等内容，其中特别包括：新使用、回收和丢弃服装的管理达到最大化。每年英国约有 100 万吨纺织品和服装被丢弃，其中 27%被循环使用。

（4）美国。美国发展循环经济年代较早。美国高度奉行自由市场经济，且联邦和州各自享有自己的权利，因而没有建立起类似于德国和日本的全国统一回收利用体系，美国各州的政策和做法不一，但各具特色，成效显著。1976 年，美国联邦政府就制定了专门的《固体垃圾处理法案》，到目前为止，已有十几个州制定了废弃瓶子的处理办法规定。20 多个州制定了禁止在庭院内处理废弃物的法规，近一半的州对固体废弃物的循环处理率超过了 30%。

2. 中国循环再利用经济发展分析

绿色将成为我国走新型工业化道路、调整优化经济结构、转变经济发展方式的重要动力。全面推行绿色制造，制订绿色产品、工厂、企业标准体系。开展绿色评价等方面工作。推进传统制造业绿色改造。

从发展政策层面看，化学纤维纺织品循环再利用产业是典型的环保、绿色、循环经济的代表产业，符合国家全面协调可持续发展战略，是国家鼓励发展行业。但人们对于废旧纺织品回收利用的认识却是相当薄弱。从全球化视野来看，我国的回收利用政策及相关研究较国际发达国家还存在一定差距：

一是在原料回收流通体系方面的政策、法律、法规、税收、金融信贷、证券化等顶层设计不够周全，扶持力度小。

二是在原料的高质化、高效处理方面，国外普遍采用光谱仪、色谱仪及金属探测仪等进行挑拣，而中国基本上采用人工挑拣。

三是再生短纤生产过程中，虽然设备、工艺、技术、管理已达到国际同类水平，但是在产品的开发、应用、消费、宣传和理念上与发达国家有一定的差距。

四是在再生聚酯长丝方面，化学法技术的研制和产业化推进还需加快步伐。

五是再生纤维制品后道处理技术方面尚有一定差距。

六是在产品的使用上尚缺乏补偿和惩罚机制及相关法律、法规作为保证。

三、国内外的循环再生纤维技术发展现状

循环再利用纤维原料主要分为三大类：以饮料瓶和薄膜为代表的废弃聚酯类容器和包装物、涤纶纺织品生产加工过程中产生的废熔体、废丝及下脚料。因为替换、破损而废弃的涤纶废旧纺织面料和服装。根据原料的特征，循环再利用技术可分为物理法循环再利用技术、化学法循环再利用技术、热能法循环再利用技术。

1. 物理法循环再利用技术

（1）物理开松法再利用技术。技术简介：物理开松法再利用技术是指将废旧纺织品不经分离而直接加工成可以纺出纱线的纤维，然后织出穿着性或有一定使用功能的面料。或直接将废旧布片经简单加工后直接使用，纤维层面的循环利用方法。

适用于原料：特指混料纺织品，此方法在棉纺等天然纤维制品的回收中应用较多，同样适用于化学短纤制品的回收，尤其是对相对疏松的针织面料等。

（2）物理法循环再利用技术。技术简介：物理法循环再利用技术是不破坏高聚物的化学结构，不改变其组成，通过将其收集、分类、净化、干燥。补添必要的助剂进行加工处理并造粒，使其达到纺丝原料品质标准，大分子层面的循环利用方法。

适用于原料：热塑性材料，适用于回收聚酯纤维制品，还可回收 PET 瓶。

（3）物理化学法循环再利用技术。技术简介：物理化学法是针对废旧瓶片、薄膜或纤维因在使用和加工中发生降解，分子链断裂导致分子量大幅度降低，难以直接满足纺丝要求。对瓶片、废旧纺织品等原料通过一定的工艺手段实现对其黏度、质量进行调控，达到均质化增黏等目的，满足纺丝及后道加工及应用的要求。

适用于原料：废旧瓶片、薄膜、纤维制品。

2. 化学法循环再利用技术

技术简介：化学法循环再利用技术是用化学试剂将合成纤维中高分子化合物解聚，将其转化成单体或低聚物，再利用这些单体制造新的化学纤维，是单体小分子层面回收再利用方法。这种方法可以借助化工分离提纯过程，除去物理循环再利用法中无法除去的物质，如染化料、劣化分子链段结构等，循环再利用化学纤维品质通常可媲美原生纤维。

适用于原料：除聚酯产品（聚酯纤维、瓶片）外，聚氨酯、聚乙烯醇、聚丙烯腈纤维等都可通过化学法循环再利用。

3. 热能法循环再利用技术

热能法循环再利用技术是将废旧纺织品中热值较高的化学纤维通过焚烧转化为烷烃、烯烃、CO_2 等，同时释放热量，可用于火力发电的原料。焚烧废弃物体积减少约 99%，大大减缓废弃物存放带来的土地压力，但这是一种辅助极限利用方法。需要注意，焚烧过程处理不当会产生有害气体，造成环境污染。

四、循环再利用化学纤维产品开发趋势

1. 纤维的开发模式向柔性化、专业定制化发展

将自动化、数字化、智能化技术运用在再生聚酯纤维生产的各工序中，结合在线均质添加、共混改性、超细、多孔、加弹、混纤等后道技术，满足下游企业个性化定制需求，如原液着色循环再利用化学纤维、低熔点循环再利用化学纤维、石墨烯改性循环再利用化学纤维。

2. 纤维的性能向高值化、高品质发展

以废旧纺织品及瓶片为原料，采用化学再生回收关键技术去除聚酯类废旧原料中的杂质并脱色，通过酯交换反应还原成原料，制成的原料品质完全等同于石油工艺路线。此外，利用废弃塑料和废旧纺织品等再利用原料中含有的聚丙烯、聚乙烯、聚酰胺、聚氯乙烯等其他成分，开发出高柔软性、高压缩弹性等功能差别化纤维，如化学法循环再生聚酯纤维、高强低伸再生聚酯纤维、细旦多孔循环再生聚酯纤维。

3. 纤维的应用向产业用、家纺领域拓展

随着行业的发展，越来越多的消费者接受循环、可持续发展的观念，开始认可循环再生产品。因此，再生产品的拓展应用也成为一种必然，呈现明显的多样化趋势，应用范围已经覆盖了非织造、地毯、家纺、汽车纺织品等领域，如功能循环再生 BCF 膨化涤纶长丝、蓬松保暖循环再生聚酯纤维、土工布用循环再利用聚酯纤维、汽车内饰用循环再生聚酯纤维。

第二节　物理化学法循环再利用技术

一、物理化学法循环再利用技术定义及原理

物理化学法循环再利用技术的核心是调质调黏技术，即通过液相/固相增黏或者添加扩链剂的方式提高废旧原料相对分子质量，提高其特性黏度，有效提升再利用产品的品质。相比

于化学法回收，物理化学法循环再利用技术具有工艺简单、投资少、处理成本低、易于推广的优点。相较于简单的物理熔融加工方法，物理化学法循环再利用技术增加了对原料质量、黏度等的调节，主要是要解决原料来源复杂、组分不单一（含杂、含染料）对加工过程影响较大的问题。物理化学法循环再利用技术原料以黏度差异较大的瓶片、废旧纺织品形成的泡料等为主。

以废旧聚酯纤维形成的泡泡料为例，以传统的物理法对泡泡料进行回收时，多种纤维生产过程中的化物料杂质在黏稠熔体中无法实现有效的分离，且这些杂质又会导致聚酯大分子链在再生熔融过程中发生严重的不可逆热降解，使得原本特性黏度仅为0.5~0.55dL/g的熔体进一步劣化而无法满足纺丝成型的要求。针对此问题，必须重新设计新型的再利用方法。如泡泡料采用“微醇解—脱挥—聚合”物理化学法循环再利用技术路线，即先通过解聚使聚酯熔体的黏度降低，使熔体中的杂质能够由过滤及脱挥有效地去除，同时均化聚酯相对分子质量，从而获得杂质含量较低的低黏熔体，之后再通过缩聚，可获得较好的增黏效果。物理化学法循环再利用技术典型的工艺流程主要包括：废料成分识别与分拣、粉碎清洗、造粒（对于废旧纤维制品）、干燥、调质调黏（主要通过添加扩链剂增黏、液相或固相缩聚、微醇解增黏等手段实现）、熔体纺丝成型等。本节重点分析调质调黏过程。

二、调质调黏方式

扩链增黏是指通过添加能够与PET端羟基/端羧基进行化学反应的化合物，实现增大PET相对分子质量的目的。扩链增黏的方法具有工艺流程短、操作简单、成本低、反应速度快等特点。目前国内外的研究报道中经常使用的扩链剂主要有酸酐类、环氧树脂类、二异氰酸酯类、噁唑啉类、亚磷酸三苯酯类等。根据与PET端羟基/端羧基作用方式，可以分为以下三类。

1. 液相调黏

（1）液相调黏特点。液相调质调黏反应温度高、反应速率快；产物呈液体流动态，可以直接进行纺丝工艺，省去了固相增黏中间切粒再熔融的过程，不仅缩短了工艺流程，降低了能耗和生产成本，同时避免了熔融纺丝过程中发生的热降解反应对产品质量的影响。

表2-1所示为两种工艺路线的能耗对比，液相调质调黏再生在生产经济和能耗上具有明显的优势。

表2-1 采用固相和液相调质调黏法生产涤纶工业丝的能耗对比

工序种类	固相	液相
聚合能耗（折合标煤）/（kg/t）	157	157
常规缩聚熔体切粒能耗（折合标煤）/（kg/t）	8.2	—
固相缩聚能耗（折合标煤）/（kg/t）	91	—
液相增黏能耗（折合标煤）/（kg/t）	—	47.8
螺杆熔融（折合标煤）/（kg/t）	100.7	—
后续工序能耗（折合标煤）/（kg/t）	242.3	242.3
合计/（kg/t）	599.2	447.1

（2）液相增黏反应动力学。小分子产物被不断排出反应体系从而使分子链间逐步发生缩合反应，达到提高聚合物相对分子质量的目的。但是由于反应温度高于固相增黏，需要考虑二酯基团的热降解反应、氧化降解反应及水解反应等副反应。

2. 固相调黏

（1）固相调黏特点。固相调质调黏是指在抽真空或者惰性气体保护下，将 PET 加热至玻璃化温度以上、熔点以下发生的缩聚反应。通过抽真空或惰性气体保护的方式带走反应小分子产物（EC、H_2O），促进缩聚反应的发生，从而提高 PET 的特性黏度。固相缩聚的温度通常在 200~240℃，副反应发生的概率很小，主要发生酯交换和酯化反应（图 2-1）。固相调质调黏工艺主要包括干燥、结晶、缩聚和冷却切粒四个阶段。固相增黏反应速率是由小分子（EG、H_2O）的扩散过程和动力学共同控制的。扩散过程包括两方面：一是小分子依靠浓度梯度从颗粒内部向气—固界面扩散；二是小分子由气—固界面向气相扩散，通过抽真空或惰性气体吹扫的形式从体系中脱除。

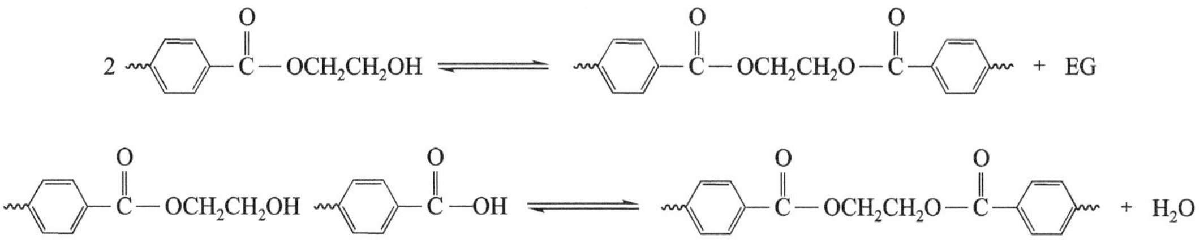

$$2\ \sim\!C_6H_4\!-\!\overset{O}{\overset{\|}{C}}\!-\!OCH_2CH_2OH \rightleftharpoons \sim\!C_6H_4\!-\!\overset{O}{\overset{\|}{C}}\!-\!OCH_2CH_2O\!-\!\overset{O}{\overset{\|}{C}}\!-\!C_6H_4\!\sim + EG$$

$$\sim\!C_6H_4\!-\!\overset{O}{\overset{\|}{C}}\!-\!OCH_2CH_2OH\ \ \sim\!C_6H_4\!-\!\overset{O}{\overset{\|}{C}}\!-\!OH \rightleftharpoons \sim\!C_6H_4\!-\!\overset{O}{\overset{\|}{C}}\!-\!OCH_2CH_2O\!-\!\overset{O}{\overset{\|}{C}}\!-\!C_6H_4\!\sim + H_2O$$

图 2-1 酯交换和酯化反应

（2）调黏影响因素。影响固相调质调黏的因素较多，主要包括原始聚合物特性（结晶度、颗粒尺寸、特性黏度）、反应条件（温度、时间等）。分子链以固态形式存在即处于“冻结”状态，只有处于无定形区域的链端基可以通过小范围的蠕动来参与反应。颗粒尺寸与反应表面积和小分子扩散密切相关，固相增黏的反应机制根据操作条件的不同而改变：在气体流速相同的条件下，随着反应温度的增大，大粒径 PET 反应机制由动力学控制转变为内部扩散控制；当反应温度相同时，小粒径的 PET 固相缩聚机制由表面扩散控制转换到化学反应控制；在反应温度和气体流速相同的条件下，随着 PET 粒径尺寸的增大，固相缩聚反应机制由表面扩散转换至内部扩散控制。

3. 微醇解—脱挥—聚合

以传统的物理法对聚酯布泡料进行回收时，多种纤维生产过程中的物料杂质在黏稠熔体中无法实现有效的分离，且这些杂质又会导致聚酯大分子链在再生熔融过程中发生严重的不可逆热降解，使得原本特性黏度仅为 0.5~0.5dL/g 的熔体进一步劣化而无法满足纺丝成型的要求，即便是采用附加液相增黏的“物理化学法”也很难将黏度增长至 0.60dL/g 以上。采用聚酯熔体高效调质调黏技术（微醇解—脱挥—聚合，新型物理化学再生法），即先通过解聚使聚酯熔体的黏度降低，使熔体中的杂质能够由过滤及脱挥有效地去除，同时均化聚酯相对分子质量，从而获得杂质含量较低的低黏熔体，之后再通过缩聚，可获得较好的增黏效果，使再生熔体稳定增黏至 0.63dL/g，黏度波动减小至±0.01dL/g。

基于熔体的酯交换反应，采用乙二醇作为聚酯相对分子质量的调节剂（图 2-2）及分子结构的修复剂（图 2-3）。在螺杆进料时添加适量乙二醇，使含杂聚酯微量醇解，可有效降低熔体黏度。既可有效去除颗粒杂质，提升过滤效果及效率，同时新鲜乙二醇的引入还可将劣化官能团置换，在分子层面修复再生熔体，促进熔体酯交换，并均化相对分子质量分布（图 2-4），为后道脱挥工艺中劣化分子片段脱除及熔体调质调黏奠定基础。

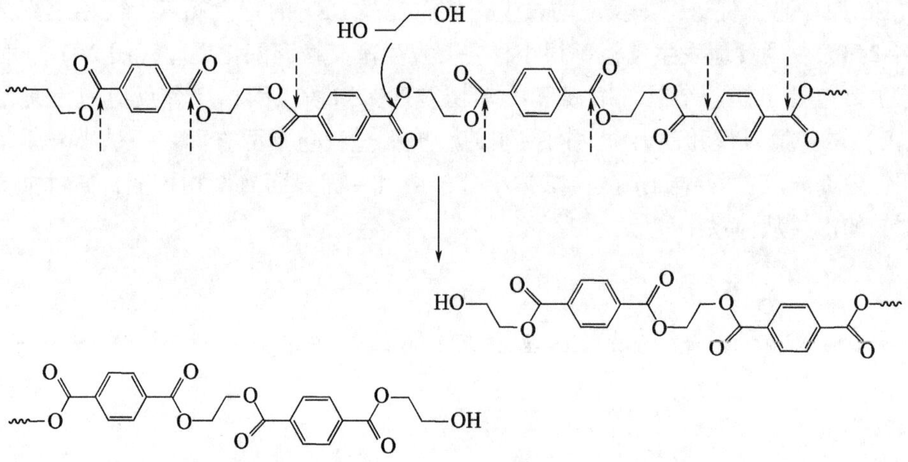

图 2-2　PET 的乙二醇解聚原理

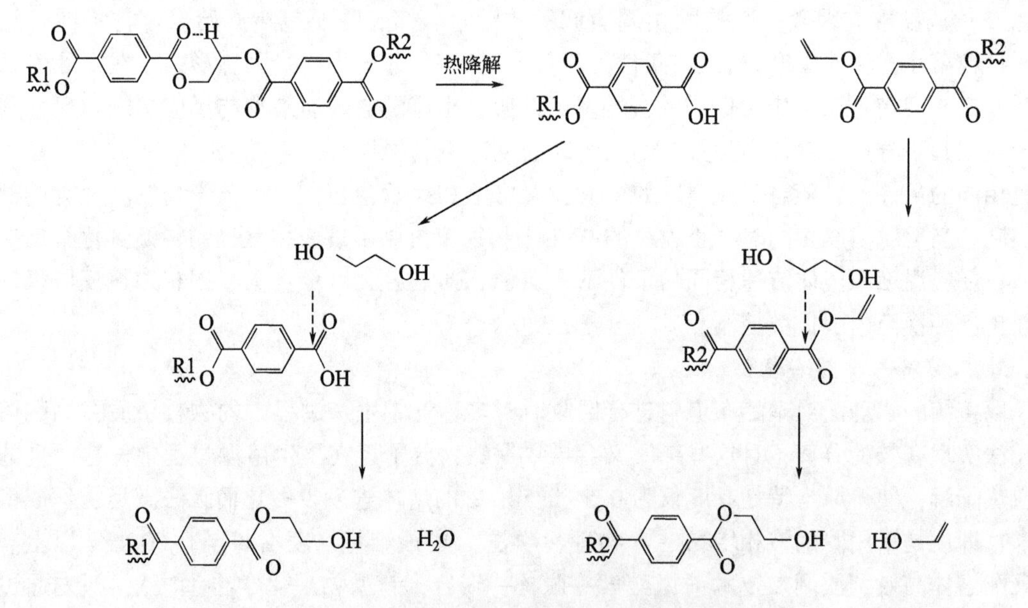

图 2-3　乙二醇对热降解劣化结构的修复原理

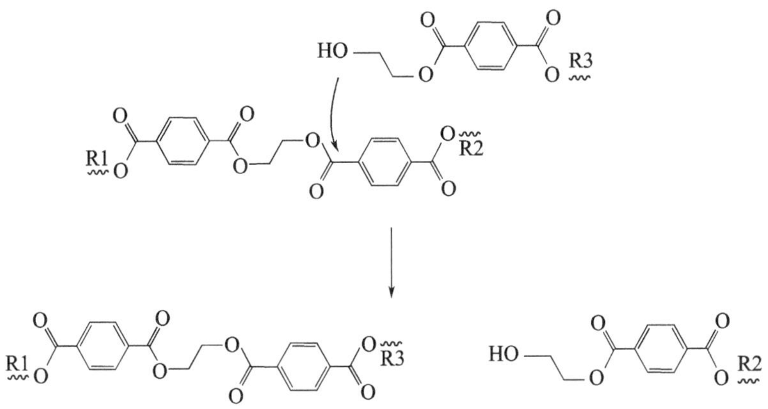

图 2-4　基于酯交换反应的相对分子质量均化原理

第三节　化学法循环再利用技术

化学法循环再利用技术指的是利用化学试剂破坏塑料、薄膜或纤维的分子结构，使分子的内部结构发生解聚进而转变成单体或低聚物，去除杂质后，再利用生成的单体或低聚物经过再聚合工艺，制备出满足纺丝要求的聚合物技术。相比较于物理化学法循环再利用技术，化学法循环再利用技术可以彻底除去染化料、劣化分子链段结构等杂质，为再利用提供高品质原料，但技术体系也相对变得复杂，成本也相应增加。

一、PET 化学解聚基础

PET 的聚合反应机理属于逐步聚合，主要合成路线有酯交换法和直接酯化法两种，反应过程如图 2-5 所示，其中各步反应均为可逆反应，这为 PET 解聚提供了可能。

二、PET 的解聚方式和解聚机理

PET 聚酯解聚是指在溶剂小分子的作用下将聚酯大分子链断裂成小分子。根据化学试剂的不同，化学法降解法主要包括水解法、醇解法、氨解及胺解法，如图 2-6 所示。PET 废料通过醇解、酸解、碱解、水解或氨解等方法解聚，可用来制备生产 PET 所用的原料和单体，而这些原料和单体可再进行聚合或制取其他的有机化合物。废旧 PET 水解产物为对苯二甲酸和乙二醇。在甲醇或乙二醇醇解下分别生成 DMT 或 BHET 与 EG（乙二醇）。PET 在胺类物质（甲胺、乙胺、乙醇胺等）或氨气作用下降解成对苯二甲酸二酰胺和 EG。

1. PET 的水解

水解法是指在高温高压条件下，在不同 pH 水溶液中将 PET 解聚为对苯二甲酸（TPA）、EG 的方法。根据 pH 的不同，水解可以分为酸性、碱性和中性水解。通过水解实现 PET 解聚

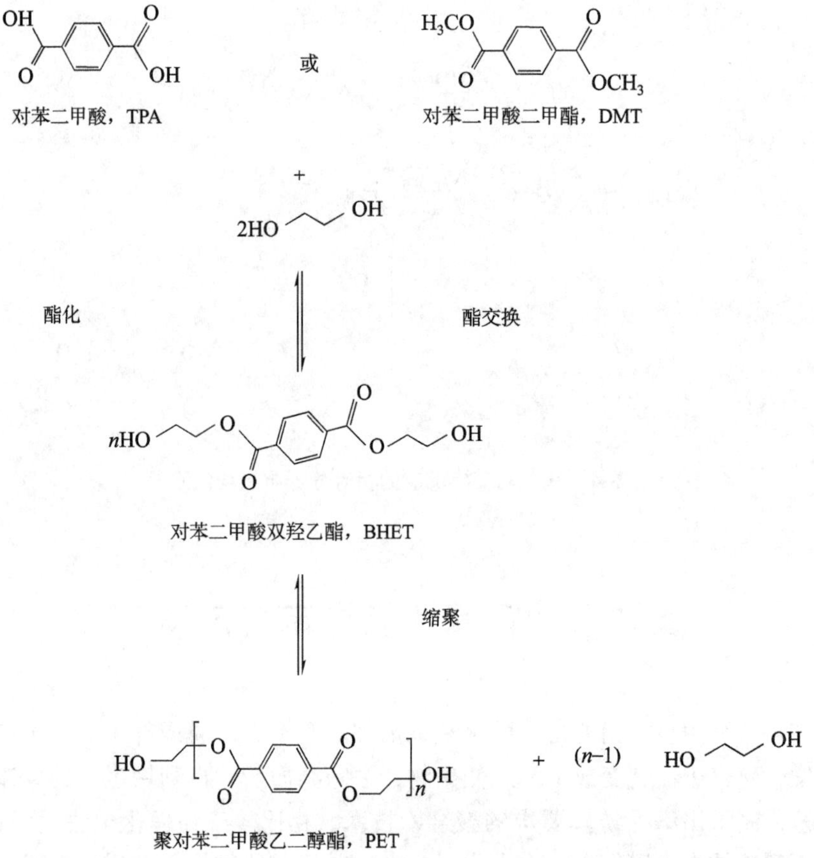

对苯二甲酸，TPA

或

对苯二甲酸二甲酯，DMT

+

2HO–CH₂CH₂–OH

酯化

酯交换

对苯二甲酸双羟乙酯，BHET

缩聚

聚对苯二甲酸乙二醇酯，PET

+ (*n*–1) HO–CH₂CH₂–OH

图 2-5　PET 的聚合反应机理

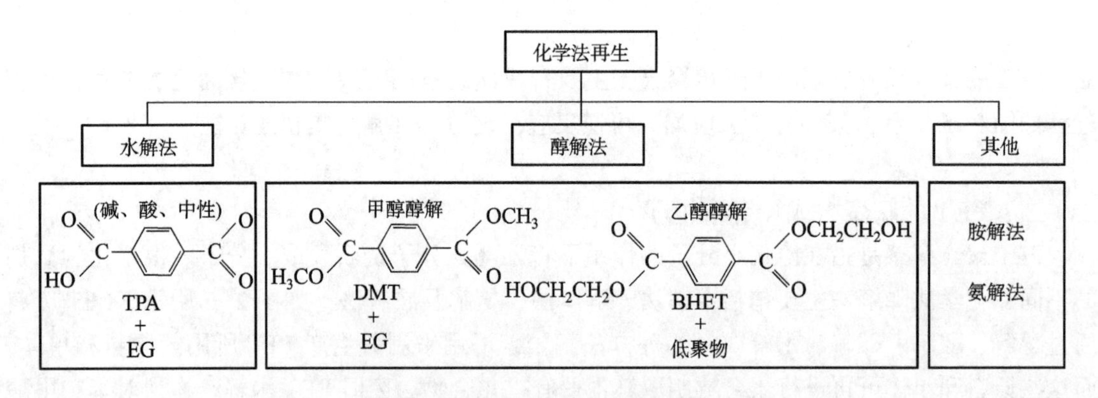

图 2-6　PET 废旧聚酯化学法解聚方式

是行之有效的方法，但是由于 TPA 的溶解性和蒸汽压较低，需要经过多次蒸馏进行提纯，增大了其生产成本。酸碱水解具有反应温度和压力低、产物纯度高的优点，但会消耗大量的酸碱，并且会产生大量不易处理的反应残液，这些缺点在一定程度上限制了水解法的大规模工业化应用。

根据反应的 pH 条件，PET 的水解可以分为中性水解、酸性水解和碱性水解。目前已有美国 Eastman 等公司实现了小规模商业化生产。PET 水解反应所用的催化环境通常就是高浓度的酸或碱，催化机理也较明确，和酸、碱催化酯化反应的机理是一致的。

2. PET 的醇解

醇解法主要是指废旧聚酯在芳香醇、脂肪醇、一元醇、二元醇等的作用下解聚为小分子的反应。根据醇的种类可分为甲醇醇解法和乙二醇醇解法。

(1) 甲醇醇解法。由于甲醇的沸点较低，工业化的甲醇醇解通常是在一定压力下的气相中进行的。PET 甲醇醇解由于产物 DMT 容易气化，所以其具有产物提纯方便且易于连续化操作的优点。美国 Eastman 公司开发了三段式 PET 连续甲醇解聚工艺，工艺主要流程分为三个阶段。第一阶段，将废旧 PET 连续加入温度为 180~270℃、压力为 0.08~0.15MPa 的反应釜进行预解聚，此过程可使 PET 与甲醇充分接触；第二阶段，将过热甲醇连续通入反应釜内，控制温度在 220~285℃、压力在 2~6MPa，此阶段反应时间一般为 30~60min，PET 可得到深度解聚；第三阶段，将解聚产物气化，经由精馏塔逐级分离，得到 DMT 和 EG。

(2) 乙二醇醇解法。乙二醇既可作为醇解反应物，又可以为后续缩聚再聚合的反应物，同时具有沸点高、价格低等优点，在醇解反应中占据重要地位。

PET 乙二醇解聚反应温度一般为 180~250℃，压力为 0.1~0.6MPa。目前日本 TORAY、日本 TEIJIN、美国 Eastman 和德国 Hoechst 等公司都已有小规模的乙二醇解聚商业运行。

由日本 TORAY 公司开发的 PET 乙二醇解聚工艺流程主要为：在氮气保护下，控制反应体系温度在 196~215℃，压力在 0.1~0.6MPa，催化剂选用醋酸锌、醋酸锰等。PET 颗粒在进入反应器前预先经过乙二醇蒸汽进行润湿，此步骤可以大大提高反应速率，控制 EG/PET 质量比为（1.3~2.0）:1 连续进料，解聚产物经由热水溶解后重结晶可获得 BHET。

相比水解和甲醇醇解而言，乙二醇醇解法的反应条件温和，反应安全性好，工艺、设备和控制系统的设计与实施难度低，同时可直接利用现有 PET 生产设备进行放大，且易于实现连续化生产，流程短，投资少。但乙二醇醇解法也有其局限性，如受反应平衡的限制，产物中会存在较多的低聚物，而且为了加速反应还需要加入较高含量的催化剂（一般是醋酸锌，占 PET 质量分数的 0.5%~1%），这给解聚产物的提纯带来了很大的压力。同时，由于乙二醇在温度较高时会发生较明显的自聚而产生副产物二甘醇，也会影响解聚产物的纯度。

上述 PET 水解和醇解解聚反应的机理本质上是一致的，都属于酰氧断裂的双分子反应（AAC_2），反应机理如图 2-7 所示。首先是聚合物链中羰基的极性在极性解聚小分子作用下得到强化，之后解聚剂中的羟基氧对羰基碳进行亲核进攻；羰基氧在受到进攻后会紧接着发生消去反应，导致大分子链断裂。整个反应中亲核进攻是控速步骤，因此强化亲核进攻是加速解聚反应的关键，这也为解聚反应条件的优化及解聚催化剂的设计提供了思路。

3. PET 的其他解聚方法

化学解聚法回收 PET 的工艺除了水解、醇解之外，还存在胺解及氨解等降解方式。PET 在胺类物质（甲胺、乙胺、乙醇胺等）或氨气作用下降解成对苯二甲酸二酰胺和 EG，反应温度通常为 20~100℃。

与羟基氧相似，氨/胺基氮以同样的亲核机理进攻 PET 酯键使大分子断裂，即反生氨/胺

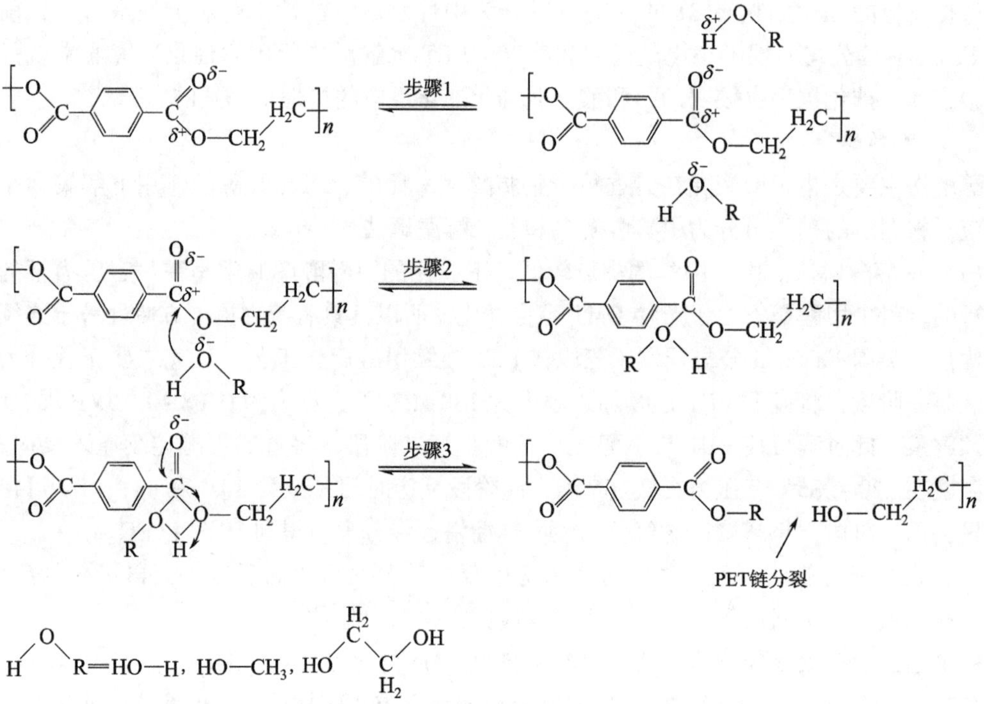

图 2-7　PET 的解聚机理

解反应（Aminolysis/Amonolysis），获得含有苯甲酰胺官能团的解聚产物。虽然 PET 的氨/胺解反应产物不是 PET 合成的原料，但它们仍是常用的化工原料，可用于合成多种功能涂料、泡沫及胶黏剂。例如，采用乙醇胺对 PET 进行深度胺解，反应中乙醇胺与 PET 的物质的量比为 6∶1，催化剂为醋酸钠，在 170℃反应 8h 得到对苯二甲酰胺（BHETA），产率可达 91%。利用 2-氨基-2-甲基-1-丙醇和 1-氨基-2-丙醇对 PET 进行解聚，所获得的解聚产物主要为对二（1-羟基-2-甲基丙醇）苯甲酰胺和对二（2-甲基丙醇）苯甲酰胺，利用这些产物可快速合成多种双噁唑啉衍生物，并广泛用作化学偶联剂。同时由于酰胺官能团的亲水性较好，因此关于 PET 的氨胺解反应的研究有很多是以 PET 纤维表面的亲水改性为目的。但由于氨解所需溶剂的配制工艺较复杂，需要在低压和高压等特殊条件进行，因此相关研究主要停留在实验室阶段。

三、PET 解聚单体的纯化和再聚合

PET 的再聚合反应机理与原生 PET 聚酯聚合相同，属于逐步聚合。主要的合成路线有酯交换法和直接酯化法两种，因此再聚合工艺可分为 PET 甲醇醇解后再聚合和 PET 乙二醇醇解后再聚合。

1. 解聚单体的纯化

PET 醇解后，溶液黏度大幅降低，但溶液中含有非聚酯组分、染料和助剂、未降解的 PET 及其低聚物等杂质。这些杂质会影响后续聚合，因而需要在单体再聚合前除去。

在乙二醇中不溶解的杂质和高聚物可通过过滤除去。染料分子可利用吸附剂吸附除去。

醇解产物中 BHET 的分离提纯可采用冷热水浴纯化工艺。具体流程为：将含杂聚酯物料与 EG 按照一定的含杂聚酯物料配比混匀，待 PET 物料溶解完全后，将反应体系迅速转移至冰浴环境使其快速降温。将过量的热蒸馏水加入到反应体系中，充分搅拌，使生成的 BHET 单体溶于其中。随后将反应混合液快速热过滤，除去不溶的残渣，滤液中包括 EG、BHET 单体以及少量水溶性的低聚物，而醇解溶液中的低聚物则以固体残渣方式被滤出。反复过滤多次，滤液在 5℃环境下冷却储存，使醇解产物 BHET 结晶析出，真空抽滤即可获得 BHET 晶体。相比其他废旧聚酯回收，废旧聚酯纺织品化学法回收再生过程中，绝大多数问题的产生都与物料中含有较多杂质有关。处理物料杂质的问题就是想方设法在能够增加过滤器的地方增加过滤器，最大限度将杂质带出系统，以免造成装置恶性循环，导致不能持续运行。杂质带来的影响主要是泡沫夹带、过滤器堵塞、对聚合系统的影响、对真空系统的影响等。

2. PET 甲醇醇解后再聚合

PET 甲醇醇解后再聚合是指 PET 聚酯在甲醇为溶剂的条件下由大分子变成小分子 DMT 产物，DMT 再经酯交换缩聚反应制备得到 PET。

PET 甲醇醇解由于产物 DMT 容易气化，所以其具有产物提纯方便且易于连续化操作的优点。但由于甲醇的沸点较低，工业化的甲醇醇解通常是在高温高压条件下进行。同时随着 PET 聚合工艺的更新换代，目前绝大多数生产线都已经升级为直接酯化路线，现行聚合反应器的设计使 DMT 并不容易并入生产线。所以，目前行业对于 PET 甲醇解聚的关注度也在逐渐降低，PET 甲醇醇解后再聚合尚未有工业化的报道。

3. PET 乙二醇醇解后再聚合

PET 乙二醇醇解后再聚合是指 PET 聚酯在乙二醇为溶剂的条件下由大分子变成小分子 BHET 产物，BHET 与 EG 进行酯交换得到 DMT，再经缩聚反应制备得到 PET。相比较于 PET 聚酯的甲醇醇解再聚合路线，PET 乙二醇醇解后再聚合反应条件比较温和。

第四节　热能法循环再利用技术

废弃纺织品种类繁多，除了棉、涤等纯纺外，相当一部分面料是两种或两种以上的纤维构成，如涤/棉、涤/锦、涤/氨等，分拣和分离非常困难，且在纺织染整加工中又经多种化学品处理，组分十分复杂，采用物理法、物理化学法和化学法等方法，分离提纯成本高，无法产业化应用。热能回收法是普遍使用的固体废弃物的处理方法之一，也可用于混杂难分离废旧纺织品的循环利用，尤其是可用于混有废旧纺织品的垃圾处理。此外，热解炼油作为当前废旧塑料和橡胶回收利用的主要方法，对于废旧纺织品的循环利用也具有一定的借鉴意义。

一、热能回收法

1. 定义和原理

垃圾焚烧是一种传统处理垃圾的方法，已成为城市垃圾处理的主要方式之一。焚烧是一个复杂的化学过程，是有机物与氧气或空气进行的快速放热和发光的氧化反应，并以火焰的形式出现。在燃烧过程中，有机物、氧气和燃烧产物三者之间进行着动量、热量和质量传递，形成的火焰是有多组分浓度梯度和不等温两相流动的复杂结构。由于焚烧温度在 850～1100℃，远高于各类纺织品的燃点，所以焚烧适用于所有废旧纺织品的处理。

热能回收法是将废旧纺织品中热值较高的化学纤维通过焚烧转化为热量，再通过其他途径转化为电能、机械能等再利用的方法。合成纤维的热值一般在 30MJ/kg 以上，聚乙烯和聚丙烯纤维的发热量更是高达 46MJ/kg，超出燃料油 44MJ/kg 的热值。另外，焚烧后废弃物的体积大幅减少，可以减缓因存放废弃物带来的土地压力，是一种辅助的纤维回收利用方法。热能回收法虽然能产生大量的能量，但是焚烧过程中会伴随大量 CO_2 的产生，处理不当可能还会产生氮氧化物、氯化氢等有害气体，甚至会出现二噁英等剧毒物质，造成空气污染。因此该方法需重视对燃烧产生的有毒有害气体进行监控与处理，减少对环境造成的污染。

2. 工艺流程

图 2-8 是热能回收法的工艺流程图。废旧纺织品经破碎、压实等预处理后进入锅炉焚烧。焚烧后，炉渣从出渣口排入渣池，集中外运综合利用，主要用来制作市政道路用砖，利用率 100%；焚烧炉产生的烟气，经烟道通向高温过热器、省煤器，进入烟气净化装置，通过半干式脱酸装置、活性炭喷射装置，处理二噁英、二氧化硫、氯化氢等有害物质，再进入布袋除尘器去除烟气中的烟尘，最后经烟囱排入大气；除尘器集聚的飞灰输送至灰库，添加水泥、螯合剂进行固化，飞灰经螯合固化后必须做毒性浸出实验，达到《生活垃圾填埋场污染物控制标准》的要求后，再送入飞灰专用填埋场集中填埋。焚烧产生的热量可用于发电。

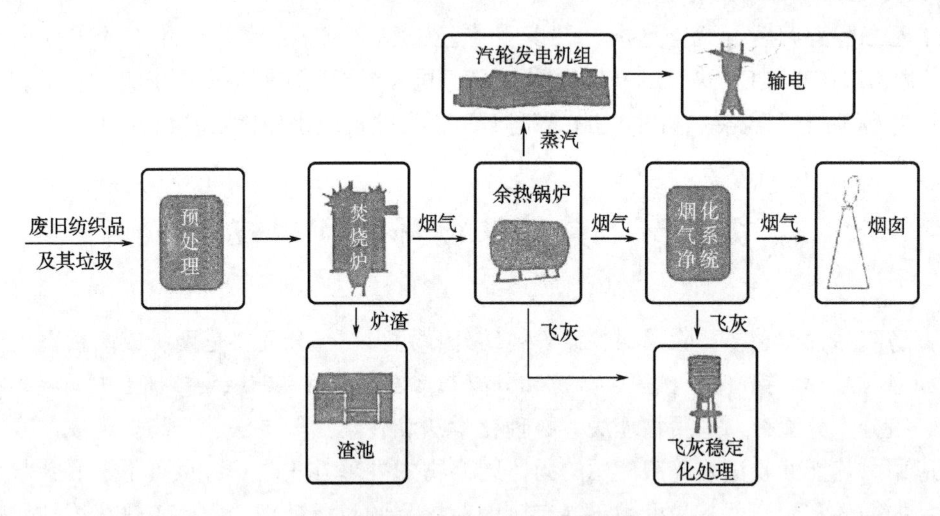

图 2-8　热能回收法的工艺流程图

3. 特点和适用范围

热能回收法可直接将废旧纺织品作为原料加工，尤其是含杂组分比较复杂的废旧纺织品，不需要进行分离和分拣处理，通过焚烧直接转化为热能。方法简单易行，适用于热能较高的化纤，如聚烯烃等，或是含杂组分比较复杂、分离分拣成本高的废旧纺织品。现在我国约有

200座生活垃圾焚烧发电厂，而一个焚烧厂每年可处理10万~18万吨固体废弃物，因此我国每年的固体废弃物处理总量在2000万~3600万吨。热能回收法的缺点就是产生的废气会污染环境，需要重视对废气的处理。

二、热裂解法

1. 定义和原理

热裂解法是指在无氧或缺氧条件下，利用热能使高聚物的化学键断裂，由大分子量的有机物转化成小分子量的燃气、液体油及焦炭等的过程。

热裂解技术可分为内热式和外热式两种。内热式热裂解技术是指利用少量的助燃空气，使部分生活垃圾燃烧氧化，释放出热量来加热未反应的垃圾，使其分解，产生可燃性气体。

外热式热解技术是指利用坚壁结构，使生活垃圾在无氧的条件下发生热裂解，产生热值较高的可燃性气体，可燃性气体可以回收燃烧再利用，为垃圾热解提供热源。

热裂解方式可总结为以下四类：

（1）链端断裂或解聚。聚合物分子链不断从链端断裂生成相应单体。链端裂解是聚合物裂解的主要形式。

（2）随机裂解。聚合物长链随机断裂为不等长的小段。

（3）链脱除。去除反应代替物或侧链，一方面使裂解产物不断发生变化，另一方面使聚合物长链发生炭化。

（4）交联。热固性的聚合物加热时，常形成网状结构物。

热裂解法是聚合物裂解处理的一种有效途径，它仅通过提供热能，克服高聚物中化学键断裂所需能量，产生低分子量的化合物。根据聚合物的裂解目标产物，可调节裂解过程的工艺参数。一般认为，影响热裂解产物分布及收率的影响因素有原料组成、反应器类型、反应过程裂解温度、操作压力、裂解停留时间、氢气或供氢剂的参与等。因此，热裂解过程中，选择适宜的裂解参数条件，对于获得特定的目标产物是非常重要的。表2-2列举了热裂解的影响因素和影响结果。

表2-2　热裂解的影响因素和影响结果

影响因素	影响结果
原料的化学组成	裂解产物受原料的化学组成和分解机制的影响
裂解温度和加热速度	更高的反应温度和加热速度有利于产生小分子产物
裂解时间	更长的停留时间会使产物发生二次转变，产生更多的焦炭焦油
反应器类型	决定了传热效率、混合速度，气态和液态产物的停留时间
操作压力	低压会减少焦炭和重油的产量
反应中氧气或氢气的存在	稀释产物，影响反应平衡、反应机制和动力学
催化剂	影响反应机制和动力学，增加特定产物的含量
含杂组分	含杂组分会蒸发或分解，影响反应机制和动力学
液体或气体阶段	液相热分解会阻碍产物离开反应器

高聚物的裂解温度和裂解产物与其化学结构相关。对目前常见的几类热塑性塑料，包括聚乙烯（PE）、聚丙烯（PP）、聚氯乙烯（PVC）、聚苯乙烯（PS）等，对其在不同温度下的裂解过程进行了研究。随温度的升高，最先分解的是PVC，其产物是PVC中C—Cl键断裂生成HCI以及轻质燃料油；其次PS在300℃下开始分解，产物主要有苯乙烯单体，产率约为65%，另外还有苯乙烯的二聚体、三聚体、甲苯和乙苯等；再次是PP，其在360°C左右开始分解，产物主要是轻质燃料油（汽油和柴油）；最后分解的是PE，裂解温度在400°C左右，其分解产物中重质油（即重油和蜡质）含量较高，所占比例约为50%，而轻质燃料油约为45%，且轻质成分的油品质不高。各类高分子材料热裂解方式和产物见表2-3。

表2-3　各类高分子材料的热裂解方式和产物

高分子材料种类	热裂解方式	低温产物	高温产物
PE	随机链断裂	蜡，石蜡油，烯烃	气体，轻质油
PP	随机链断裂	凡士林，烯烃	气体，轻质油
PVC	脱除HCl，链的脱氢和环化	HCl（<300℃），苯	甲苯
PS	解压缩和链断裂的结合，形成低聚物	苯乙烯及其低聚物	苯乙烯及其低聚物
PMMA	解聚	MMA	少量MMA，大量分解产物
PET	氢转移，重排去羧基	苯甲酸，乙烯基对苯二甲酸盐	—
PA-6	解聚	己内酰胺	—
PTFE	解聚	四氟乙烯	四氟乙烯

生物质（特别是植物材料）主要成分为碳水化合物（纤维素、半纤维素、木质素等），对其进行裂解液化制取生物油的研究很多。裂解生物油的品质主要取决于裂解原料、反应器类型、裂解速度。由于是再生新能源，生物质裂解形成生物油较化石燃料在环保方面有很大的优越性（无SO_x排放，低NO_x排放）。但生物油与燃料油相比仍有许多缺点：高含水量和含氧量，高黏度，较低热值，易被腐蚀等。生物油在储存过程中不稳定，不宜与其他由碳氢化合物组成的油混合使用。加氢裂解或催化裂解都可用来提高生物油的品质。此外，聚烯烃因其较高的碳、氢含量，与生物质共同裂解，也可用来提高生物油的品质。

2. 特点和适用范围

热解转化可将塑料垃圾转化为具有利用价值的工业原料或燃料油，具有很好的经济效益；同时，热裂解在无氧或缺氧的条件下进行，有效地减少了二噁英的生成，二次污染很小，可实现资源的可持续性发展利用，是治理高分子材料固体废弃物的有效途径。表2-4对比了不同循环再利用方法的适用范围和优缺点。

表2-4　不同循环再利用方法的适用范围和优缺点

再利用方法	二次污染控制	原料要求	处理填埋	运行成本	资源化率
物理法	较强	高	小	低	高
化学法	较强	高	小	较高	高

续表

再利用方法	二次污染控制	原料要求	处理填埋	运行成本	资源化率
焚烧	弱	低	大	高	低
热裂解	较强	较高	较小	高	高

传统的热裂解法具有如下缺点：

（1）热裂解温度越高，热裂解产生的可燃气体越多，出油率越低。

（2）热裂解温度越高，油品中芳香烃类所占比例越大，导致油品品质降低。

（3）在高温热裂解过程中，形成的高度缩合稠环芳香烃以固态形式附着在炭黑当中，使炭黑品质降低。

（4）在高温热裂解过程中，形成的高度缩合稠环芳香烃以固态形式附着在裂解釜的内壁，形成结焦，结焦带来的导热阻力，降低裂解釜导热能力，要想保持热裂解需要的热量，就要提高加热温度，从而加剧了裂解釜的热损，使设备寿命缩短，安全性能变差。

（5）高温热裂解易产生多环芳烃（俗称“二噁英”），它是强致癌物。

三、催化裂解法

1. 工艺流程

催化裂解法又称一段法，是将一定量的催化剂与废旧化纤（或塑料和橡胶）混合均匀后进行加热裂解。图 2-9 是催化热裂解工艺流程示意图。与热裂解法相比，不同之处就是在热裂解反应器中加入了催化剂。催化剂是聚烯烃催化裂解炼油的关键技术，不同的催化剂对工艺要求不同，这往往是限制聚烯烃催化裂解法炼油技术发展的重要因素。催化剂最大的特点是降低反应温度，提高反应速率，缩短反应时间，同时有选择性地使产物异构化、芳构化，提高液体产物的收率，并得到较高品质的汽油。但反应过程中催化剂与原料混合在一起，回收废旧化纤中泥沙及裂解产生的炭渣覆盖在催化剂表面，使之容易失去活性且不容易回收，

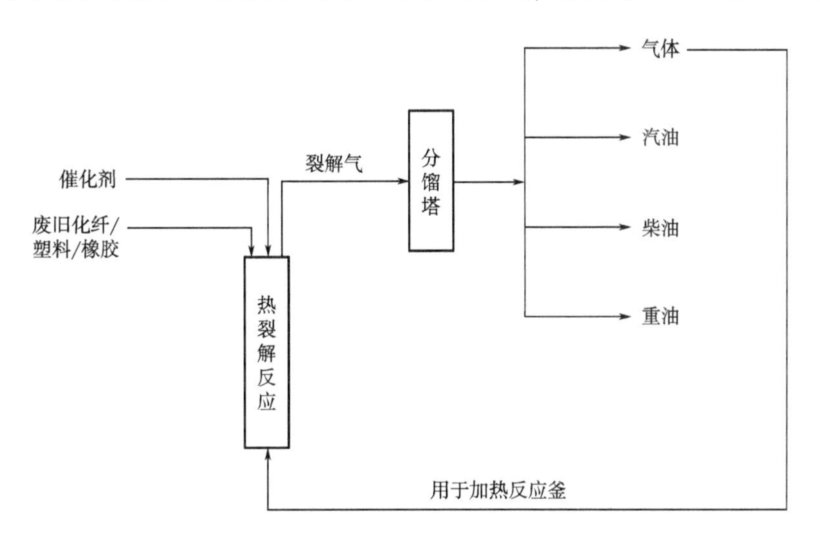

图 2-9　催化热裂解工艺流程示意图

从而增加了运行成本。

2. 催化机理与催化剂

目前国内外在聚烯烃催化裂解研究中采用的催化剂一般以酸性催化剂为主，如金属和金属盐（如 $AlCl_3$）、金属氧化物（如 Al_2O_3）、分子筛等。而少量的碱式催化剂，如 BaO、MgO 等，则主要用于苯乙烯类废塑料的裂解。

催化裂解催化剂主要通过酸性来影响在反应中聚合物分子的催化裂解活性。在裂解反应过程中，聚合物分子只有与催化剂上的酸性位点接触才能发生以裂解反应为主的一系列反应，因此催化剂表面酸的强度和分布对反应的原料转化率、产品分布及产品质量等具有非常重要的影响。在一般的催化裂解反应中，随着催化剂中酸性位点的增强，油品的转化率以及产率都有提高。然而汽油作为催化裂解的中间产物，在酸性达到一定程度时，其产率会随着酸性的增加而下降。因此酸性位点的调控对于催化裂解反应的产物非常关键。以分子筛催化剂为例，可以通过多种手段来进行催化剂的酸性调控，如负载过渡金属以及酸碱处理等。

聚烯烃是相对分子质量特别大的聚合物，通常较大孔径结构有利于大分子进入孔道，接触到活性位点，但也可能使催化剂失活速率加快。因此催化剂的外比表面积和孔径都会直接影响聚烯烃的裂解反应性能。以分子筛催化剂为例，催化剂的孔径大小，将决定高分子能否进入催化剂晶体内部同活性中心反应。比如 ZSM-5 分子筛，其孔道尺寸较小，不能让高分子进入，且孔道结构较复杂，缺乏形状选择性，并不适合为催化裂解催化剂。Y 型分子筛具有相对较大的孔径，可以让大分子通过，充分利用了其较大的比表面积。通过过渡金属的改性，同样可以对分子筛的孔道造成一定的影响，使得催化性能和稳定性相对较好，结焦情况改善且催化活性持久。分子筛晶粒大小也会影响催化剂的活性。以 Y 型分子筛为例，其阻力来源于分子筛内部。研究表明，晶粒大小没有显著改变油品性能，但小晶粒比大晶粒的反应速率大，得到的汽油产率较高。

3. 催化裂解的特点及催化剂的应用开发

催化裂解与高温裂解反应相比较有如下特点：裂解反应迅速、彻底，油品质量好；气态生成物少，油品收率高；炭黑的品质得到提高；裂解设备寿命长；裂解设备安全性能得到改善；基本上不生产多环芳烃，不危害身体健康。

虽然催化裂解法具有反应速度快、反应周期短、反应温度低和液态产物选择性强等优点，但催化裂解所需的装置设备费用高，并且回收聚烯烃原料中的杂质较多难于去除，导致催化剂难以回收再利用。所以工业生产中多采用对回收聚烯烃原料进行清洗除杂质后，将其通过催化剂涂层进行催化裂解的工艺方式。

到目前为止还没有一种专门用于回收聚烯烃裂解的高效催化剂。裂解催化剂普遍存在催化效率不高、使用寿命短、易失活等问题。各种催化剂在实际使用方面尚有许多待改进之处。因此，高效催化裂解催化剂的开发应注重以下几个方面：适宜的酸性，增强碳正离子的裂解活性；适宜的孔道结构，为大分子提供吸附和扩散的空间；较强的抗结焦、抗重金属中毒能力；较强的再生能力，较高的机械强度，好的稳定性，较长的使用寿命。

四、催化改质法

1. 定义和工艺流程

催化改质法可分为热裂解—催化改质和催化裂解—催化改质两种。热裂解—催化改质法又称二段法，是将聚烯烃回收料先进行热裂解后，产物在催化剂的作用下进行催化改质，经过催化改质后所得产物的碳分布得到明显的改善，裂解产物主要集中在汽油与柴油馏分内。由于该法的两步反应可以在同一个反应器中的两个裂解区进行，工艺流程较为简单，所以工业上此法的应用最广。图 2-10 所示为其工艺流程图。聚烯烃回收料热裂解产物中重质组分较多，热裂解—催化改质可以增加燃料油中的轻质组分，减少重质组分，提高燃料油的品质。相比于热裂解催化剂，改质催化剂用量少，且可回收重复使用，大幅降低了成本，是目前较流行的工艺方法。

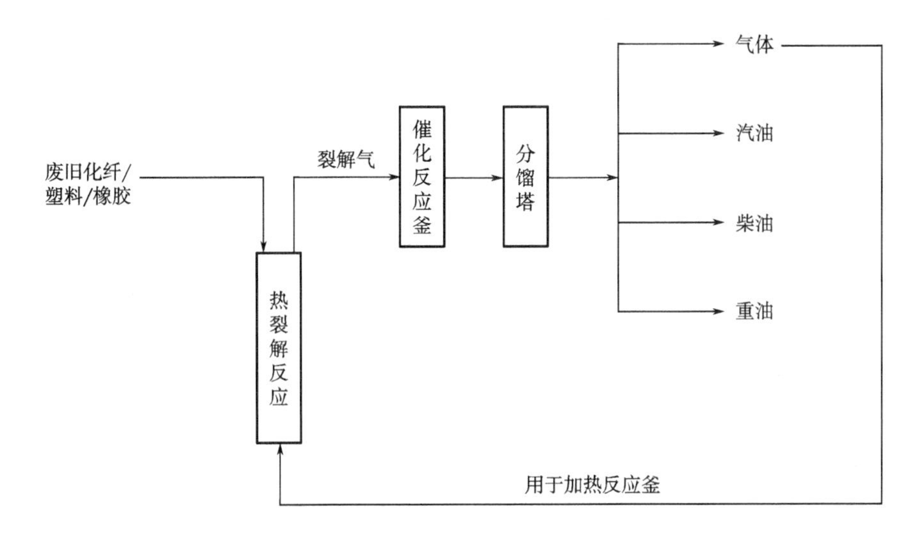

图 2-10 热裂解—催化改质工艺流程示意图

催化改质法是首先将聚烯烃回收料与催化剂在热裂解反应釜中混合进行反应，而后使产生的裂解气体，进入催化管道中进行催化改质反应的方法。该方法的工艺流程是由热裂解—催化改质法的改进发展而来，此方法弥补了热裂解法裂解温度高，液体产物收率与选择性低等缺点，大大提高了催化裂解效率，并且采用此方法裂解可以得到高品质的燃料油。但该方法的缺点是催化剂使用量大，由于大量催化剂的存在也给裂解工艺带来了许多问题，导致工艺成本过高。

2. 催化剂

裂解产物通过在改质催化剂上的烷烃异构化、环化、烯烃芳构化等重整改质反应，可明显改善和提高废旧聚烯烃裂解所得汽油和柴油的产品质量。改质催化剂一般为具有适宜表面酸性和孔结构的金属离子负载型分子筛。

表 2-5 是改质催化剂（纳米级 HZSM-5 和介孔 AI-MCM-41）对 LDPE 的热裂解产物的影响。随着热裂解温度在 425~475℃ 内逐步升高，液体油收率均降低，而气体收率增加。各

馏分中正构烷烃含量明显降低，而异构烷烃和芳烃含量增加。与 Al-MCM-41 相比，由于纳米级 HZSM-5 较小的孔径及更强的表面酸性，改质产物中气体产率和气体中的烯烃含量均明显提高，汽柴油馏分中异构烷烃含量较低而芳烃含量较高。例如，当热裂解温度由 425℃升至 475℃时，汽油中芳烃含量由 8%升至 11%；而经 AI-MCM-41 改质的汽油中则含有大量的异构烷烃（450℃时最高可达 21%）。

表 2-5 改质催化剂对 LDPE 的热裂解产物的影响

催化剂	425℃			450℃			475℃		
	C1~C4	C5~C12	>C12	C1~C4	C5~C12	>C12	C1~C4	C5~C12	>C12
无催化剂	17	54	19	18	56	18	23	51	18
HZSM-5	48	35	3.2	51	34	3	53	33	3.9
AI-MCM-41	27	52	10	32	52	8.6	32	48	8.9

3. 热裂解的特点和适用范围

表 2-6 列举了四种热裂解方法的主要参数和优缺点。热裂解法的反应温度较高，反应时间长且能耗高，生成烃类的碳数范围宽，汽油馏分辛烷值低，产物中含有较多的烯烃和大量石蜡，故易于堵塞管路，工艺不易控制，且回收聚烯烃的性状对热裂解回收的效率有较大影响。催化裂解法由于催化剂的存在和作用，使废旧聚烯烃的裂解反应温度降低，反应时间较短，裂解产物分布也易于控制，油品质量有一定的提高。但是由于催化剂与回收聚烯烃原料中的杂质和裂解产物的残碳混合在一起，使催化剂易于失活，且催化剂的回收利用困难，使成本增加。热裂解—催化改质法是先将回收聚烯烃原料热裂解，热裂解产物再通过改质催化剂的作用发生异构化、环化、芳构化及裂化等改质反应，以改善和提高废旧聚烯烃热裂解产物（裂解汽油、柴油）质量的组合技术，其产品质量较热裂解法明显改善，且改质催化剂还可再生循环使用，但投资较大，工艺较为复杂。催化裂解—催化改质法则是先将废旧聚烯烃进行催化裂解，然后再通过改质催化剂的作用进一步提高产品质量的组合技术，此法虽投资较大、工艺较复杂，但它克服了热裂解法的诸多缺点，原料适应性好，反应效率大幅提高，且液体产物收率高、产品质量好，因此是最有发展前景的热解炼油技术。

表 2-6 四种热裂解方法的对比

热裂解方法	热解温度/℃	热解时间	催化剂用量	产品质量	工业应用程度	发展前景
热裂解法	400~500	长	无	较差	少	较好
催化裂解法	360~450	短	较大	较好	少	较好
热裂解—催化改质法	400~500	较长	较少	好	较少	好
催化裂解—催化改质法	360~450	短	大	好	少	好

与塑料和橡胶一样，废弃聚烯烃纤维（包括 PVC、PP 和 PE）的循环再利用也可用于热解炼制液体燃料油，但由于现有的技术工艺水平和炼油设备性能相对较低，造成炼制燃料油

的成本很高，从而致使该技术还不能实现大规模产业化。因此，在热裂解工艺、炼油设备、高效催化剂的开发等方面，需加大资金投入和研发力度，以降低炼制燃料油的成本，实现产业化应用。

和聚烯烃一样，PET 和 PA 也可采用热裂解得到小分子单体，但相对于成熟的醇解工艺，成本更高，单体产率低，目前不适合产业化。

热能回收法作为固体废弃物处理的一种重要手段，是对化学纤维循环再利用技术的一种重要补充，适用于混杂难分离废旧纺织品的循环利用，尤其是混有废旧纺织品的生活垃圾处理。

第五节　循环再利用化学纤维的产品开发及应用

一、循环再利用差别化聚酯纤维

差别化纤维最早来源于日本，所谓的差别化聚酯（PET）纤维主要是区别于常规的 PET 纤维产品，一般通过引入新型的加工原料、加工方法，优化工艺参数来实现 PET 纤维的差别化，主要赋予纤维产品在满足基本的穿着性能外兼有功能性。早期的差别化纤维一般是指通过添加其他化学原料或通过物理变化制取的纤维材料，而现在差别化的内涵已经拓展到纤维多种功能复合化与专业化定制。循环再利用差别化聚酯纤维包括细旦、超细旦、异形、粗旦、有色纤维等，表 2-7 所示为常见的循环再利用差别化聚酯纤维产品构成。

表 2-7　循环再利用差别化聚酯纤维产品构成

差别化纤维类别	加工技术
超细纤维	1. 直接纺丝法：采用特定的纺丝技术直接纺制超细纤维 2. 间接纺丝法：采用复合纺丝技术，后加工中采用剥离技术、碱处理溶解、溶去法等制造技术 3. 超细短纤维：采用气流喷射、闪蒸纺丝技术
异形纤维	采用非圆形孔眼喷丝板纺丝
粗细丝 （竹节丝）	1. 通过机械地改变拉伸比、不均匀拉伸和变形加工等方法制造 2. 直接采用特殊纺丝组件、纺丝工艺制造
球形纤维	三维卷曲纤维经黏合、碰撞等特殊技术制造
三维卷曲纤维	采用双组分纤维纺丝或不对称冷却法加工制造
异收缩纤维	1. 物理方法：采用特殊纺丝、拉伸后加工工艺纺丝 2. 化学方法：采用间位酸第三单体共聚纺丝加工制造高收缩纤维
阳离子可染纤维	添加高含量阳离子改性聚酯
混纤丝	采用两种或两种以上的品种与规格的纤维，在前纺或后纺中混合制造

续表

差别化纤维类别	加工技术
吸湿、导湿纤维	1. 化学方法：在纤维聚合物中通过共聚、共混、接枝等手段引入亲水性基团 2. 物理方法：通过纤维表面处理，形成微孔、中空化、异截面化，利用芯吸效应等物理原理提高吸湿、排湿能力
中空纤维	采用中空喷丝板纺丝技术制造
有色纤维	添加色母粒的方法实现有色纤维的制造

二、循环再利用功能化聚酯纤维

功能性纺丝是指将再利用聚酯原料中通过添加功能性添加剂或母粒的方法赋予纤维一些特殊的功能，如阻燃、抗静电、抗菌、远红外、阳离子改性、有色纤维等。

添加剂直接混合添加型主要用于纺制抗静电纤维、抗菌纤维、远红外纤维等；母粒添加型主要用于纺制阻燃纤维、消光纤维、阳离子改性纤维与有色纤维等。表 2-8 为循环再利用功能化聚酯纤维产品构成。

表 2-8　循环再利用功能化聚酯纤维产品构成

功能化纤维类别	加工技术
远红外纤维	纤维聚合物中添加具有远红外发射功能的超细无机粉末，如远红外陶瓷粉、碳化锆、氧化锆等复配超细粉末，进行共聚或共混纺丝
抗菌纤维	纤维聚合物中添加具有抗菌功能的超细无机粉末，如各种含银、铜、锌等具有抗菌作用离子的沸石、超细无机粉末，进行共聚或共混纺丝
紫外线遮蔽纤维	纤维聚合物中添加对紫外线有吸收和反射作用的功能添加材料，如氧化锌、氧化钛等无机超粉末，进行共聚或共混纺丝
防透明纤维	采用复合纺丝方法，将具有高白度的陶瓷微粉加入到纤维的芯层或采用不同折射率材料的皮芯结构形成反射层
光/热敏变色纤维	在纤维聚合物中添加对光照或温度敏感的有机材料，利用其结晶结构、络合物形式等对光照敏感变化引起的颜色变化达到变色效果
阻燃纤维	在纤维聚合物中添加氯乙烯、偏氯乙烯等含氯、溴卤素阻燃添加剂及磷系阻燃剂等及其复合形式进行共聚或共混纺丝，也可以进行无机阻燃剂添加共混改性和后整理改性
离子纤维	通过共聚或共混的方法在纤维聚合物中添加具有热电性或压电性的含硼的铝、钠、铁、镁、锂环状结构的硅酸盐物质负氧离子粉体，利用粉体自身的自由离子、不纯物离子和离子性物质杂质和二、三声子共鸣产生较强的辐射带宽，产生负氧离子
抗静电/导电纤维	在纤维聚合物中添加具有高极性亲水材料进行共聚或共混纺丝，提高纤维的电导率，或添加具有导电能力的无机材料如炭黑、硫化亚铜等金属硫化物和金属氧化物等进行纺丝
芳香纤维	利用微胶囊包覆技术，将含有香精的微胶囊添加到纤维聚合物中进行共混纺丝
湿敏变色纤维	将某些对湿度敏感的有机络合物或无机结晶材料（比如在含不同结晶水和结晶水得失时的颜色变化）添加到纤维聚合物中进行纺丝得湿敏变色纤维

续表

功能化纤维类别	加工技术
磁性纤维	在纤维中添加具有磁性作用的无机超细粉末材料，如铁氧体等，使纤维产生一定的磁场效应
电磁波屏蔽纤维	在纤维聚合物中添加适量的能够对电磁波产生吸收或在外界电磁波的电磁场作用下能够产生与外界电磁场方向相反的电磁场作用的物质，如金属氧化物、无机导电材料等

三、循环再利用低熔点聚酯纤维

目前低熔点聚酯纤维已被广泛应用于非织造布行业来改善各纤维之间的黏结性能。它是一类比常规聚酯熔点低的改性共聚酯，熔点范围在90～240℃，大都通过两种或两种以上的二元酸和二元醇，采用共聚的方法使其结晶度、玻璃化温度、熔点大大下降，以满足热熔胶的特殊要求。化学法循环再利用制备低熔点聚酯的过程如图2-11所示。

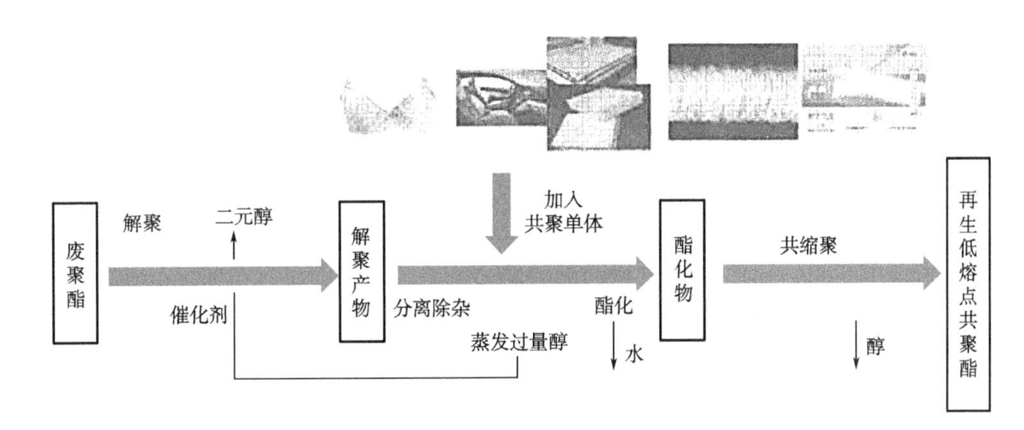

图2-11 化学法循环再利用制备低熔点聚酯

循环再利用低熔点聚酯纤维利用废聚酯、纺织材料为原料，通过智能自动配料（配比、自动混合和输送）、沉降一鼠笼二级串联成膜的微解聚—调质调黏、高效梯度过滤等集成技术为基点制备高品质再生聚酯熔体；采用“以新包旧”的方式通过双温控纺丝箱体获得多元化低熔点再生聚酯初生纤维；采用低于常规聚酯（PET）玻璃化温度20～22℃的水浴拉伸技术和低温定型后处理等技术获得品质稳定的低熔点再生聚酯纤维。开发以废聚酯、纺织材料制作的再生聚酯为内芯、以改性聚酯为外皮的系列复合低熔点聚酯短纤维产品。提升再生聚酯纤维制品性能及品质，实现再生聚酯纤维在汽车内饰、家纺、服饰领域的应用，提高产品附加值。

四、再利用纤维产品的应用领域

经过物理法、化学法再利用过程制备得到的纤维在土木、服装、鞋材、家纺、汽车内饰等多个领域得到广泛的应用。循环再利用聚酯产业产品结构不断优化，应用领域不断拓展，高科技、功能性再生纤维产值比重有较大幅度提升，差别化再生纤维内涵更加丰富。用循环再利用纤维制成的非织造材料可用作汽车内装修材料，如座套、絮垫、车顶内衬、地毯底衬、工具箱材料、行李箱衬料等。

1. 服用面料及鞋材领域的应用

随着技术的进步，逐渐发展到以废旧聚酯瓶片为主要原料或以泡泡料为辅料生产再生聚酯短纤维、二维中空纤维、三维卷曲中空纤维、再生聚酯长丝和聚酯工业丝等。日本帝人将循环再利用原料与纤维新技术融合，实现致密而平滑的编织面料表面和高蓬松性的新质感高功能织物。具有柔软的风格和高耐久性、弹性、UV 切断、形态稳定性等适于运动服以及运动鞋的许多功能性。美国的 3M 公司通过将 PET 瓶分解、聚合、纺丝等开发了一种含有 50% 再生聚酯纤维的保暖面料，每使用一件含有该材料的服装或鞋子，就相当于回收利用了 11 个 600mL 的矿泉水瓶。美国 Dyersburg 织物公司及 Wellman 公司用回收聚酯瓶料生产的纤维分别制造绒面布和开发户外用面料以及运动服、运动鞋。意大利的很多工厂可以对透明和有色两类聚酯瓶进行自动化分类和回收，并且生产出了高纯度的适于制成高质量纤维的材料，该国 ORV 公司每年用回收 PET 瓶生产短纤维达到 35 万吨，其纤维主要用于服装及鞋子等领域。循环利用聚酯服用面料与鞋材有一定指标。循环再利用聚酯的服用针织面料指标：顶破强力≥250N；耐色牢度：变色≥4 级，沾色≥4 级，起球≥4 级；针织化纤面料性能指标符合国家纺织行业标准 FZ/T 73024—2014。循环利用聚酯的鞋用面料指标：耐水色牢度≥3.5 级（GB/T 5713—2013）；色移：4～5 级（GB/T 3903.42—2008）；缝接强度：经向≥50N/cm，纬向≥50N/cm（GB/T 3903.43—2008）；马丁代尔耐磨性能（转）：背面，干式≥25000，碱性≥12000（GB/T 3903.43—2008）；撕裂强度：经向≥30N，纬向≥30N（GB/T 3917.1—2009）；顶破强力≥20kg/cm^2（GB/T 19976—2005）。

2. 家纺装饰用

高性能人造草皮、羊绒混纺地毯、榻榻米等领域，填补了市场原本对此产品的需求，是大型展览、庆典活动和家居装饰专用化纤，应用于阅兵仪式、世博会、新建宾馆酒店等铺地材料。

家纺装饰用循环再利用聚酯有一定指标。如簇绒地毯指标，以 600 型为例，绒簇拔出力≥20N；背衬剥离强力≥25N；绒头高度：8mm±0.5mm；涤纶簇绒地毯性能指标符合国家推荐标准。

3. 汽车内饰用

汽车工业的发展将带动相关配套产业的迅速发展，纺织工业是汽车产业的配套产品行业之一。汽车的发展，拉动了对产业用纺织品的需求，推动着车用纺织品向高性能、多功能、差别化和个性化以及环保健康的方向发展。中国产业用纺织品行业协会的相关统计数据表明，中国车用纺织品的需求将以每年 15%～20%的速度增长，这也给车用纤维材料及纺织品的发展带来了机遇。目前作为车用纺织品最重要的原材料之一，聚酯纤维材料因其抗撕裂强度高、耐日晒、耐霉变、高耐磨、回弹性好和耐气候稳定性高等特点，已经成功应用在汽车座椅、顶棚、门板、中控台、安全带等多个内装饰零部件中。

低熔点纤维黏合加工方法简便、能耗低，与其他类型的胶黏剂相比较，具有粘接迅速、强度高、无毒害、无污染等优良性能，被誉为“绿色胶黏剂”。随着聚酯生产的迅速发展，为了降低低熔点纤维成本，低熔点聚酯已成为热熔胶的主要原料。根据“相似相容”原理，以聚酯为主体纤维的非织造布应用聚酯作为黏合剂最为理想，并且共聚酯类热熔胶在手感、价格以及耐水洗、砂洗和蒸汽压烫等方面优于共聚酰胺热熔胶。因此，低熔点聚酯有着更为广阔的发展前景。

汽车内饰用循环再利用聚酯有一定指标。如汽车内饰用针刺非织造材料指标：符合北京现代标准：MS 341-18B、MS 343-11AT、MS 341-09C；符合上海大众标准 TL 52499、TL 52442A；符合国家汽车行业标准 QC/T 216—2019。

4. 土工、建筑上的应用

通过纤维改性，制备得到循环再利用超强耐腐蚀抗老化土工用布纤维，用于大型工程的防渗漏方面，应用在水利、高铁、建筑等工程领域等重点工程。

土工、建筑上循环再利用聚酯的应用有一定指标。如针刺土工布指标，以 400g/m^2 为例，纵向断裂强度≥12. 5kN/m；CBR 顶破强力≥2. 1kN；针刺非织造土工布性能指标符合国家标准 GB/T 17638—2017。

5. 在其他领域的应用

日本帝人公司开发出了高耐水性打印纸，该产品原料全部采用由废旧饮料瓶再生制成的聚酯纤维，可用激光打印机打印。与纸浆制造的打印纸相比，即使润湿也不易破损，因此，适合于户外及厨卫领域。此次开发的打印纸名为“Laser Ecopet”，是以帝人推出的循环再利用聚酯纤维“Ecopet”为原料的环保型产品。Ecopet 是利用再生技术将回收的废旧饮料瓶循环再利用制成的聚酯纤维，纯度与利用石油制造的原料相同。无须使用新石油，对现有资源进行有效利用。Laser Ecopet 采用聚酯制成，因此，与普通的纸浆打印纸相比，耐水性更高，适于在容易积水的场所及户外使用，以前作为耐水用品使用的是薄膜制造的打印纸，但存在难折、难粘及难以用圆珠笔、铅笔等书写的问题。而 Laser Ecopet 解决了这些问题，还具有薄膜打印纸无法表现的柔软性以及如同纸张的手感。

参考文献

[1] 王华平. 循环再利用化学纤维生产及应用 [M]. 北京：中国纺织出版社，2018.

[2] 范一诺，范成林，王永生，等. 循环再利用化学纤维发展概述 [J]. 中国纺织，2018 (10)：135-137.

[3] 王文雅，赵茹，付大俊，等. 国内外废旧纺织品回收再利用方法比较 [J]. 再生资源与循环经济，2014 (9)：42-44.

[4] 李鹏，叶宏武，陈永当，等. 国内外废旧纺织品回收利用现状 [J]. 合成纤维，2014 (4)：41-45.

[5] 施立勇. 聚酯废料的化学回收与利用 [D]. 江南大学，2009.

[6] 陈旭红. 水热法回收聚酯/棉混纺织物的研究 [D]. 太原理工大学，2014.

[7] 陈旭红，张永芳，史晟，等. 废旧棉纺织品的回收再利用技术进展 [J]. 纺织导报，2013 (9)：53-54.

第三章　喷气涡流纺纱技术

第一节　喷气涡流纺纱概述

一、喷气涡流纺纱概述

喷气涡流纺纱技术是在喷气纺纱技术的基础上发展而来的，它通过喷嘴喷射压缩空气形成高速旋转气流，对纺锭尾端的自由纤维加捻成纱。喷气纺纱技术是根据假捻的原理通过双喷嘴喷气纺纱系统实现的。其纱线是芯层无捻而表面包缠有捻纤维的特殊束纱结构。但是该方法将有捻表面纤维的比例限制在只有5%左右的较低比例。因此，喷气纺纱技术在加工纯棉纤维以及稍短纤维时，纱线强力明显较低，如图3-1所示，故喷气纺纱技术没有取得较大成功。

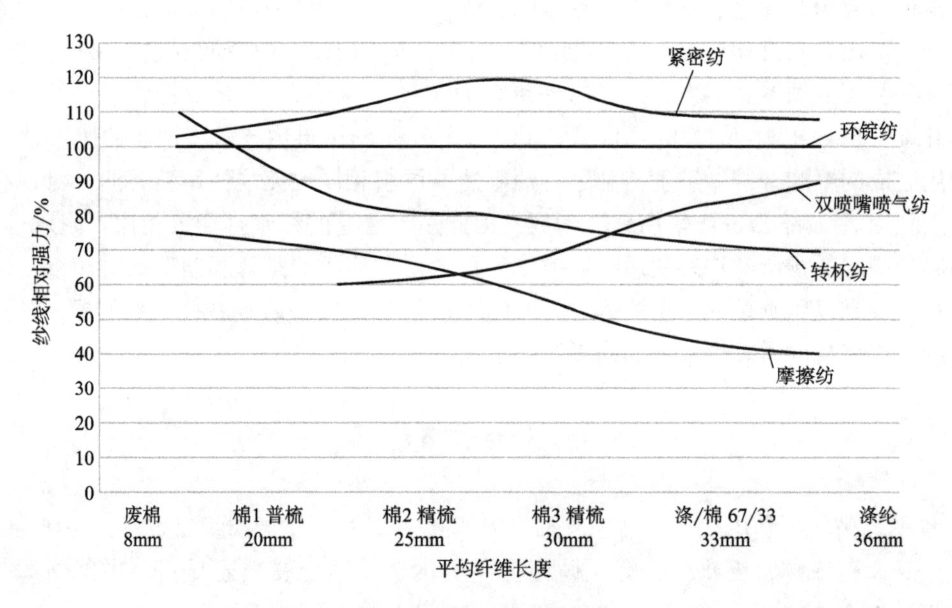

图3-1　纱线强力对比

基于喷气纺纱技术，日本村田公司研发了一种新型纺纱方法。在20世纪80年代，其第一件专利公开，采用空气涡流和旋转机件相结合的方法纺纱。后来放弃旋转机件，在成纱区只使用空气涡流。在1997年第六届大阪国际纺织机械博览会（OTEMAS）上，日本村田制作所（Murata）首次展示了名为村田涡流纺纱机（MVS）的新型喷气涡流纺纱系统。随后在1999年巴黎举办的世界最大的国际纺织机械展览会（ITMA）上展出，其型号为MVS851，纺纱速度达到400m/min，比环锭纺高20倍，比转杯纺高3倍。2003年ITMA展览会上村田公司推出MVS861喷气涡流纺纱机，其速度可达450m/min。2011年首次亮相的第三代涡流纺纱机 MVS870 实现了 500m/min 的纺纱速度，如图 3-2 所示。而 2019 年推出的最新款 MVS870 EX 实现了最高 550m/min 的纺纱速度。

图 3-2　日本村田 MVS870 EX 喷气涡流纺纱机

瑞士立达（Rieter）公司从 2000 年左右也开始了对涡流式喷气纺纱技术和设备的研究，2008 年推出了第一代喷气涡流纺纱机 J10。2011 年推出 J20，2015 年首次推出 J26 型喷气涡流纺纱机（图 3-3），设计纺纱速度达到 500m/min。与日本村田喷气涡流纺纱机相比，立达喷气涡流纺纱机采用双面机型，纺纱过程是由下而上进行的。由于纤维进入方式的不同，一定程度上改善了其纱线手感较硬的弊端，但同时也导致了纱线强力较低的问题。

图 3-3　瑞士立达 J26 喷气涡流纺纱机

我国的喷气涡流纺纱机主要靠从国外引进，设备研发滞后，直到 2011 年江阴华方新科技公司开发出了 HFW80 型喷气涡流纺纱机样机（图 3-4），成为国内首家、国际上第三家推出喷气涡流纺纺纱设备的厂家，并在 2012 中国国际纺织机械展览会暨 ITMA 亚洲展览会上展出。这是国产第一台集机电一体化和工序一体化于一身的高速纺纱机，填补了国内生产喷气涡流纺设备的空白。机型为单层单面式，由16~80个锭子组成，纺纱速度可达450m/min。此外，2011年华燕航空仪表有限公司开始自主研发喷气涡流纺纱机，于2014年8月华燕HYF369型喷气涡流纺纱机通过了国家科技成果鉴定及产品验收。

图3-4　HFW80涡流纺纱机喷气涡流纺纱机

国产喷气涡流纺纱机在自动化、智能化程度、生产效率以及纱线品质等方面已接近国际先进水平，但在纺纱速度、机器性能的稳定性以及噪声控制方面还存在很大的提升空间，同时自主创新能力与水平仍需加强，设备的市场推广与完善仍需较长时间。

由于目前国产机器尚未成熟、瑞士立达公司的喷气涡流纺纱机价格较高，市场上的喷气涡流纺纱机以日本村田公司的喷气涡流纺机器为主。据相关资料显示：目前国际上投入运行的喷气涡流纺机有3000多台，其中在我国已拥有1500多台，占50%以上。生产厂家主要集中在杭州萧山和吴江盛泽等地。本文也以日本村田的MVS870型喷气涡流纺纱机为例介绍喷气涡流纺纱技术。如图3-5所示，熟条1从机台后方经过松解区域2依次进入牵伸区域3、喷气加捻区域4、质量监控区域5后进入卷取区域6。卷绕完成后经自动络筒装置8输送到筒纱传送带9上，这中间出现断头时可以由捻接器7自动完成断头的检测、捻接和开车，同时为了方便个人操作还配置了保养站台10。因此喷气涡流纺纱机集成了环锭纺纱系统中的粗纱机、细纱机和络筒机的功能。监控区域5可实时监控纱线质量，当发现纱疵时即被自动去除，并立即启动捻接器7，将纱自动接头，保证整个纺纱过程是全自动连续式的。同时由于捻接器和自动络筒装置的作用，机器的自动化程度大幅提高，生产企业对用工需求大为减少。喷气涡流纺纱企业的操作工人数和维修工人数大约为传统环锭纺纱企业的1/3到1/2，极大地减轻了企业对熟练纺织技工数量和技能的依赖程度。

喷气涡流纺技术具有鲜明的优缺点。其最大的优点是纺纱流程短、速度快、自动化程度高，1500多台机器的产能占据全国纺纱总产能的2%。成纱条干好，毛羽少，不容易起毛起球，尤其适合针织用。但其缺点也非常明显：

(1) 与环锭纺及转杯纺相比，喷气涡流纺技术从研发到投入生产运行时间较短，设备还

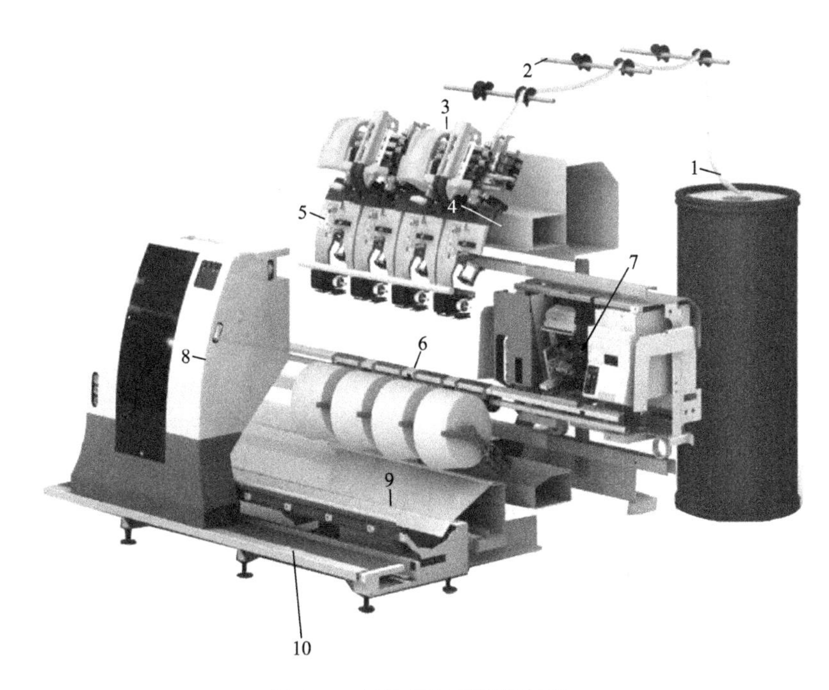

图 3-5 村田喷气涡流纺纱机

需进一步改进与完善，落纤多、强力低、手感硬等是喷气涡流纺技术亟待解决的主要难题。成纱强力比环锭纺要低 10%以上，吨纱耗用原料要比环锭纺纱多 10~20kg，且纱线手感不够柔软，影响最后成品风格。

（2）喷气涡流纺技术对纤维原料要求较高，特别是柔软度、长度和长度整齐度；纤维太硬、太长、太短以及长度差异较大均不适合喷气涡流纺。因此，棉型化纤及其混合纤维比较适合，而天然纤维因长度整齐度差而不适合。此外，纺制的纱支过低过高也都不行，最适合的纱支为 30~60 英支。

二、喷气涡流纺纱原理

喷气涡流纺纱机是在喷气纺纱机的基础上发展而来的，因此，除了喷嘴以外，喷气涡流纺纱机与喷气纺纱机是基本相同的。喷气涡流纺纱机的工艺过程如图 3-6 所示。熟条经导条架喂入并经过四罗拉牵伸机构牵伸后达到需要的纱线线密度，须条被吸入喷嘴前端的螺旋导引体 1，导引体中的螺旋曲面导引块对纤维有良好的控制作用，同时和导引针 2 一起，防止捻回向前罗拉钳口的传递，使得纤维须条是以平行松散的带状纤维束形式输送到锥面体 7 前端。纺纱器的多个喷射孔 4 与圆形涡流室 3 相切，形成旋转气流，在锥形通道旋转下移，从排气孔排出。当纤维的末端脱离喷嘴前端的导引块和导引针的控制时，由于气流的膨胀作用，对须条产生径向的作用力，依靠高速气流与纤维之间的摩擦力，使之足以克服纤维与纤维之间的联系力，使须条的纤维相互分离，形成自由端，同时对短绒也有清除作用。自由端纤维 5 倒伏在锥面体 7 的锥形顶端 6 上，另一端根植于纱体内，在锥面体入口的集束和高速回转涡流的旋转作用力的共同作用下，使自由端纤维绕着纱线中心轴沿着锥面体顶端旋转，当纤维被牵引到锥面体内时，须条就获得一定捻度，从而形成喷气涡流纱 8。因此，喷气涡流纺纱具有一定的自由端纺纱的特征：分离纤维、凝聚、剥取、加捻等。

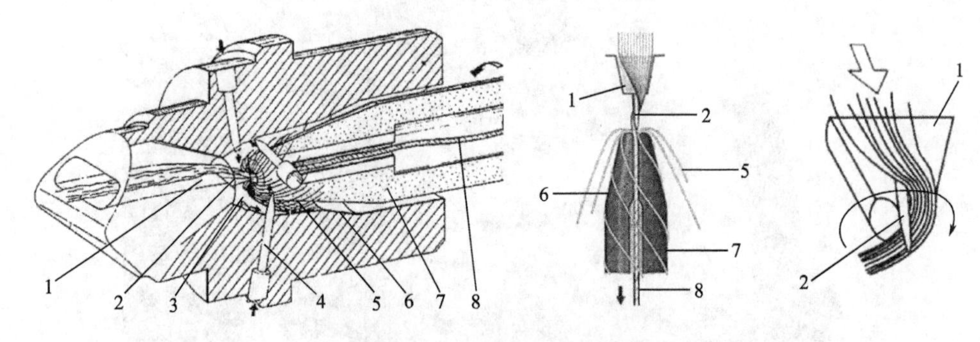

图 3-6　喷气涡流纺纱机喷嘴

在纺锭的前端形成加捻的核心区域，经罗拉牵伸后的纤维头端首先在负压作用下吸入空心锭内的纱尾中，同时纤维尾端受前罗拉钳口控制，则此时纤维两端被握持，纤维位于纱线中心而不受气流作用产生内外转移现象［图 3-7（a)］。纤维后端在脱离前罗拉的钳口握持后，由于气流的扩散和引导面的作用，使外层纤维脱离了须条主体［图 3-7（b)］。因此，在喷嘴室内，以空心管顶孔为输出点，在其后部形成类似菊花开放形状或火箭尾部喷射气流形状的纤维体，为喷气涡流纺的自由端纱尾［图 3-7（c)］。由于气流从空心管四周流出，因而部分纤维覆盖在空心管的锥形顶部［图 3-7（d)］。纱尾在被引出的同时，由于旋转气流的作用，四周扩散出来的纤维，在中心纤维（也就是纱芯纤维）的四周按一定的方向（旋转气流方向）缠绕，从而完成纱线的加捻。纺成的纱则由导出罗拉以一定速度输出，经卷绕机构绕成筒子纱［图 3-7（e)］。

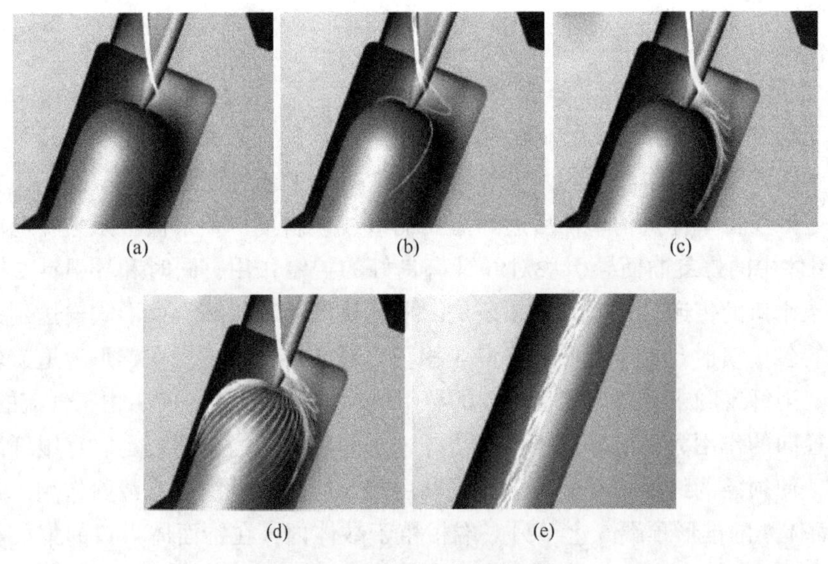

图 3-7　喷气涡流纺加捻过程

三、喷气涡流成纱结构

从喷气涡流纺的纺纱原理可知，纤维离开前罗拉握持后，通过引导棒针进入空心锭加捻。纤维头端先进入纱芯，其尾端受到引导棒针的阻捻和引导作用，成为自由纤维倒伏在空心锭顶端，受旋转气流作用加捻成纱，因此其所有纤维的轨迹都是从中心向外缠绕而成。而常见的环锭纺纱线，由于纤维的内外转移，纱线的内外侧由不同的纤维构成（图 3-8）。

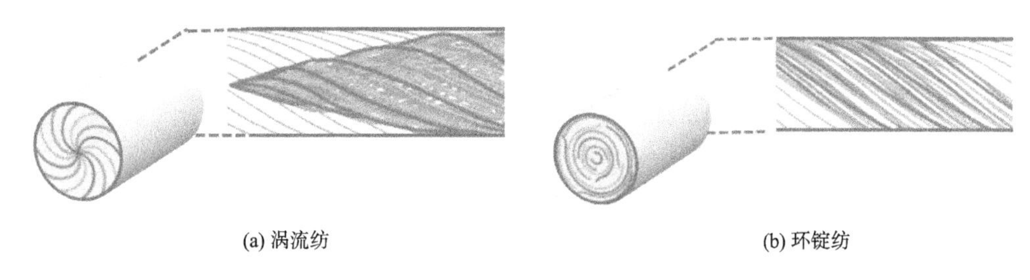

(a) 涡流纺　　(b) 环锭纺

图 3-8　纱线结构

如图 3-9 所示，喷气涡流纺纱线具有周期性的包缠纤维，纱芯纤维基本平行排列无捻度，而纱芯纤维的末端被包缠纤维束缚，具有纱芯和包缠纤维的双层结构。因此，喷气涡流纺纱线的性能与包缠纤维的比例、包缠角度、包缠紧密程度紧密相关，是影响喷气涡流纺纱线品质的关键因素，也是在产品设计中重点关注的参数。

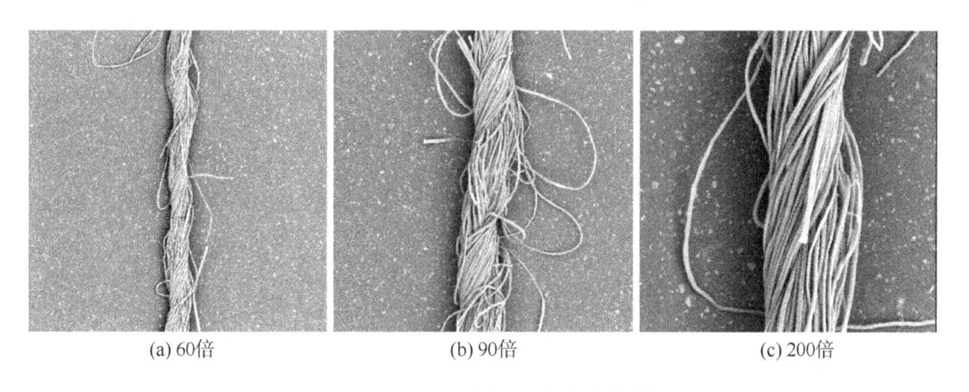

(a) 60倍　　(b) 90倍　　(c) 200倍

图 3-9　16. 5tex 喷气涡流纺纱线结构

喷气涡流纺与喷气纺，其纱线的形成都离不开包缠纤维，两者最大区别是包缠纤维的数量差异（图 3-10）。对喷气纺与喷气涡流纺而言，在旋转气流作用下，从牵伸须条中分离的边缘纤维量存在差异，前者须条一直处于非自由状态，对单纤维控制较强。在一个捻回内，喷气涡流纺的纱线内包缠纤维所占面积与纱表面之比达 0. 57，这意味着喷气涡流纺的纱线表面一半以上都被包缠纤维包覆。

喷气涡流纺的纱线比环锭纺、转杯纺具有更高频率的粗细节；喷气涡流纺与转杯纺的纱线均匀性均优于环绽纱；喷气涡流纺的纱线毛羽比环锭纺和转杯纺纱线的少；喷气涡流纺的纱线表观均匀度较环锭纺和转杯纺纱线的好。喷气涡流纺的纱线具有环锭纺纱线的外观，比环锭纺具有更好的均匀性、较少的粗节和毛羽（图 3-11）。造成喷气涡流纺纱线外观特性不

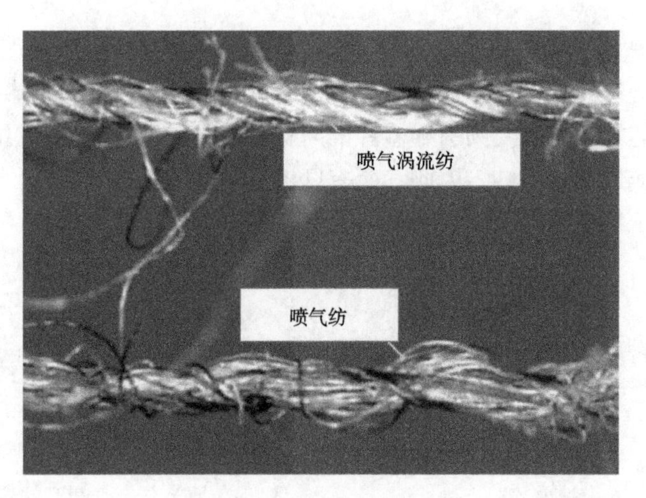

图 3-10　包缠纤维数量对比

同的主要原因是其具有高比例包缠纤维。喷气涡流纺纱线中的螺旋包缠纤维占纤维总数的60%，而喷气纺纱线中外包纤维仅占纤维总数的20%～25%。喷气涡流纺纱线中高比例的包缠纤维使得大量纱芯的尾端纤维束缚在纱体上，减少了头端造成的毛羽，同时，圈状的包缠纤维使得喷气涡流纺纱线外观蓬松，实质手感滑爽。由于纤维长度分布不匀，弯钩纤维及单纤维脱离前罗拉约束时间存在差异，造成喷气涡流纺纱线包缠不匀，这将直接导致其粗细节较环锭纺和转杯纺纱线多。

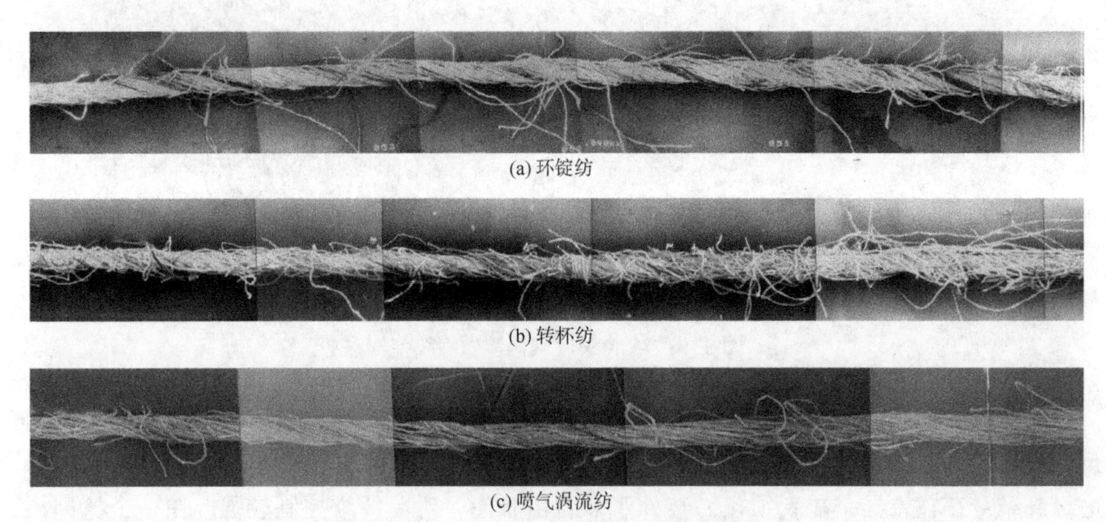

(a) 环锭纺

(b) 转杯纺

(c) 喷气涡流纺

图 3-11　不同纺纱方法纱线外观差异

第二节　喷气涡流纺纱原料

喷气涡流纺技术对加工纤维种类及纤维长度有较高要求。由于它依赖气流聚集与包覆，对柔性纤维适应性较好，如黏胶等再生纤维素类纤维；对刚性纤维尤其是麻类纤维、粗旦涤纶等初始模量较大的刚性纤维，纺纱时难度较大。同时由于成纱结构呈包缠型，有30%左右的芯纤维是不加捻的，只有70%左右的外包纤维加捻，因而成纱强力较低。为了提高纱线强力，要求所用纤维长度整齐度好，因此喷气涡流纺技术多用来加工短切棉型化学纤维。

下面简单介绍几种目前工厂常用的纤维。

一、黏胶纤维

黏胶纤维是天然纤维素材料的再生产物，以天然纤维如木纤维、棉短绒等为原料，经碱化、老化、黄化等工序制成可溶性纤维素黄原酸酯，再溶于稀碱液，经湿法纺丝制成。因此，其分子式与棉一样，为葡萄糖羟基大分子。

黏胶纤维纺丝液中纤维素的纯净性极高，几乎达100%。根据不同的分子量（或聚合度）的大小、成形后的聚集态结构和形态结构，黏胶纤维主要包括普通黏胶（Rayon）、富强黏胶、强力黏胶、高湿模量黏胶等。其纤维素大分子的分子量已不像棉纤维在10^6数量级以上，原液经化学反应后降到10^4～10^5数量级，即聚合度在300～550。结晶度也相对较低（40%～50%）。

再生纤维素的聚集态结构与所用的浆粕或浆液无关。不管是棉浆粕、麻浆粕、木浆粕、竹浆粕或海藻浆粕，一旦变成黏胶液纺丝后，其结构只取决于纺丝方法与工艺。普通黏胶纤维为皮芯结构，富强纤维为全芯层结构，强力黏胶纤维或黏胶帘子线为全皮层织物；高湿模量黏胶纤维（Modal）为厚皮层结构，都是再生纤维素不同成形工艺形成的特有结构。不同黏胶纤维的横截面形态具体结构如图3-12所示。

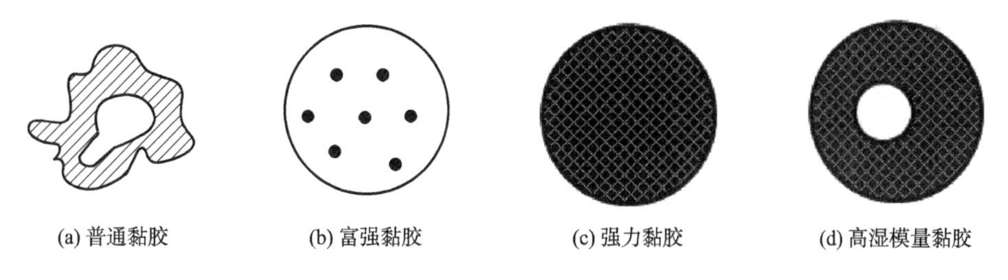

图3-12 不同黏胶纤维的横截面形态

二、Lyocell纤维

1980年，荷兰BaiAkzo（阿克苏）公司率先取得Lyocell纤维的工艺与产品专利，1989年，国际人造纤维局将其命名为“Lyocell”。英国Courtaulds（考陶尔兹）公司购买了荷兰Akzo公司的专利许可，注册了商标“Tencel（天丝）”。因此只有考陶尔兹公司生产的Lyocell纤维才可以称为Tencel。后来奥地利Lenzing（兰精）公司兼并了英国考陶尔兹公司，是现在最大的生产Lyocell纤维的公司，原商标Tencel（天丝）沿用至今。

Lyocell纤维是采用*N*-甲氧基吗啉（NMMO）的水溶液溶解纤维素后，进行湿法纺丝生产的一种高湿模量再生纤维素纤维，其生产工艺可将有机溶剂NMMO的回收率达到99%以上，对环境无害。其纤维内部结构紧密，为原纤结构，孔隙少。

Lyocell纤维有长丝和短纤维之分。短纤维分普通型（Tencel G100）和交联型（Tencel A100）。普通型Tencel G100纤维，具有很高的吸湿膨润性，特别是径向膨润率高达40%~70%。当纤维在水中膨润时，纤维轴向分子间的氢键等结合力被拆开，在受到机械作用时，纤维沿轴向分裂，形成较长的原纤，可将织物加工成桃皮绒风格。交联型Tencel A100纤维素分子中的羟基与含有三个活性基的交联剂反应，在纤维素分子间形成交联，可减少Lyocell纤维的原纤化倾向，可以加工具有光洁风格的织物，而且在服用过程中不易起毛起球。天丝LF介于G100和A100之间，与普通Lyocell纤维相比，原纤化程度更低，具有天然卷曲，因此它与纯棉的风格很相似。

三、涤纶

涤纶的分子是由刚性链苯环和柔性链亚甲基组成，中间由酯基连接。所以涤纶是典型的刚柔性兼备的线性大分子，且以刚性为主。由于其线性分子链侧面没有连接大的基团和支链，因此，涤纶大分子相互间结合紧密，具有较高的比强度和形状稳定性。其分子链排列紧密、结晶度较高、除主链两端各有一个羟基外不含其他亲水性基团，因此，吸湿性较差，公定回潮率仅有0.4%。由于吸湿性差，纤维在水中的溶胀度小，湿、干比强度和湿、干断裂伸长率比值都接近于1。纤维导电性较差，在纺织加工过程中容易产生静电，一般要配合抗静电剂共同使用。涤纶制品具有易洗快干、保型性好的特性。由于其成本低、性能优异，涤纶是目前全球产量最大的化学纤维。在喷气涡流纺加工中使用较多的涤纶规格为圆形截面，线密度为1.33dtex，长度为38mm。需要注意的是，喷气涡流纺加工过程中，涤纶与纺锭摩擦，涤纶表面的油剂容易积垢在纺锭表面，从而影响纤维包缠效果，造成纱线强度较弱的后果。因此，每隔一段时间就需要停机替换、清洗纺锭，从而影响了纱线质量和生产效率。后来为改善此类问题，日本村田公司配套了高压清洗装置，通过高压将助剂雾化后喷涂在纤维表面，可以减少纺锭积垢，显著地提升了生产效率。

四、棉纤维

棉纤维是人类使用的天然纤维中最重要的纺织纤维，具有悠久的发展历史。目前主要使用的是细绒棉和长绒棉两大类。细绒棉长度适中，平均长度为23~32mm，中段复圆直径为16~20μm，中段线密度为1.4~2.2dtex，比强度为2.6~3.2cN/dtex。长绒棉细而长，平均长度为33~75mm，中段复圆直径为24~28μm，中段线密度为0.9~1.4dtex，比强度为3.3~5.5cN/dtex。与切断化学短纤维相比，棉纤维的优点是纤维直径细，缺点是纤维长度偏短和长度整齐度差，因此制约了棉纤维的大规模使用。

从纺纱的原理来讲，在其他条件相同时，纤维越长，其构成纱线的力学性能越好。在保证成纱具有一定力学性能的前提下，棉纤维的长度越长，纱线的毛羽就越少，条干等方面的指标也就越好，所以，纤维主体长度成为决定成纱质量的重要因素。因喷气涡流纺纺锭孔直径较小，为防止棉籽皮杂质堵纺锭等问题出现，喷气涡流纺适宜采用精梳棉纤维。棉纤维经精梳工序的击打、梳理与并条工序的牵伸后，部分纤维会受损造成短绒增加，故建议配棉时采用原棉主体长度大于26mm的棉纤维。棉纤维长度为26~29mm时可纺20~40英支纱，长度为29mm以上时可纺40~50英支纱。喷气涡流纺技术本身落棉较多，建议采用棉花的短绒率不超过16%。棉纤维的马克隆值应控制在4.0~4.5，可以改善涡流纺的纱线强力，马克隆值过大会造成纱线的强力弱节较多，断头增加。

此外需要注意的是，大部分新建的专门从事喷气涡流纺纱线生产的企业一般不配置精梳机，所以一般要采购精梳条才能进行喷气涡流纺棉纱的生产。

五、其他纤维

目前可以纺纱的大部分纤维如羊毛、麻纤维、腈纶等基本都可以采用喷气涡流纺生产纱线。但这些纤维的长度、长度整齐度、柔软度、表面油剂等参数与喷气涡流纺技术的匹配度都明显小于黏胶、涤纶，因此在加工这些纤维时的工艺要求更高，特别是在纺纱速度上要明显降低，同时很难纺高支纱。

第三节　喷气涡流纺纱线加工成形

一、前纺工艺

喷气涡流纺纱技术以熟条喂入，所以其前纺工序较短。特别针对化纤短纤维类纺纱，其工序如图3-13所示。前纺工序主要包括清花、梳理和并条。

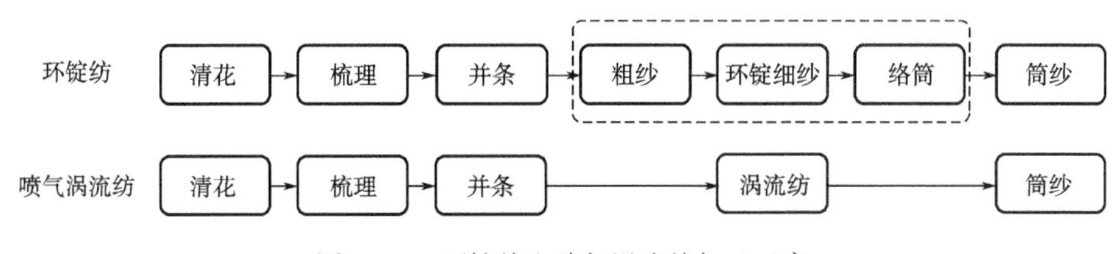

图3-13　环锭纺和喷气涡流纺加工工序

（一）纤维前处理

原料的预处理是指针对原料在投产之前对纤维进行预先处理，以保证纤维能在一定的回潮率或者适纺条件下投入纺纱工序，从而保证纤维顺利成纱，降低纤维在生产过程中的消耗，品质得到提升。喷气涡流纺常用的纤维往往或者刚性强、吸湿性差，或者吸湿性强、表面光滑、抱合力差，纺纱生产中均易产生静电从而缠绕罗拉、胶辊，增加断头，降低生产效率。因此，纺前预处理的重点是要减少静电荷，提高可纺性。

对于黏胶等再生纤维素类纤维，由于纤维表面较滑，在生产过程中也易产生静电，生产前必须对纤维进行给湿处理，其方法是将原料进车间开包存放24h，并在抓棉机上进行喷雾给湿，使原料含水率达到13%左右，使整个纺纱过程处在放湿状态下。天丝由于纤维刚性比较大，适当的原料加湿可以提高纤维的柔软性，降低纤维在纺纱过程中因静电原因造成的绕胶辊、绕罗拉现象。对于涤纶等常在表面喷洒抗静电剂，平衡24h后再进行纺纱加工。

棉纤维的强力和伸长会随着相对湿度增加而增大，但当湿度超过80%时，强力增加率就很小。棉纤维可考虑在投产前在分级室进行加湿平衡。棉纤维在适当的相对湿度条件下，纤维横断面膨胀，延展性增加，纤维柔软，黏附性和摩擦系数增加，纤维牵伸过程中更容易控制，从而提高了成纱的条干均匀度。适度的回潮也会使绝缘性能下降、介电系数上升，从而有利于消除纤维在生产过程中的静电排斥现象，增加纤维的抱合力。但是湿度过大会造成纤维之间摩擦力过大，纤维之间纠缠，从而形成棉结。

（二）清花

目前绝大部分纺纱厂都实现了清梳联，即清花和梳理的自动连接，实现了纺纱加工的自动化和连续化。清花工序主要用到抓棉机、多仓混棉机、开棉机。清花工序主要根据不同的原料和纺纱品种，确定打手形式、工艺速度和隔距。在清花工序应尽量减少对纤维的损伤和棉结的增加。一条好的清花生产线，经过该工序后，纤维的短绒增加率一般不应超过1%，棉结增加率一般不应超过75%。喷气涡流纺纱方法对于清花工序中原料的开松要求更高，纤维束受到气流的作用既要开松彻底，又要避免纤维之间互相纠缠，提高纤维的取向度。

1. 抓棉机

抓棉机是清梳联的第一道工序，它通过打手小车从排列好的棉包阵列里按顺序抓取原料，供下一机台使用，在抓取的过程中对纤维进行初步的开松、除杂和混合。

抓棉机利用抓棉打手对棉块的撕扯、打击和抓取实现开松作用。抓棉机在满足产量的条件下，要求抓取的棉块尽量小些，以利于棉箱机械的混合与除杂。影响抓棉机开松效果的主要因素包括打手刀片伸出肋条的距离、打手转速、打手间歇下降的距离和直行（或环行）速度以及打手型式、刀片（或锯齿）数量、分布及其状态等。抓棉机主要工艺参数见表3-1。

（1）锯齿刀片伸出肋条的距离。距离小、锯齿刀片插入棉层浅、抓取棉块的平均重量轻，开松效果好，一般为1~6mm。

（2）抓棉打手的转速。转速高、作用强烈、棉块平均重量轻，打手的动平衡要求高，一般为740~900r/min。

（3）抓棉小车间歇下降的距离。距离大、抓棉机产量高、开松效果差，一般为2~4mm/次。

（4）抓棉小车的运行速度。速度高、抓棉机产量高、单位时间抓取的原料成分多，开松效果差，一般为1.7~2.3r/min。

（5）精细抓棉。在工艺流程一定时，精细抓棉可提高开清棉全流程的开清效果，并有利于混合、除杂及均匀成卷。

表3-1　主要工艺参数

清花	棉	纤维素纤维	合成纤维
小车回转速度/（r/min）	1.41	1.56	1.79
抓棉打手速度/（r/min）	650	700	750
抓棉打手直径/mm	385	385	385
刀片伸出肋条距离/mm	3.8	4.5	5.7
打手间歇下降距离/mm	5	4	4

抓棉机的除杂作用主要通过抓棉时杂质的抖落实现，一些因抓棉打手开松作用而与纤维块分离的大而重的杂质，不能被气流吸引随纤维一起输送到下道机台而被抖落，最后在清扫棉包台时被去除。有些抓棉机的抓棉打手的压棉罗拉具有磁性，或另装一根或两根具有磁性的辊子，使原料中暴露出来的铁杂可以被吸附而人工去除。抓棉机的开松效果越好，杂质越容易暴露。杂质与纤维间的联系力越小，大而重的杂质在抓棉机上被抖落的可能性越大。

原棉选配时，根据配棉方案及配棉比例确定各种成分棉包的数量。在送至开清棉联合机进行加工时，将拆开的棉包按一定规律排列在棉包台上。抓棉机的抓棉打手依次在各包上部抓取一薄层棉花，当抓棉小车绕棉包台回转一周（环形式）或走完一个行程（直行）后，就按设定的比例抓取各种成分的棉花，从而实现不同原料的混合。

2. 多仓混棉机

多仓混棉机主要利用多个储棉仓起细致的混合作用，同时利用打手、角钉帘、均棉罗拉和剥棉罗拉等机件起到一定的开松作用。多仓混棉机的混合作用，都是采用不同的方法形成时间差而进行混合的多仓混棉机的主要工艺参数见表 3-2。

（1）混合。一般多仓混棉机的工作特点是逐仓喂入、阶梯储棉、同步输出、多仓混棉。采用气流输送原棉，纤维在棉仓内受气流压缩，纤维密度均匀、容量大、延时时间长、产量高、混合效果好。

（2）开松。开松作用产生于各仓底部，即用一对给棉罗拉握持原料并用打手打击开松。开松后的原料落入混棉通道，原料叠合后输出。

表 3-2　主要工艺参数

多仓混棉机	棉纤维	纤维素纤维	合成纤维
换仓压力/Pa	125	125	130
打手转速/（r/min）	800	750	700
打手防扎/（r/min）	780	720	680
给棉量/%	60	50	43
打手防扎/（r/min）	740	650	580
给棉压力/Pa	650	570	580

3. 开棉机

开棉机（图 3-14）是将紧压的原料松解成较小的纤维块或纤维束，以利于混合、除杂作用的顺利进行。开棉机的共同特点是利用打手（角钉、刀片或针齿）对原棉进行打击，使之继续开松和除杂。开棉机的打击方式有两种，即自由打击和握持打击。合理选用打手形式、工艺参数和运用气流，对充分发挥打手机械的开松与除杂作用、减轻纤维损伤和杂质破碎有重要意义。

喷气涡流纺常用的短切化学纤维，杂质本身就较少，开棉机主要起开松作用，同时要尽量减少对纤维的损伤。目前生产中应用的主要是单轴流开棉机，是典型的自由打击开棉机。

（三）梳理

梳理是现代纺纱生产中的核心工序之一，是目前技术条件下松解纤维集合体的主要工艺

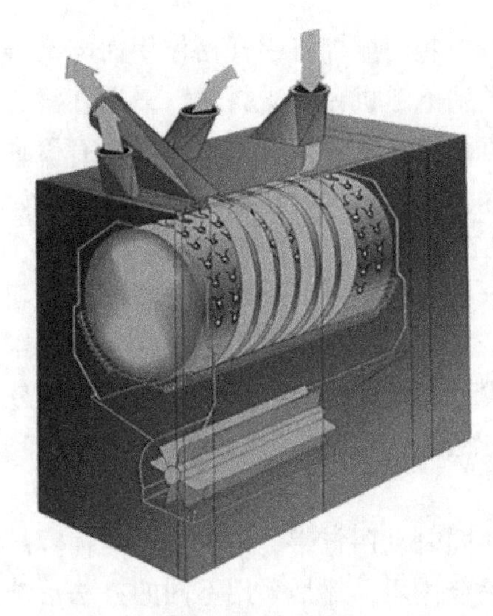

图 3-14 单轴流开棉机

手段。纤维原料在加工成纱的流程中，虽经过开松可使纤维间横向联系获得一定程度减弱，但须通过梳理才能将纤维间的横向联系基本解除，并逐步建立纤维首尾相接的纵向联系。梳理是通过大量梳针和纤维集合体间的相互作用完成的，梳理效果的好坏对成纱质量至关重要。为此，梳理工序必须完成下列任务。

(1) 细微松解。使经初步开松的纤维束（块）分解成单纤维，它是经反复多次梳理逐步完成的。

(2) 除杂。通过梳针的反复作用及在离心力和气流参与下，进一步清除前道工序加工后仍残留的杂质、疵点和部分短绒。

(3) 均匀混合。将不同性状和比例的纤维，在单纤维状态下进行混合，并依靠针面吞吐纤维的作用，制成均匀的纤维网。

(4) 成条。制成适合于后道工序加工的符合一定规格和质量要求的条子及便于喂入、运输、储存和卷装。

纤维集合体被分离成单纤维的程度，直接影响下游工序牵伸过程中纤维的运动，从而与成纱的强力和条干等指标关系密切。在粗梳纺纱系统中，梳理工序以后，清除杂质和疵点的作用不明显，因而其对成纱质量影响很大。在精梳纺纱系统中，为了提高成纱质量和线密度，虽然在梳理以后还有精梳工序，但梳理的质量仍会影响精梳的产量、质量和制成率。所以，梳理是整个纺纱生产中重要工序之一。

纤维梳理质量直接影响除杂、牵伸等工艺的实现效果。棉结是由纤维紧密地缠绕在一起的纤维结，还有一部分棉结内含有非纤维性物质，如籽屑、叶、茎等杂质。棉结含量过高将直接影响后期成纱质量，而梳棉工序可以有效减少棉结。

棉结从其形成的原因看，可分为两大类：一类是由原料造成的，另一类是在生产过程中产生的。纤维、棉结在盖板、锡林梳理区随气流附面层运行时，在离心力的作用下有脱离锡林针齿握持、被抛向盖板的趋势。由于棉结重量大、相对单纤维的长度短，因此，更容易脱离锡林的握持，而单纤维重量轻、长度长，更容易被锡林握持住。同时，由于被抛向盖板的纤维较长，锡林盖板梳理区隔距较小，因此，很容易再次被锡林针齿抓取，而棉结被再次抓取的概率较小。通过锡林与盖板的有效配合，最终可以达到减少棉结的目的。在这一过程中，纤维和棉结的梳理、转移、分离等都离不开气流的作用，因此，稳定的气流是有效减少棉结的前提条件之一。

梳棉机气流控制的原则是：合理排杂落棉，均匀稳定的气流控制，防止关键部位（特别是几个三角区）附面层厚度、补入气流的流向对纤维运动和棉网结构产生影响。控制气流的方法与手段主要在于控制气流的产生量。锡林高速旋转产生的附面层是产生气流的主要原因，其次是刺辊。因此，合理的锡林、刺辊速度对稳定气流是至关重要的。合理分配各点的气流（特别是三角区）的方法有：利用罩板等处的工艺隔距，合理分配气流；利用低压罩、棉网清洁器、排尘排杂等处负压吸口导流及缓解释放高压区的气流。合理的气流补入有助于稳定落棉、托持棉网。

对企业来说，降低棉结是一项既简单又复杂的工作。若机械状态不良，如机器震动、平衡不良、锡林道夫刺辊偏心等，都会在梳理过程中产生搓转纤维，形成大量棉结。因此，在保证气流控制的前提下，还须做好机械控制。在机械状态允许的情况下，紧隔距、强分梳是降低棉结的一个重要手段。刺辊与锡林间的隔距过大、锯齿不光洁，易造成锡林刺辊间剥取不良、刺辊返花而使棉结明显增加；锡林和道夫间隔距偏大，易使锡林产生绕花而使棉结增加。

当锡林、盖板和道夫针齿较钝或有毛刺时，纤维不能在两针面间反复转移，易浮在两针面之间，受到其他纤维搓转，形成较多棉结，因此，应注重器材配置，提高分梳度，减少搓转纤维。此外，合理分配除杂效率，使黏附力差且大的杂质由刺辊部位排出，黏附力强的细小杂质由盖板排出也可达到降低棉结的效果。

针齿对纤维应具有良好的穿刺能力，能够深入到棉结内部。因为只有针齿深入棉结内部，才有可能在梳理力的作用下使棉结充分松解。若针齿较钝，不能对棉结有效穿刺，只是接触到棉结的表面，则棉结搓擦会越来越紧，同时针齿不能有效握持纤维，还会使原来已经分离的纤维经过揉搓变成新棉结。

梳棉机各部位除杂要合理分工。对一般较大且易分离的杂质应贯彻早落少碎的原则，而对黏附力较大的杂质，尤其是带长纤维的杂质，在它和纤维未分离时不宜早落，应在梳棉机上经充分分梳后加以清除。此外，当原棉成熟度较差、纤维杂质较多时，应适当增加梳棉机的落棉和除杂负担。

梳棉机的刺辊部分是重点落杂区，应使破籽、僵瓣和带有短纤维的杂质在该区排落，以免杂质被击碎或嵌塞锡林针齿间而影响分梳效果。因此，除少量黏附性杂质外，刺辊部分应早落和多落。合理配置刺辊转速及后车工艺，对提高刺辊部分的除杂效率、降低棉结有明显效果。

锡林和盖板针布的规格及两针面间的隔距，前上罩板上口位置、前上罩板与锡林间的隔距以及盖板速度等，都影响生条中棉结杂质的数量。因此，对于成熟度较差、含有害疵点较多的原棉，应注意发挥盖板工作区排除结杂的作用。

在纤维进入梳棉机前应具有良好的开松度。通过棉结研究数据的分析，证实棉结类型各异、大小不一。一般情况下，仅由纤维材料构成的棉结至少包含 5 根或 5 根以上的纤维，其平均数接近 16 根或 16 根以上。因此，在纤维进入梳棉机前具有良好的开松度，才能使棉结更多地暴露出来，使针齿更多地接触到棉结，为梳开棉结奠定基础。

温湿度对棉结杂质同样有较大影响，须加强控制，合理调整温湿度。原棉和棉卷回潮率较低时，杂质容易下落，棉结和索丝也可减少。梳棉车间应控制较低的相对湿度，增加纤维的刚性和弹性，减少纤维与针齿间的摩擦和齿隙间的充塞，减少棉结。但相对湿度过低，一方面易产生静电，棉网易破损或断裂；另一方面会降低生条回潮率，对后道工序牵伸不利。

根据生产的品种不同，梳棉工艺也存在差异，可根据盖板隔距、盖板速度、锡林转速等的不同大致分为以下两类工艺。

（1）纯棉工艺。锡林转速较快，盖板隔距较小（通常为7英丝、6英丝、6英丝、7英丝），盖板速度较快，如图3-15所示（1英丝=0.0254mm）。

（2）化纤工艺。锡林转速较慢，盖板隔距稍大（7英丝、6英丝、6英丝、7英丝或9英丝、8英丝、8英丝、9英丝），盖板速度较慢。

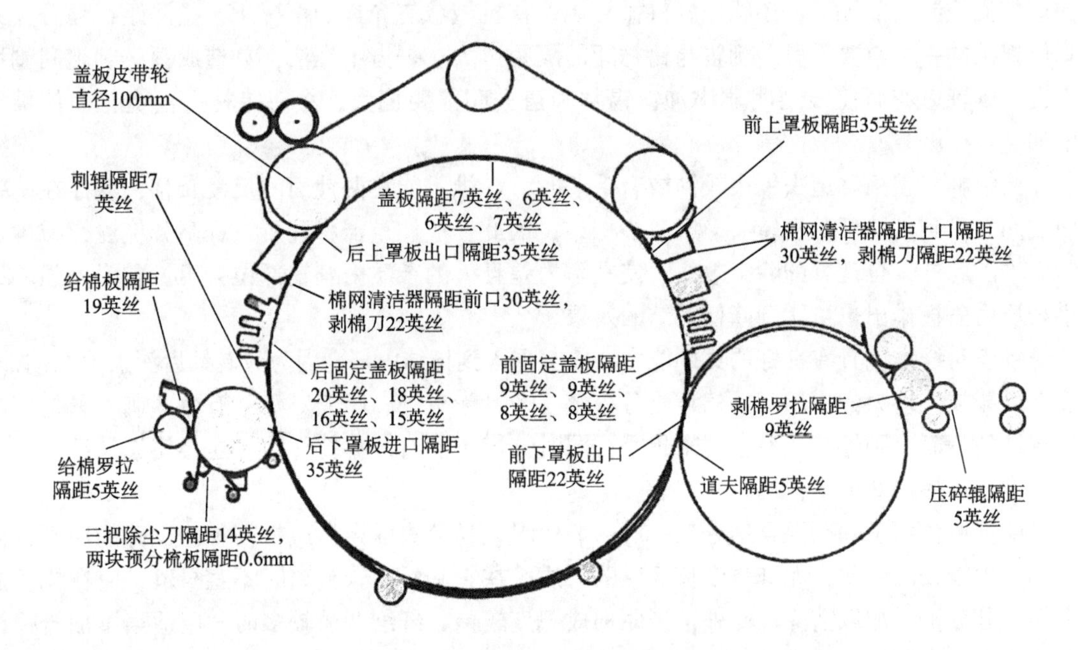

图3-15　化纤品种梳棉机

（四）并条

纤维材料经前道工序的开松、梳理，已制成了连续的条状半制品，即条子，又称生条，但还不能将它直接纺成细纱，因为生条的质量和结构状态离最终成纱的要求还有很大差距，纤维的伸直度和分离度都较差。如生条中大部分纤维还呈屈曲或弯钩状态，并有部分小纤维束存在；并条机的作用是提高生条的纤维伸直平行度，改善条子长、短片段均匀度以及纤维的混合均匀度。它是前纺控制和调整成纱线密度偏差的工序，是纺纱中间衔接最重要的工序。

并条工序主要实现牵伸、混合的作用，牵伸的实质是纤维沿集合体的轴向作相对位移，使其分布在更长的片段上，其结果是使集合体的线密度减小，同时使纤维进一步伸直平行。

由于牵伸过程中，纤维在牵伸区中的受力、运动和变速等是变化的，导致牵伸后纱条的短片段均匀度恶化。其恶化的程度与牵伸形式、工艺参数等设置有关。摩擦力界就是牵伸中控制纤维运动的一个摩擦力场，通过合理设置摩擦力界，可以实现对牵伸中纤维运动的良好控制，从而减少输出条的均匀度恶化。

由于喷气涡流纺工序纺纱速度快，总牵伸倍数大，对熟条纤维的平行伸直度要求较高。经过多年来的实际验证，并条工序采用三道并合工艺，既可以降低生条的重量不匀率和重量偏差，更重要的是可以改善纤维的平行伸直度。由于线密度较小的纤维素纤维或者合成纤维在并条工序牵伸过程中，易出现绕罗拉、绕胶辊、堵圈条斜管等现象，故并条工序的工艺应采用适当的“大隔距、顺牵伸”的原则，保持环境的相对湿度在63%～68%，以提高纤维的可纺性能，提高熟条的品质。

1. 熟条定量

熟条定量是后续喷气涡流纺纱加工中牵伸倍数选择的重要依据，熟条定量的配置见表3-3和表3-4，应根据纺纱线密度、产品质量要求及加工原料的特性等来决定。一般纺细特纱及化纤混纺时，产品质量要求较高，喷气涡流纺纱加工时牵伸倍数要小，因而熟条的定量应偏轻。

表3-3　熟条定量设计的参考因素

参考因素	纱线线密度		加工原料		罗拉加压		工艺道数		设备台数	
	细特、超细特	中、粗特	纯棉	化纤及混纺	充足	不足	头并	二并	较多	较少
熟条定量	宜轻	宜重	宜重	宜轻	宜重	宜轻	宜重	宜轻	宜轻	宜重

表3-4　熟条定量设计的选用范围

纺纱线密度/tex	>32	20～30	13～19	9～13	<7.5
熟条干定量/（g/5m）	20～25	17～22	15～20	13～17	<13

2. 牵伸倍数

（1）总牵伸倍数。并条机的总牵伸倍数应接近于并合数，一般选择范围为并合数的0.9～1.2倍。在纺细特纱时，为减轻后续工序的牵伸负担，可取上限，在对均匀度要求较高时，可取下限。同时，应结合各种牵伸形式及不同的牵伸张力综合考虑，合理配置。总牵伸倍数配置范围见表3-5。

表3-5　总牵伸倍数配置范围

牵伸形式	四罗拉双区		单区	曲线牵伸	
并合数/根	6	8	6	6	8
总牵伸倍数/倍	5.5～6.5	7.5～8.5	6～7	5.6～7.5	7～9.5

（2）牵伸分配。牵伸分配具体有以下两种工艺路线可供选择。

①头并牵伸大（大于并合数）、二并牵伸小（等于或略小于并合数），又称倒牵伸，这种牵伸配置对改善熟条的条干均匀度有利。

②头并牵伸小、二并牵伸大，又称顺牵伸，这种牵伸配置有利于纤维的伸直，对提高成纱强力有利。

在纺特细特纱时，为了减少后续工序的牵伸，也可采用头并略大于并合数，而二并可更大（如当并合数为8根时，可用9倍牵伸或10倍以上牵伸）。原则上头并牵伸倍数要小于并合数，头并的后区牵伸选 2 倍左右；二并的总牵伸倍数略大于并合数，后区牵伸维持弹性牵伸（小于 1.2 倍）。

目前，并条机虽然牵伸形式不同，但大都为双区牵伸，因此，部分牵伸分配主要是指后区牵伸和前区牵伸（主牵伸区）的分配问题。由于主牵伸区的摩擦力界较后区布置得更合理，因此，牵伸倍数主要靠主牵伸区承担。后区牵伸一方面是摩擦力界布置的特点不适宜进行大倍数牵伸，因为后区牵伸一般为简单罗拉牵伸，故牵伸倍数要小，只应起为前区牵伸做好准备的辅助作用，一般配置的范围为头道并条的后区牵伸倍数在 1.6~2.1、二道并条的后区牵伸倍数在 1.06~1.15；另一方面，由于喂入后区的纤维排列十分紊乱，棉条内在结构较差，不适宜进行大倍数牵伸。另外，后区采用小倍数牵伸，则牵伸后进入前区的须条，不至于严重扩散，须条中纤维抱合紧密，有利于前区牵伸的进行。

主牵伸区具体牵伸倍数配置应考虑的主要因素为摩擦力界布置是否合理、纤维伸直状态如何、加压是否良好等因素。

前张力牵伸应考虑加工的纤维品种、出条速度及相对湿度等因素，牵伸倍数一般控制在 0.99~1.03 倍。张力牵伸太小，棉网下坠易断头；张力牵做过大，则棉网易破边而影响条干。出条速度高、相对湿度高时，牵伸倍数易大。纺纯棉时前张力牵伸宜小，一般应在 1 以内；化纤的回弹性较大，混纺时由于两种纤维弹性伸长不同，前张力牵伸应略大于 1。后张力牵伸应略大于 1。后张力牵伸与条子喂入形式有关，主要应使喂入条子不起毛，避免意外牵伸。

3. 罗拉握持距离的确定

罗拉握持距离为相邻两罗拉握持点间所有线段长度之和，其对条子质量的影响至关重要。确定罗拉握持距的主要因素为纤维长度及其整齐度。纤维长度长、整齐度好时可偏大掌握。握持距过大，会使条干恶化、成纱强力下降；过小，会产生胶辊滑溜、牵伸不开，拉断纤维而增加短绒等，破坏后续工序的产品质量。为了既不损伤长纤维，又能控制绝大部分纤维的运动，并且考虑到胶辊在压力作用下产生变形使实际钳口向两边扩展的因素，罗拉握持距必须大于纤维的品质长度。这是针对各种牵伸形式的共同原则。另外，罗拉握持距的确定还应考虑棉条定量（当定量偏轻时握持距应偏小掌握）、加压大小（加压重时握持距可偏小掌握）、出条速度（出条速度快时握持距应偏小掌握）、工艺道数（头道比二道的握持距应偏小掌握）等因素。由于牵伸力的差异，各牵伸区的握持距应取不同的数值。握持距 S 可根据下式确定：

$$S = L_p + P$$

其中，S 为罗拉握持距（mm）；L_p 为纤维品质长度（mm）；P 为根据牵伸力的差异及罗拉钳口扩展长度而确定的长度（mm）。

在压力棒牵伸装置中，主牵伸区的罗拉握持距一般设定为 L_p+（6~10）mm。主牵伸区罗拉握持距的大小取决于前胶辊移距（前移或后移）、二胶辊移距（前移或后移）以及压力棒在主牵伸区内与前罗拉间的隔距这三个参数。

实践表明，压力棒牵伸装置的前区握持距对条干均匀度影响较大，在前罗拉钳口握持力充分的条件下，握持距越小则条干均匀度越好；后牵伸区的罗拉握持距一般确定为 L_p+（11~14）mm。

二、喷气涡流纺纱工艺

从喷气涡流纺纱流程来看（图 3-16），喷气涡流纺的设备包括导条架、喇叭口、牵伸摇架、喷嘴组件、纺锭组件、输出罗拉、清纱器、张力罗拉、卷绕部分等。针对原料特点和成纱要求，喷气涡流纺的工艺设计影响因素主要有以下几点。

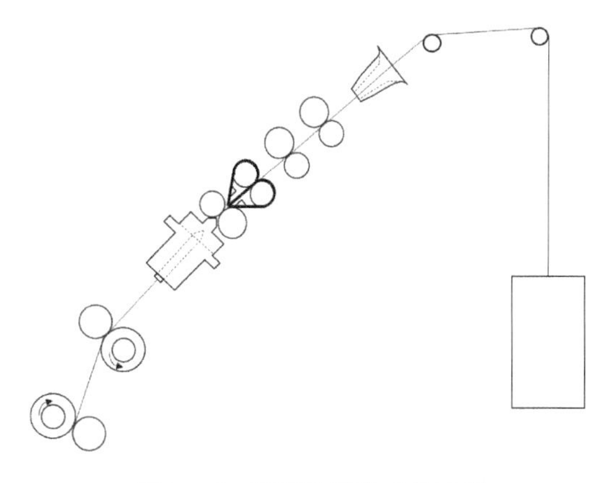

图 3-16 喷气涡流纺工艺过程

1. 罗拉中心距

罗拉中心距又称罗拉隔距。罗拉隔距的选择主要根据纤维长度确定，一般要长于纤维的主体长度；化学纤维选择 43mm×45mm，纯棉因纤维长度较短选择 35mm×38mm，当两种或两种以上纤维混纺时一般根据最短纤维长度选择罗拉隔距。

2. 前罗拉到喷嘴的距离

前罗拉钳口到喷嘴空心管前端的距离，是决定喷气涡流纺成纱性质的重要因素。喷气涡流纺要求前罗拉钳口处的纤维保持一定的宽度，加强对纤维的控制和防止边缘纤维的散失，使扁薄须条中的纤维之间能有良好的接触和控制。纤维之间相互分离，则易于缠绕而加捻成纱。在纺纱过程中，纤维须条经牵伸机构牵伸后，形成扁带状结构，当其由牵伸机构输出时，通常其头端位于主体纱条的芯部，即称为尾端自由纤维。这些尾端自由纤维是喷气涡流纺成纱的基础。前罗拉钳口与喷嘴间的距离，对纱线的形成有很大的影响。该距离增大，则缠绕纤维的比率增大，有利于加捻和成纱，但是落棉率增加，制成率会降低。理论上，此隔距应小于纤维主体长度，否则加捻器吸口轴向吸引力会引起须条中纤维的混乱。如果该距离小，则落棉率降低，但是纤维的两端被束缚，不易实现一端自由状态；使捻度变低，虽然可见到结成束的状态，但实际上变成了包缠纤维很少的纱线。在一般情况下，若纺制线密度较小的纱或选用原料的纤维长度较短，则这一距离应该适当减小，反之亦然。

3. 喷嘴压力

喷气涡流纺是利用压缩空气经喷孔形成高速旋转气流，形成中心负压场以吸入经过牵伸的纤维流，再对集聚于空心锭子顶端的自由端纤维加捻成纱。受到气流的作用，纤维尾端进入锭子之前的阶段，纤维尾端以较大的幅度在喷嘴两侧的壁面间进行螺旋回转，纤维受到气流的作用在纤维束中分离出来并做包缠运动。因此，喷嘴压力的大小直接影响纱线外层纤维的包缠效果。喷嘴压力一方面影响喷嘴内涡流的旋转速度，另一方面影响喷嘴入口处负压的大小。压力增大，涡流旋转的速度提高，带动加捻速度的提高，外层纤维的包缠效果随着加捻速度的增大而提高。然而加捻效果存在临界点，当达到一定的捻度时，纱线的包缠效果最好，强力最高；若继续增大压力，提高捻度，则纤维轴向的分量减少，强力反而会下降。

喷嘴压力的设定还需配合纤维的刚性进行设计，一般来说，纤维的刚性越大，喷嘴压力相应提高，反之则需降低。一般在没有特殊要求的情况下，喷嘴压力设置在 0.5~0.55MPa。

4. 喷嘴入口引导针的长度

在纺纱过程中，经过罗拉牵伸的须条被吸入喷嘴前端的螺旋引导面和引导针，使纤维受到一定的束缚，防止捻回向前罗拉钳口的传递。纤维须条没有捻度，使得纤维须条是以平行松散的带状纤维束向下输送，从而保证了在分离区间气流对纤维须条的分离。同时，引导针的长度决定了对纤维束的控制能力，过短不利于对纤维的控制，过长则增加了纤维束分离的难度。因此，必须合理配置引导针的长度，从而达到良好的成纱效果。

5. 空心管内径

空心管内径是纱条的旋转空间，其大小影响加捻效果，并与纺纱线密度有关。内径小，空心管入口处对纤维须条的控制强，有利于尾端自由纤维的包缠加捻；内径大，则加捻作用会有一定程度的减弱。即纺细特纱时，空心管内径可小些；纺粗特纱时，空心管内径应大些。当内径小时，还有望提高纺纱速度和在低喷嘴压力时纺纱的稳定性，并能在一定程度上减少毛羽及提高纱线强力，但纱线会变硬，并且有时棉结会增加，同时纱线的匀整度会变差；当内径大时，则纱有蓬松柔软的感觉。

6. 张力牵伸

张力牵伸分为喂入张力牵伸和卷绕张力牵伸，前罗拉、引纱罗拉和卷绕罗拉速度的合理配置，对纱线结构、成纱强力、筒子成形都有明显的影响。

喂入张力牵伸也称为喂入比，即引纱罗拉线速度与前罗拉线速度之比。为了使纺纱过程中须条保持必要的松弛状态，前罗拉与引纱罗拉之间必须实现超喂。超喂作用是使纱条在喷嘴内保持必要的松弛状态，以利于纤维的分离，产生足够的尾端自由纤维，从而实现加捻。超喂比较小时，纺纱段纱条的张力较大，尾端自由纤维包缠的捻回角较小、成纱外观较光洁，成纱强力较好。反之，超喂比较大时，纺纱段纱条的张力不够，尾端自由纤维包缠的捻回角较大，成纱外观不够均匀。超喂比应小于 1，为了得到较高成纱质量的纱线，一般控制在 0.96~0.98。

卷绕张力牵伸也称作卷绕比，即卷绕辊线速度与引纱罗拉线速度的比值。引纱罗拉与卷绕辊间应保持适当的卷绕张力，且卷绕张力大，筒子卷绕紧密，但断头多。反之，则筒子成形松软，通常卷绕比控制在 0.98~1.00。

第四节 喷气涡流纺纱线新产品开发

喷气涡流纺纱线可以从以下几个方面进行新产品开发。

一、天然纤维喷气涡流纺纱线

棉花具有良好的吸湿性与染色性，且亲肤性能优良，故棉制品一直受到消费者的欢迎。棉纤维长度较短，整齐度不高，所以利用喷气涡流纺难以加工；且由于牵伸倍数的限制，生产细特纱线有困难。主要通过优选原料（采用长绒棉）及采用精梳工艺（去除短绒提高纤维整齐度）、轻定量棉条均匀成形控制技术，控制总牵伸在合理的范围内；采用无捻棉条微张力传导喂入技术，实现棉条主动喂入牵伸装置，减少意外牵伸和断条。纯棉纤维几何形态离散度较高，应缩小喷嘴气缸连接间隙，以保证良好的定位固定，棉纤维刚度较大，喷嘴气压设置应偏高。目前已成功开发出20~80英支纯棉喷气涡流纺纱线，其毛羽少、光洁耐磨，性能优异，特别适用于高档童装、卫衣、衬衫等终端产品，产品附加值较高，经济和社会效益显著。同时也可以开发出棉/涤混纺纱，用这种纱线制成的服饰既具有滑爽的特性，又具有良好的吸湿与亲肤性能，且克服了环锭涤/棉混纺纱毛羽多、穿着易起毛起球的缺点，是制作中高档针织服饰的理想用纱。目前从企业的生产实践来看，用喷气涡流纺生产纯棉及棉混纺纱线的技术难点正在逐步突破，已迈开了棉花在喷气涡流纺纱线上应用的步伐。

麻类纤维有苎麻、亚麻、汉麻（大麻）类纤维等品种，其共同特点是挺括、滑爽透气，具有天然抗菌和抑菌等性能，故用麻类纤维混纺纱制成的服饰深受国内外消费者欢迎。但麻类纤维缺点是刚性大、断裂伸长低、弹性小、抱合性能和可纺性能差，故在喷气涡流纺时要用优质麻类纤维纺纱，首先要做好生产前对麻类纤维的预处理工作，改善其粗硬的力学性能；其次是要控制好麻纤维的混纺比在20%~30%，最多不超过50%；另外要设计好喷气涡流纺的工艺参数，适当增加喷嘴压力，降低纺纱速度。目前有报道开发了亚麻/Tencel 30/70 38tex混纺纱、中空涤纶/莫代尔/亚麻35/35/30 15.5tex喷气涡流纱、汉麻/精梳棉50/50 19.6tex混纺纱、苎麻/精梳棉52/48 19.6tex混纺纱等。织成的面料既能发挥亚麻粗犷、抗菌、挺阔、吸湿透气性好的特点，又发挥了棉、天丝、涤纶等柔软、飘逸、吸湿快干的优点。

毛针织物用纱根据产品风格要求都混用一定比例的羊毛和羊绒，以提高产品附加值。目前毛针织物多数是在环锭纺纱机上进行的半精纺生产，但因纤维的长度离散度较高，制成的织物易起毛起球及掉毛。由于喷气涡流纺的成纱结构是包缠型，可以克服环锭纺生产时易起毛起球与掉毛等弊端，故深受毛衫加工企业的欢迎，生产量正在扩大中。在喷气涡流纺纱机上开发毛针织用纱要合理选择混纺比，一般混毛比例在30%~50%，同时要根据毛纤维的性能特点设计纺纱工艺，不能片面追求纺纱速度。如报道中选用1.67dtex×40mm腈纶短纤与80英支澳毛短毛条互配，制备了毛/腈22/78混纺纱，在喷气涡流纺工艺上选用1.1mm直径纺锭与5孔喷嘴规格时生产效率及成纱质量最佳。

二、功能性化纤喷气涡流纺纱线

涤纶是合成纤维中用途最广的一种合成纤维，它虽有许多优点，但也有一定弊端。为了使涤纶能适合在喷气涡流纺中生产，国内外纤维制造企业对常规涤纶通过纤维性能改良、油剂配方改进等措施，推出了喷气涡流纺纱专用涤纶。其重要改性是纤维初始模量降低，吸湿与吸色性能提高，并具有原液染色、仿棉、仿丝、仿麻等多种型号，为喷气涡流纺纱机使用改性涤纶纺纱创造了条件。目前已报道的用于喷气涡流纺的改性涤纶包括彩色涤纶、咖啡碳涤纶、蜂窝涤纶、竹炭改性涤纶、仪纶等。

此外，目前还常用具有吸湿排汗、抗菌亲肤、防紫外线、防辐射、阻燃及发射负离子等功能的纤维开发喷气涡流纺纱线，且常采用多种功能性纤维组合纺纱，能显著改善纤维纺纱功能单一、用途狭窄的缺陷，为拓宽喷气涡流纺纱线应用领域创造了良好条件。

三、色纺喷气涡流纺纱线

色纺纱是目前十分流行的一种纱线，用色纺纱织成的织物具有立体混色的效果，色彩自然，并具有朦胧感，能满足当今消费者追求服饰个性化、多样化的需求。

经过统计分析在色纺纱线中彩色纤维混用比例只占35%左右，即色纺纱中有2/3的纤维是不染色的；而传统的先纺纱后再染工艺，是100%纤维都经染色加工。色纺纱生产因染色纤维比例减少，使用染化料及排污量也显著减少；同时色纺纱在后道加工中不再染色，既缩短了加工工艺又减少了排污量，符合减少排污的环保要求。这样既避开了生产本色纱的同质化竞争，又可扩展喷气涡流纺的应用领域，提高企业的盈利水平。

四、特种结构喷气涡流纺纱线

（1）缝纫线。环锭纺生产缝纫线时，先纺成单纱，再合股成线，纺纱流程较长，需消耗较多人力与能源。日本村田公司最新开发出双股喷气涡流纺机，用2根棉条喂入，一次纺成股线，不但缩短了纺纱工序，且可显著减少用工与能源消耗，并可显著减少因毛羽对缝制过程的危害。而且喷气涡流纺缝纫线具有较少的纱疵，大幅减少了缝纫过程中的出现的断针情况以及降低了纱线的断头率。

（2）装饰织物用纱。随着人们居住条件的改善，对室内装饰织物的需求量不断增加。浙江万盛纺织公司等根据市场需求先后在喷气涡流纺纱机上开发出用阻燃涤纶、腈纶及麻类纤维混纺的中粗支装饰织物专用纱线，投放市场后受到装饰织物加工企业欢迎，具有良好的开发前景。

（3）包芯纱。包芯纱是一种复合纱线，在环锭纺细纱机上生产已有较长时间，但弊端也明显，如芯丝与外包纤维配对不当，很易产生芯丝外露的情况。目前报道中多家企业在喷气涡流纺纱机上成功开发出多种纤维组合的各种规格包芯纱，有弹性包芯纱，也有非弹性包芯纱，有单丝包芯纱，也有双丝包芯纱，并杜绝了环锭纺包芯纱芯丝外露的弊端，拓宽了包芯纱应用领域。

（4）花式纱。花式纱是目前十分流行的一种新型纱线，它与色纺纱的不同之处在于：它不但色泽变化，而且形态结构也有变化，已有企业通过技术创新在喷气涡流纺纱机上成功开发出风格独特的彩点纱与段彩纱等花式纱，为喷气涡流纺开发新型纱线开创了一条新途径。

五、超细喷气涡流纺纱线

目前常规的喷气涡流纺纱线一般在40英支左右，这主要是由喷气涡流纺原理决定的，它必须有88根以上纤维才能成纱，因此常规的纤维种类就决定了喷气涡流纺纱线的最高支数。目前企业采用订制的粗特纤维、降低车速、提高工艺技术水平成功开发出了60英支，甚至80英支的纱线。使得纱线更加细腻，织物更加柔软，迅速抢占了高端市场。

参考文献

[1] 郁崇文. 纺纱学 [M]. 3 版. 中国纺织出版社，2019.

[2] 李向东. 喷气涡流纺技术及应用 [M]. 中国纺织出版社，2019.

[3] 卢艺鑫. 喷气涡流纺与棉纺企业技术进步的关系研究 [D]. 东华大学，2014.

[4] 秦贞俊. MVS 涡流纺纱技术的发展 [J]. 现代纺织技术，2007 (6)：40-42.

[5] 孙蕴琳. MVS 涡流纺纱优势：高产低能耗 [N]. 中国纺织报，2012-09-17 (7).

[6] 闫琳琳，邹专勇，方斌，等. 喷气涡流纺设备研究进展 [J]. 棉纺织技术，2017，45 (6)：76-80.

[7] 荣慧，陈顺明，章友鹤. 新型纺纱装备的技术进步与新型纺纱线的开发创新——参加第 19 届全国新型纺纱学术会议的启示 [J]. 浙江纺织服装职业技术学院学报，2019，18 (1)：1-7.

[8] 凡启光. 纯棉喷气涡流纱质量管控浅析 [J]. 棉纺织技术，2018，46 (6)：10-13.

[9] 戴俊，高卫东，傅佳佳，等. 喷气涡流纺纺制纯棉细号纱的实践 [J]. 棉纺织技术，2019，47 (7)：61-64.

[10] 邹专勇，郑冬冬，卫国，等. 喷气涡流纺过程控制关键技术的进展 [J]. 纺织导报，2018 (6)：30-32.

[11] 陈佳. 喷气涡流纺技术的发展及其产品开发 [J]. 纺织导报，2018 (6)：29.

[12] 李哲. 浙江宏扬控股集团涡流纺纱机投产 [J]. 针织工业，2010 (1)：71-71.

[13] 杨志清. 涡流纺纱方法的优势及其发展前景 [J]. 纺织服装周刊，2008 (1)：84-84.

[14] 刘琳. 亚麻/Tencel 纤维涡流混纺纱的开发与应用 [C]. //全国棉纺织科技信息中心. “日照裕华杯” 2014 中国纱线质量暨新产品开发技术论坛论文集. 2014：204-207.

[15] 刘俊芳，彭珺，赵东焕，等. 中空涤纶莫代尔亚麻混纺喷气涡流纱的纺制 [J]. 棉纺织技术，2016，44 (9)：67-70.

[16] 凌良仲. 汉麻原纤/棉精梳涡流纺 19.6tex 纱的生产实践 [J]. 江苏纺织，2012，(5)：45-47，51.

[17] 王文中，王建明，卜启虎. 19.6tex 52/48 苎麻/精梳棉喷气涡流纱生产实践 [J]. 上海纺织科技，2015，43 (1)：40-41.

[18] 陈顺明，徐士琴，姚锄强，等. 喷气涡流纺开发腈毛混纺色纺纱的技术探析 [J]. 纺织导报，2018 (1)：46-49.

[19] 陈顺明，姚锄强，姚雪强，等. 应用转杯纺、喷气涡流纺技术开发色纺纱 [J]. 纺织导报，2017 (2)：52-54.

[20] 章友鹤，赵连英，姜华飞，等. 喷气涡流纺的品种开发及其关键技术 [J]. 棉纺织技术，2016，44 (10)：29-33.

[21] 章友鹤，王凡能. 用新型纺纱技术开发色纺纱的优势及相关技术探讨 [J]. 浙江纺织服装职业技术学院学报，2013，12 (4)：1-5.

[22] 荣慧，章友鹤，叶威威. 喷气涡流纺开发新颖色纺纱的生产实践 [J]. 浙江纺织服装职业技术学院学报，2018，17（2）：1-5+18.
[23] 陈顺明，徐士琴，姚锄强，等. 喷气涡流纺开发腈毛混纺色纺纱的技术探析 [J]. 纺织导报，2018（1）：46-49.
[24] 章友鹤，毕大明，赵连英. 喷气涡流纺近期开发新型纱线情况及相关技术措施 [J]. 浙江纺织服装职业技术学院学报，2014，13（3）：1-5.
[25] 邹专勇，胡英杰，何卫民，等. 云竹纤维喷气涡流纺色纺纱的开发实践 [J]. 上海纺织科技，2013，41（1）：43-44+61.
[26] 赵娜，赵学玉，丁莉燕，等. 喷气涡流纺缝纫线的开发与性能测试 [J]. 成都纺织高等专科学校学报，2017，34（4）：97-101.
[27] 逄邵伟，赵娜，赵学玉，等. 喷气涡流纺缝纫线纱线结构分析 [J]. 青岛大学学报（工程技术版），2018，33（3）：125-129.

第四章　三维机织物

第一节　三维机织物的结构和组织

三维织物是采用编织、机织、针织、非织造等工艺，将长丝或纱线交叉、排列、组合，相互作用而形成的具有实用结构、性质和形状的纤维织物。传统的单向板和层合板在使用过程中遇到了很多问题。例如，图 4-1 为碳纤维增强环氧单向层合板在 1 方向（长度方向）和 2 方向（厚度方向）的弹性模量和断裂强度。从图中可以看出，传统的单向层合板长度方向上的拉伸性能远远优于厚度方向上的压缩性能。如果结构件的主承载形式是面外应力（如刺穿、冲击、爆破等）时，这一劣势就会更加凸显。另外，二维层合板在使用过程中非常容易发生分层破坏，图 4-2 中显示了层合板结构件在受到压缩或横向载荷时出现的分层破坏示意图。因此，三维织物能够在三维空间设计、分布和排列纱线，从空间各方向上保证结构的整体性和稳定性，有效改善了二维增强结构体在不同方向的性能差异，避免了分层破坏的失效形式，是制备高性能复合材料的重要预制体结构。

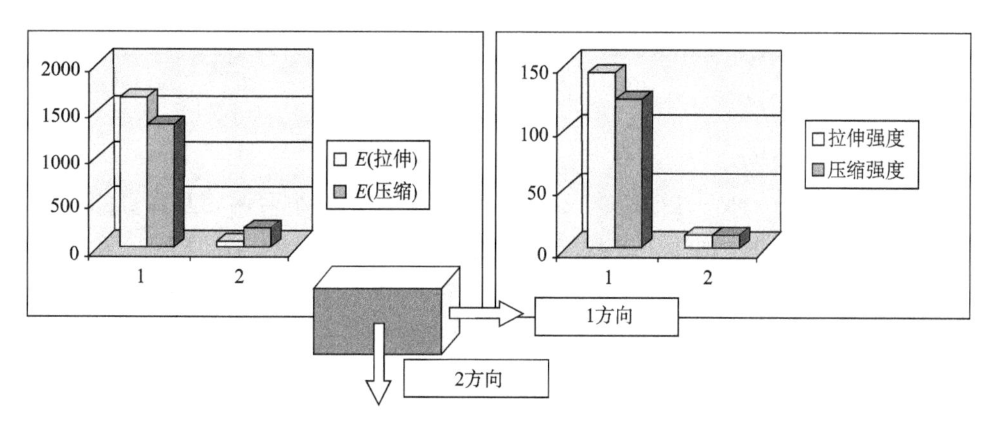

图 4-1　二维平面织物的 1 方向和 2 方向的弹性模量和拉伸强度对比示意图（MPa）

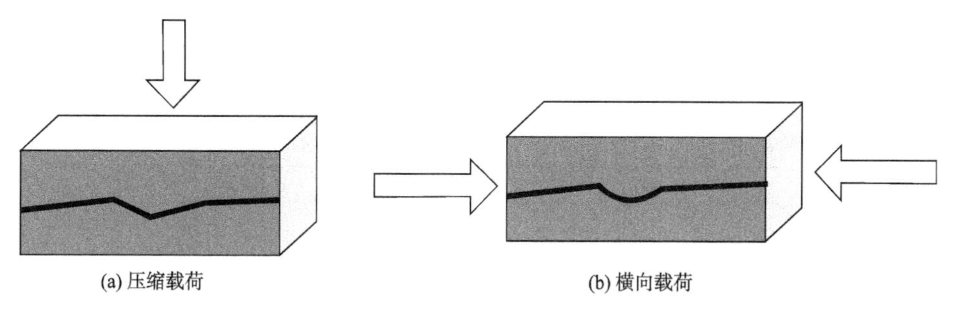

图 4-2　压缩载荷和横向载荷导致的材料分层示意图

三维机织物是三维织物的重要类型之一，它是一种建立在平面机织结构叠加的基础上，通过在厚度方向上引入接结纱而一次成形的三维纤维集合体。三维机织物与普通平面织物的性能对比汇总在表4-1中。

表4-1　三维机织物与平面织物的性能对比

特点	平面织物	三维机织物
纱线的排列方向	纱线分布在 *X—Y* 平面上，交织方向数为2	纱线分布在 *X—Y—Z* 立体面上，厚度方向有三束及以上的纱线，交织方向数为3
纱线曲折情况	纱线呈波浪形交织	纱线弯曲程度小，大多为挺直状态排列，故可均匀承载，均匀变形。表面纱线可出现180°转向
纱线状态	多采用常规短纤维加捻的纱线加捻、不加捻的长丝	多采用伸长率、耐高温、高强度的碳纤维、芳纶、玻璃纤维等特殊纤维
织物形状	平面、简单	具有圆筒形、方形、矩形、T形、工字形等断面，可整体成型复杂件
织物厚度及性能	单层或两层以上，较薄，层性能受到限制，厚度方向力学性能差	层数可达几十层，显著提高了厚度方向的力学性能。顶破力、抗撕裂性、损伤容限、能量吸收等其他性能大幅增强。由于结构的整体性，在厚度方向的拉力和垂直方向的剪切力作用下，三维织物具有良好的机械强度，其裂缝的可能性降低到最小，解决了层间剥离问题，具有轻质、高强的优越性

一、三维正交机织物

三维正交机织物是一种特殊结构的三维织物，主要包括三组两两相互垂直的纱线，即经纱、纬纱和Z纱，可以分为整体正交和层间正交两种，如图4-3（a）所示。图4-4为三维整体正交机织物的实物正面图和三维立体结构图。从图中可以看出，与普通平面机织物相比，三维正交机织物的经纱和纬纱是伸直的，相互之间没有交织现象，使结构件具有较高的面内强度和刚度。与此同时，Z纱贯穿于织物的厚度方向，增强了材料的整体稳定性、弯曲疲劳、层间剪切强度及抗冲击等性能，显著减少了结构件分层失效的可能性，图4-5中显示了三维正交机织物的横截面示意图，可以清楚看到三维正交机织物中纱线的走向。

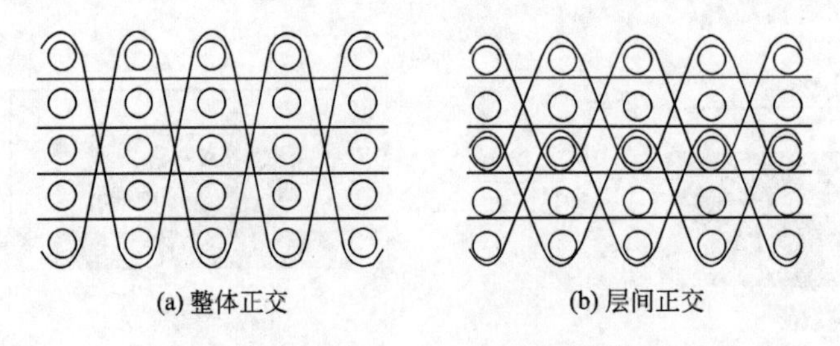

(a) 整体正交　　(b) 层间正交

图4-3　整体正交和层间正交组织示意图

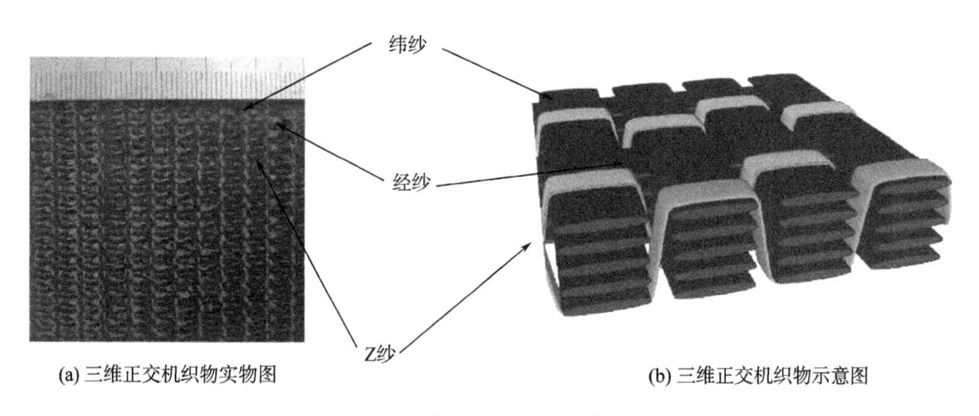

(a) 三维正交机织物实物图　　(b) 三维正交机织物示意图

图 4-4 三维正交机织物结构示意图

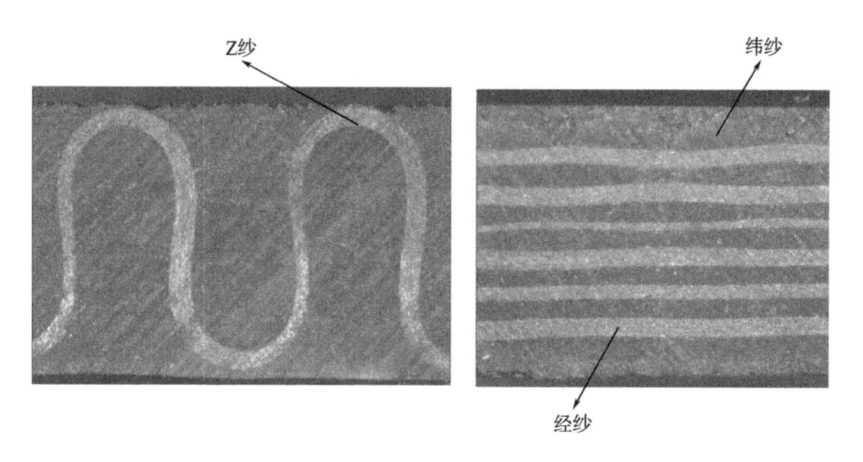

图 4-5 三维正交机织物的横截面示意图

二、三维角联锁织物

三维角联锁组织与三维正交组织的主要差别在于层间连接纱是呈一定的倾斜角度的。在三维角联锁织物中，当经纱在织物厚度方向构成重叠时，纬纱将以一定倾斜角在方向与多重经纱进行角度联锁交织，反之亦然。因此按照构成重叠的纱线系统，三维角联锁机织物可以分为多重经角度联锁和多重纬角度联锁。在实际应用过程中，经角度联锁织物使用较多。经角度联锁织物有一个经纱系统和多个纬纱系统，经纱和各层纬纱成角度依次交织，根据织物实际需要可将其设计成不同层数，各层之间的连接形式，也就是连接纱穿越织物的厚度不同，可以形成多种形式的三维角联锁结构，因此三维角联锁织物比三维正交织物的形式更加多样化。图 4-6 是两种典型的三维角联锁组织示意图，其中图 4-6（a）为整体角联锁组织，图 4-6（b）为层间角联锁组织。图 4-7 为三维角联锁机织物的实物正面图和三维立体结构图。图 4-8 为几种不同厚度三维角联锁机织物的横截面照片。

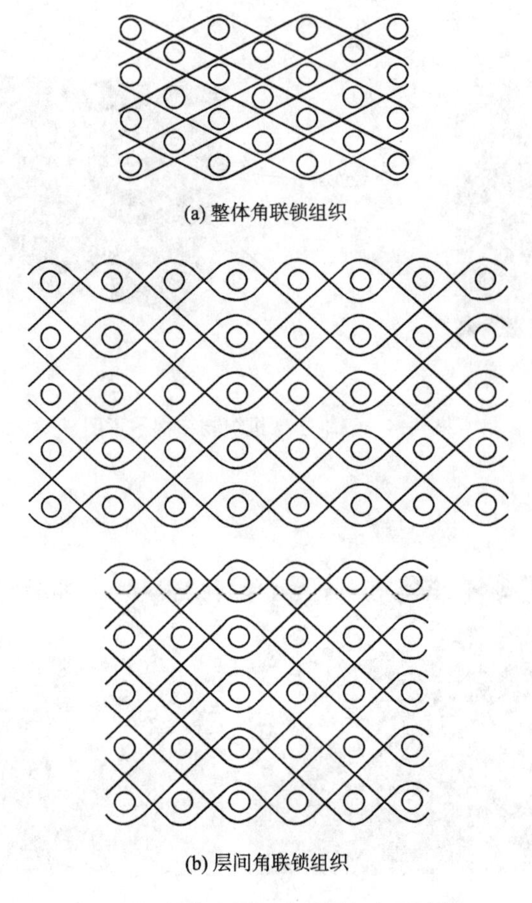

(a) 整体角联锁组织

(b) 层间角联锁组织

图 4-6　整体和层间角联锁组织示意图

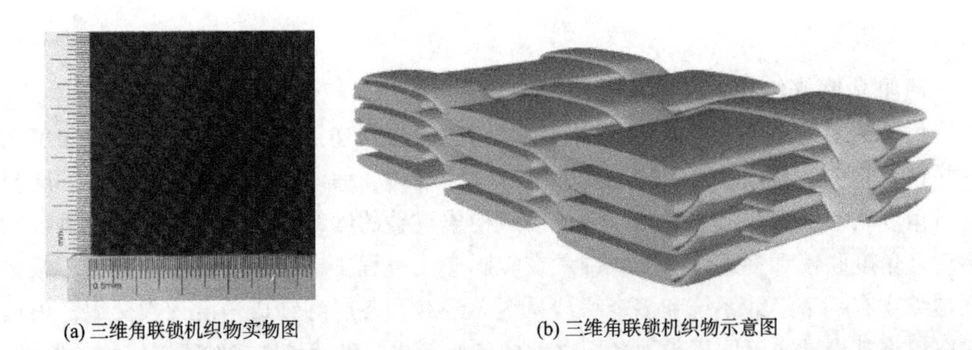

(a) 三维角联锁机织物实物图

(b) 三维角联锁机织物示意图

图 4-7　三维角联锁机织物结构示意图

为绘图方便，通常将接结纱的倾斜角绘为 45°，但在实际织造过程中，接结经纱的角度是由纬纱、接结纱的粗细和纬纱、接结纱的密度决定。纬纱的密度越大，则倾斜角越大。为了增加纤维体积分数或织物面密度等，还可以在角联锁结构的基础上，加入填充纱，图 4-9

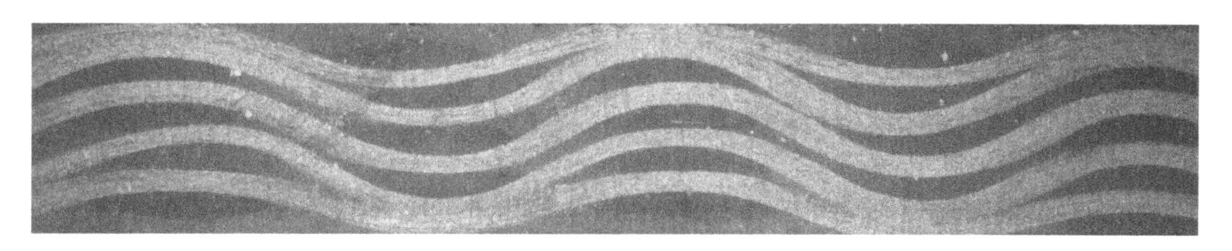

图 4-8 几种不同厚度三维角联锁机织物的横截面示意图

为带有衬经纱的三维角联锁机织物的结构示意图和组织示意图。

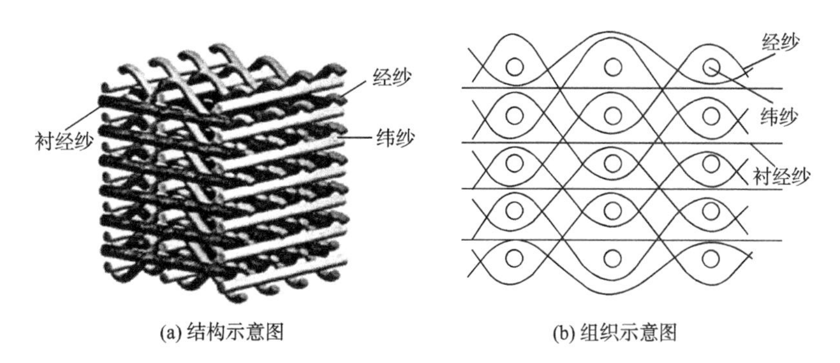

(a) 结构示意图　　(b) 组织示意图

图 4-9 带有填充纱的三维角联锁机织物的结构示意图和组织示意图

三、其他三维机织物

1. 三向交织机织物

在传统的平面织物中，经纱与纬纱相互交错，所形成的织物称为两个方向纱线所成的织物。在三维织物中，如果 Z 向纱既与 X 向纱交织，又与 Y 向纱交织，则所形成的织物成为三向交织的织物。根据交织规律不同，Z 向纱与 X 向纱，Z 向纱与 Y 向纱，既可成平纹交织，又可成斜纹交织。当 Z 向纱与 X 向纱、Y 向纱与 X 向纱、Z 向纱与 X 向两两相互垂直时，称为平纹交织，若有其中一对纱线不垂直，成为斜纹交织。图 4-10（a）为三向交织平纹组织结构图。三向交织平纹组织三维织物的结构紧密，裁剪后不易脱落，三维框架稳定，是一种易于加工的三维织物。

为了提高三维织物的密度，通常在三向交织平纹组织织物中的 X 向、Y 向或 Z 向加入一层填充纱。填充纱的加入原则是不与其他三向纱交织，图 4-10（b）为带有填充纱的三向交织平纹组织图。目前三向交织平纹组织织物织造时由于三向纱线所形成的梭口复杂，难以织造，至于带有填充纱的三向交织平纹组织织物，其织造更加困难，目前设备无法织造。

2. 多层间隔机织物

多层间隔织物的每一层都由自己的经纱和纬纱的多层织物组成，如图 4-11 所示。层与层

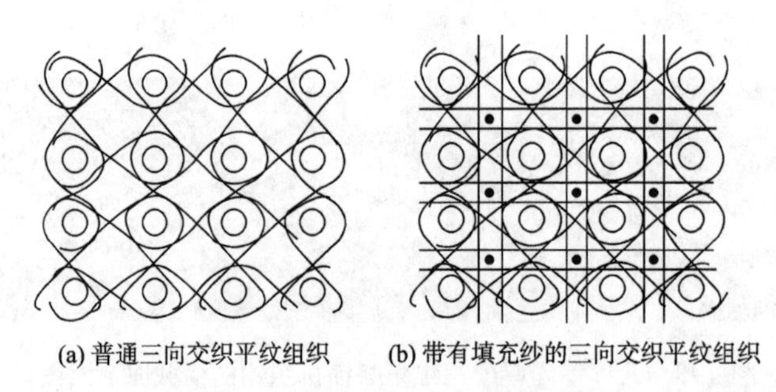

(a) 普通三向交织平纹组织　　(b) 带有填充纱的三向交织平纹组织

图 4-10　普通三向交织平纹组织和带有填充纱的三向交织平纹组织示意图

(a) 组织图

(b) 结构图

图 4-11　多层织物的组织图和结构图

的连接通过现有纱线的自动接结交织或者外部纱线的中央缝合完成，因此，通过一定的结构设计，可以实现如图 4-12 所示的三维空心结构织物或如结合后道加工（图 4-13）形成的三维空芯结构和其他异形 3D 结构件。增加织物层的数量可获得较好的力学性能和织物稳定性，由于经向纱线交织的原因，通常纬向性能要优于经向性能；增加交织率不但不能提高织物的稳定性，反而会降低织物的强度。

3. 多轴向织物

传统的机织物是由经纬两个系统的纱线垂直相交而成，只有经向、纬向两个方向的纱线，呈各向异性。沿经向和纬向，织物具有最大的强力，但在斜向上存在着强力薄弱缺陷。二轴向织物具有斜向容易变形、耐撕裂性差等缺点，而多轴向织物由于斜向纱线的存在，具有形

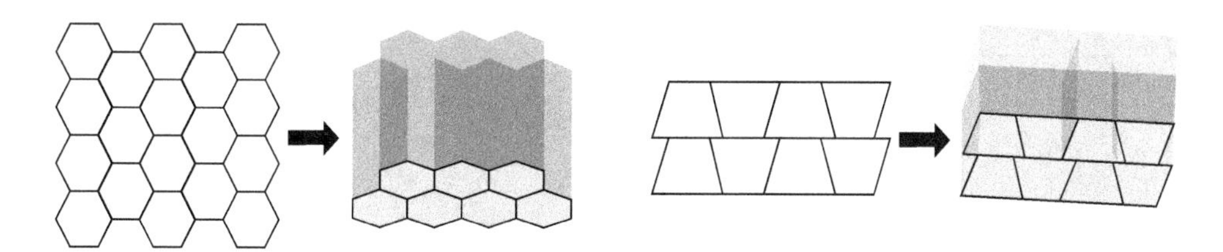

图 4-12　三维空心结构织物

态稳定性、扭曲特性、应力的均匀化等优点。传统的多向层叠织物需要大量的准备工作，层间使用黏合剂和树脂，会浪费大量的织物。除此之外，层间界面的黏合情况也不确定，力学性能不够稳定、层间强度低、抗冲击性能差以及易发生层离等不足之处，而多轴向织物克服了多向层叠织物的缺陷。图 4-14 中列出了平面 3 轴向、4 轴向和 5 轴向织物的结构示意图。三维立体轴向织物可以在平面多轴向织物或者预先铺设好的承载纱的基础上，在厚度方向上用针织纱进行缝编或捆绑，形成整体的三维多轴向织物，加工示意图如图 4-15 所示。

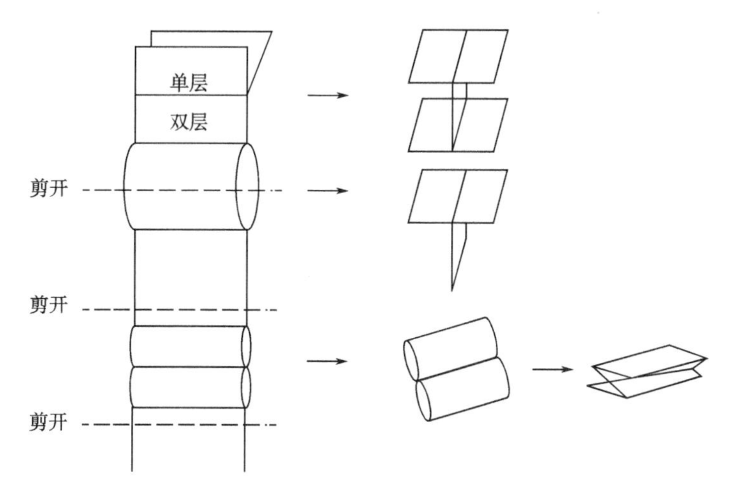

图 4-13　多层 3D 机织异型构件的制作过程

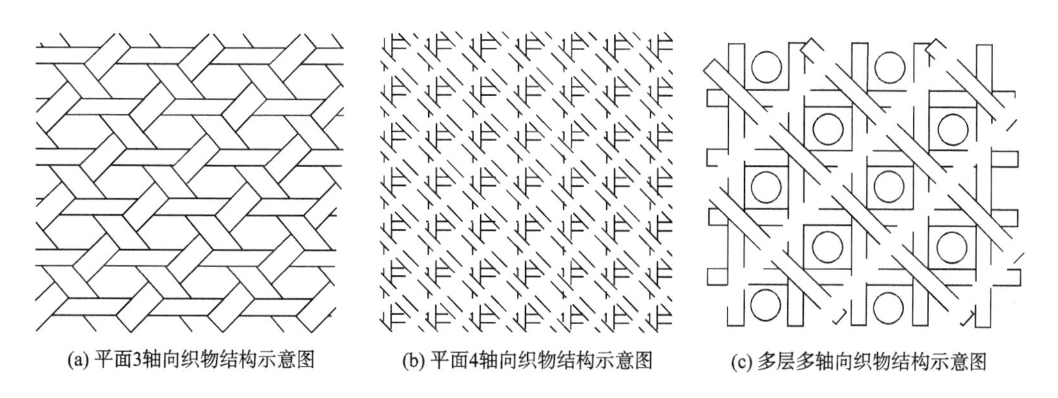

图 4-14　多轴向织物结构示意图

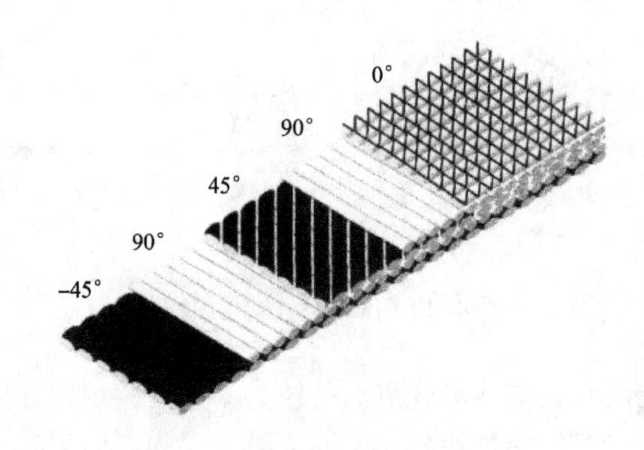

图 4-15　缝合多层织物示意图

第二节　三维机织物的织造方法和原理

一、三维机织物的织造方法

立体机织物的生产方法主要有传统织机织造、改造型织机织造、立体织机织造。这些设备主要生产具有等截面的板材、型材等织物。随着净尺寸（near-net shape）复合材料的发展，要求织造初步具有制品形状的预成型织物作复合材料的骨架，又出现了其他形式的织造技术和方法，如全自动织造、仿形织造、圆织机等。这些织造方法有的利用传统机织技术的原理，是对织造技术的改进和发展；有的与传统机织技术差异很大，可归为新的成型技术。

（一）传统织机织造

利用传统织机织造立体机织物，是目前使用最多、设备投资较少的一种方法。它对织物形成所必需的三大主要机构（即开口、引纬和打纬机构）没有改变，采用梭子或剑杆引纬，为了提高所能制织的织物厚度，可以采用多臂或提花开口机构。在传统织机上，可以制织的织物品种有多层织物、型材织物（如“工”字形、“T”形）、管状织物、蜂窝芯材等。由于所生产的织物厚度大，经纱消耗量可能存在差异，使用的纤维一般为玻璃纤维、碳纤维等高性能纤维，因而常常需要对织机的送经和卷取机构进行改进。

1. 送经机构的改进

送经机构由经纱张力调节和经纱送出两部分机构组成，改造送经机构的目的一是控制经纱的张力，减少经纱在织造过程的磨损和断头；二是根据各层经纱消耗量的差异，满足不同的经纱需要。复合材料采用的玻璃纤维、碳纤维等高性能纤维强度大，但普遍弹性和抗剪切能力都较差。采用这些纤维的经纱在开口过程中，纱线伸长能力很小，若在综平时设定经纱张力，则梭口满开时经纱张力很大，容易磨毛甚至磨断纱线；若在梭口满开时设定经纱张力，则综平时经纱松弛，容易造成梭口不清。因此，张力调节机构应使经纱在综平或在梭口满开时，都能保持适当的张力，并适应不同经纱消耗率的要求。多层经纱在织造时，根据织物组织的不同，可能出现有的经纱消耗率大，有的经纱消耗率小，送经机构应能满足这种要求。目前常用的送经机构有如下三种。

（1）纱架供纱。将筒子纱直接放置在纱架的锭子上，从筒子上引出的经纱经过张力装置后，穿入开口机构的综丝，与纬纱交织成织物。这种送经方式不需整经，工艺流程短，但因纱架容量的限制，使用的经纱数不能太多。

（2）织轴供纱。经纱从一个或多个经纱轴引出（图4-16中为两个经纱轴），经过重锤式张力装置，每根经纱上悬挂一个张力重锤，以使经纱获得适当的张力。

在织造的过程中，重锤的高低位置随经纱张力的变化有一定的波动，在综平经纱张力小时，重锤位置较低；而当梭口满开经纱张力大时，重锤微量上升以补偿开口需要的额外经纱。纱轴退绕送出经纱的运动是间歇的，视重锤的高低位置而定，有一光电探测器监测重锤的高低位置，随着织造的进行，形成的织物被卷取机构引出，经纱被引入织造区，重锤位置会逐渐上升，当重锤上升到最高位置被光电探测器探测到后，将通过一套气动装置使相应的纱轴送出经纱，重锤也会随之下降，直至要求的最低位置。因为每个纱轴都由一套光电监测装置控制，各个纱轴的经纱送出量可以不同，以适应不同经纱消耗率的要求。

（3）定长挂纱。将经纱一端连接张力重锤，悬挂在纱架的导纱杆上，另一端在织机上与纬纱交织，形成要求的织物（图4-17）。纱架到织机的距离可调，以适应不同长度预型件的要求，并在织造的过程中，纱架逐渐移近织机。有时为了节省占地面积，在导纱杆与织机之间增加储纱区，如图4-17中的虚线所示，落纱辊可采用多个，且在织造过程中逐渐上移，以提供形成织物所需要的经纱。

采用定长挂纱工艺，每次上机的经纱长度有限，所能制织的预型件长度不能太大或数量不能太多，且上机时间长，效率低，只适用于小批量的实验室生产。

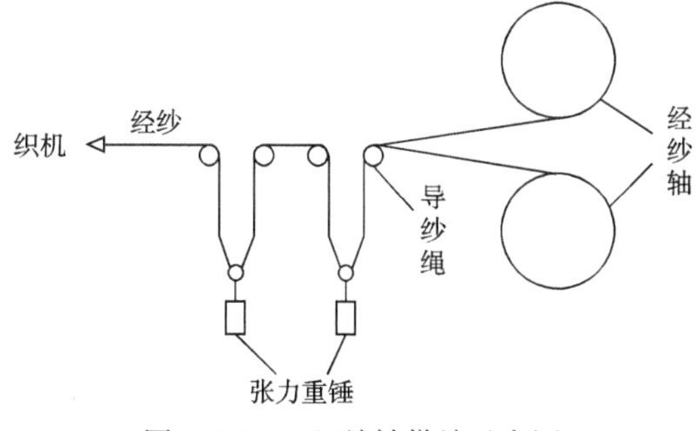

图4-16 双经纱轴供纱示意图

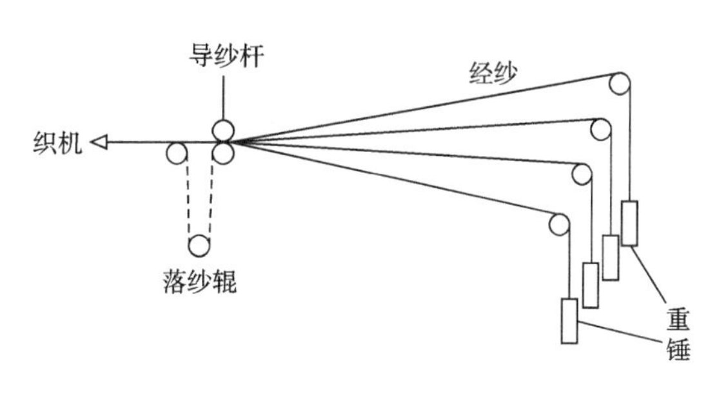

图4-17 定长挂纱供纱示意图

2. 卷取机构的改进

在传统织机上，经纱与纬纱每交织一次，卷取机构将一定长度的织物引离织造区，形成的织物纬纱密度相等。但制织立体机织物时，要使用变纬密卷取机构，以使各层织物的纬密相等或纬纱列排列均匀，如制织蜂巢织物，尽管单层织物的纬纱密度相同，但由于不同区间织物的层数不同，要求在织造层数多的区间时卷取速度慢，而在织造层数少的区间时卷取速度快，以达到各层织物纬密相等的目的；在制织正交组织立体织物时，为使纬纱列不发生倾斜，要求每一纬纱列的全部纱线都引入梭口，且与经纱交织成织物后，再进行卷取，因此卷取运动是间歇的，即一个纬纱列的纱线发生一次卷取，而不是每纬都发生卷取运动。

采用传统织机生产立体织物，利用了现有的织造机械，设备改造少，机械化程度高。但生产织物的厚度（经、纬纱层数）受织机开口容量的限制，只能制织层数不太多的片状织物。对于结构较为复杂的立体织物，如“工”字形等，需采用平面化技术，将立体结构转化为平面结构才能织造，所生产的织物在复合固化时再拓展成立体结构，这不仅增加了织物设计的难度，也使织造过程复杂。

传统织机采用梭子或剑杆引纬，每次引入的纬纱根数少，引纬速度慢，经纱受到的磨损大，易起毛。针对传统织机生产立体织物的缺陷，出现了对传统织机的改造和设计全新的立体织机两种。

（二）改造型织机织造

为了提高开口机构控制经纱的能力，提高入纬率，出现了改造织机的开口、引纬等机构，使用多梭口、多剑杆引纬的生产方法。因为开口、引纬是形成织物所必需的两个主要机构，但与传统织机相比，织物生产原理并未发生根本性变化，故称其为改造型织机。

Combier 发明的织造方法采用两组经纱，分别由两个纱轴供应（图 4-18），以满足不同送经量的要求。来自纱轴 1 的地经纱，不受开口机构的控制；来自纱轴 2 的接结经纱，在开口机构控制可以上下运动、形成上下两层经纱。但形成的梭口有两个，一个由上层接结经纱与地经纱构成，另一个由底层接结经纱与地经纱构成，两个引纬剑杆在所形成的梭口中同时引入两纬。这种方法生产的织物由一层经纱、两层纬纱构成，接结纱较细将经纱、纬纱固结成整体。

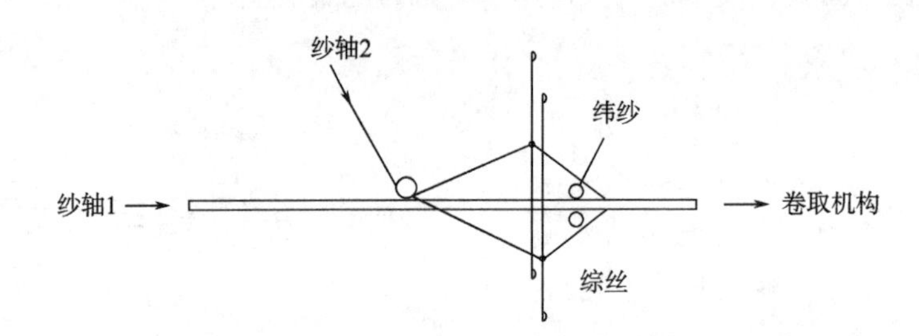

图 4-18　Combier 发明的织造方法示意图

张仲槐等发明的正交立体织造方法也有两组经纱、也形成两个梭口，靠两组引纬针在梭口中同时引入纬纱。所不同的是地经纱被分成静止的和运动的两组，运动经纱又分上梭口经纱和下梭口经纱，分别由上梭口综框和下梭口综框控制。上层经纱只能在上梭口运动，与静止经纱构成上梭口；而下层经纱只能在下梭口运动，与静止经纱构成下梭口。由于上、下层综框可以控制多层经纱，引入的纬纱可以在各层经纱之间，因此制织的正交立体机织物具有多层经纱和多层纬纱结构。

王光华发明的生产方法采用三个梭口，三个剑杆同时引入三根纬纱，可以制织 3、6 或 9 层纬纱的正交立体织物。

美国 Mohamed 等人进一步扩大了梭口的数量，采用多剑杆引纬（图 4-19），可制织具有 11 层经纱的立体织物。在这种织机上，开口机构能同时形成两个或多个梭口，两个或多个剑杆同时将两根或多根纬纱引入梭口，然后钢箱将纬纱打入织口与经纱交织成织物。各层经纱的运动由综框控制，如图 4-19（a）所示，以实现不同经纬纱的交织规律：在织造正交组织的立体织物时，由于各层经纱并不参与梭口的变换，可由开口导杆将各层经纱分开，预先形成多个梭口，如图 4-19（b）所示，当剑杆将各层纬纱引入梭口后，接结纱交换梭口，把各层经纱和纬纱固结起来形成整体织物。

（三）立体织机织造

1. 矩形截面立体织物的织造方法

随着复合材料工业对立体增强织物的需要，以 Fukuta 和 King 分别发明的三维柱体织造设备为代表，出现了多种立体机织物的织造方法和设备。Fukuta 和 King 发明的立体织机都将经纱预先排列成所要求的柱形结构，然后再相互垂直地引入纬纱和垂纱，三组纱线呈正交结构。所不同的是，Fukuta 发明的立体织机为卧式，经纱为柔性；而 King 的立体织机为立式，经纱为预先固化的刚性纤维棒。有资料也将这种方法生产的立体织物称作正交非织造布，以区别于传统的机织物，但其形成原理为机织技术，与纤维铺网生产的非织造布技术有着本质的区别。

Fukuta 发明的另一立体织造技术借鉴编织原理，经纱 Z 预先排列成要求的矩形截面，两组载纱器分别沿水平的 X 方向和垂直的 Y 方向移动，如图 4-20 所示。载纱器在沿经纱 Z 的列或行移动过程中，交替地在经纱间穿过，载纱器留下的纬线与经纱呈平纹等组织交织状态，图中所示为三向平纹交织结构。

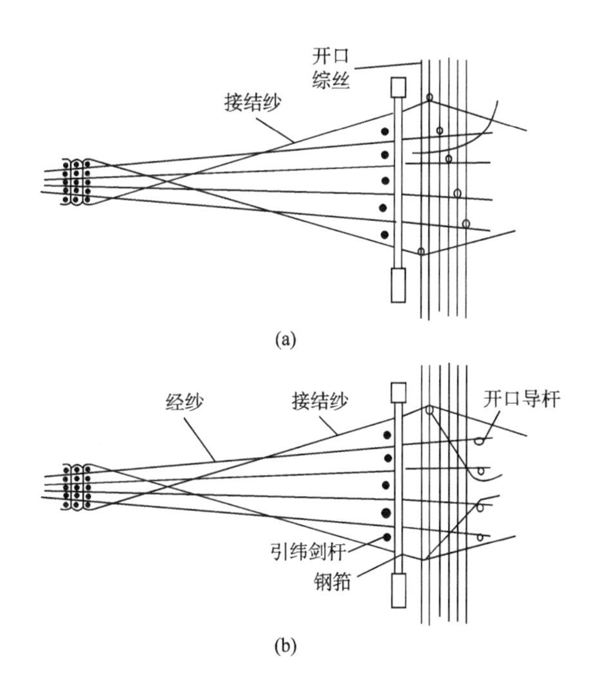

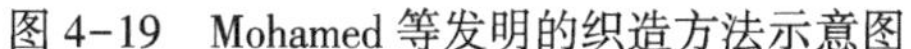

图 4-19　Mohamed 等发明的织造方法示意图

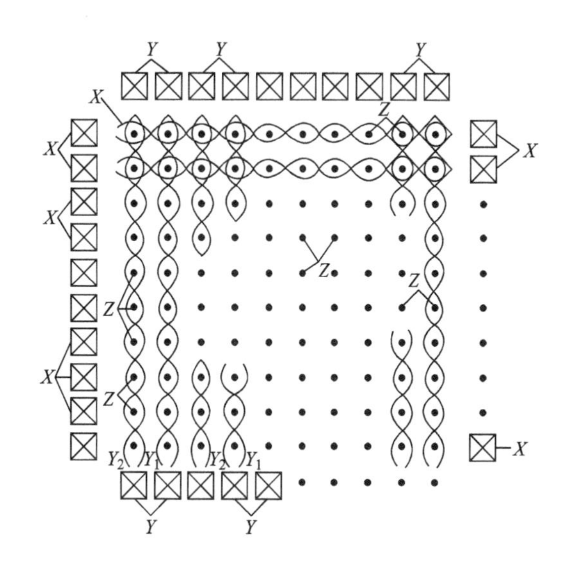

图 4-20　Fukuta 发明的另一种立体织造方法

Khokar 发明的立体织机主要创新在开口技术上（图 4-21），综丝杆 1 控制双眼综丝 2，综丝杆可以水平移动，也可以转动。全部经纱分成静止经纱和运动经纱两组，静止经纱不受综丝控制，在综丝间穿过；运动经纱分别穿过综丝眼 4 和综丝眼 3。当综丝杆带动综丝转动时，运动经纱与静止经纱在水平方向形成多个梭口，可引入水平方向的纬纱；当综丝杆带动综丝横向移动时，运动经纱与静止经纱在垂直方向形成多个梭口，引纬机构可在经纱列间引入纬纱，从而形成立体织物。

Khokar 的另一项发明不仅可以形成两个方向的梭口、在相互垂直的方向引入纬纱，与纬纱交织的经纱还可以是倾斜的，从而能够制织具有多轴向经纱的立体织物，结构如图 4-22 所示。

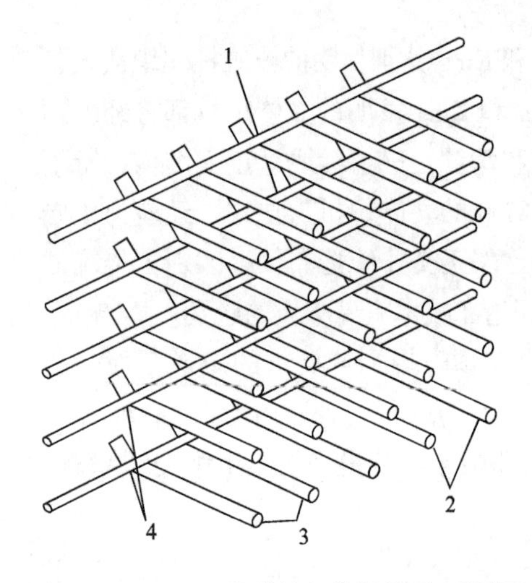

图 4-21　Khokar 发明的立体织机开口机构

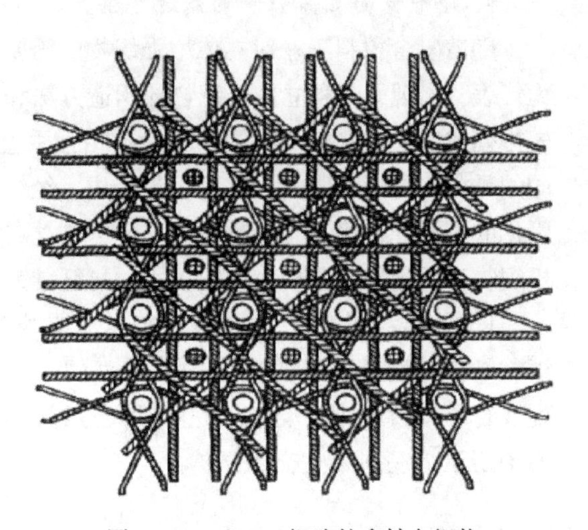

图 4-22　Khokar 织造的多轴向织物

2. 圆形截面立体织物的织造方法

有学者将多个（5 个）提花龙头组合在一起，围成一个圆周状，生产圆筒状织物。织物半径的大小由在中央的织造圆筒控制，它相当于现代圆织机的尺码环。经纱从纱架引出，穿过开口机构的综丝，在提花龙头的作用下形成梭口，载纬器（梭子）在梭口中通过引入纬纱，并在圆筒表面将经、纬纱交织成织物。改变织造圆筒的形状，还可以织造其他非圆筒形织物，如圆锥状的织物。

织造圆柱形棒状实心织物是由沿纵向的轴向纱、沿圆周方向的周向纱和沿半径方向的径向纱相互正交而成，为使轴向纱在内外层的密度均匀，径向纱有长有短，长的径向纱等于圆柱体的半径，短的径向纱只与分布在圆柱体外围的部分轴向纱层相交织。

为了满足复合材料扭转和倾斜方向的承载要求，研究者还发明了立体织机能够制织多轴向圆柱形织物，这种织物除了有轴向纱、周向纱和径向纱以外，还有与半径呈一定夹角的斜向纱和一定螺旋升角的螺旋纱。

3. 净尺寸预型件

为了避免复合时开剪织物、方便复合材料的成型、提高复合材料制品的力学性能、减少复合材料的后加工，生产具有制品形状的净尺寸预型件（near-net shape preform）或称零件织物，已成为高性能复合材料的发展要求。净尺寸预型件的结构繁多，其生产技术的差异也很大，目前采用机织原理制织的预型件主要有：

（1）带轴承套的织物，这种织物可制造复合材料连杆、轴承座等。

（2）带孔织物，如带孔的“工”字梁织物。

（3）曲面织物，这种织物具有制品的凹凸形状，以避免玻璃纤维、碳纤维等弹性差的高性能纤维，在复合时织物不能帖服模具曲面的问题。

（4）管道接头织物，如三通管接头和多通管接头。

（5）带筋板织物等。

二、三维机织物的上机工艺

根据综框运动规律和综丝形式，目前生产三维机织物的常用设备还可以分为单综眼单梭口、单综眼多梭口和多综眼多梭口三种。传统织机主要采用单梭口形式引纬，在织造三维机织物时，使用综框数目多，经纱排列密集，磨损严重，织造难度系数大；而多综眼织机每次开口至少形成两个梭口，可以同时引入多根纬纱，织造时将经纱在综丝上分层排列，使用综框数目少，织造效率高。本书将以多综眼织机为例，介绍几种常见三维机织物的上机工艺。

多综眼织机最大的特点就是多综眼综丝分层配置经纱，多剑杆同时引入纬纱，多经轴供纱。相比于传统单综眼织机，在织造三维机织物时，多综眼织机在可织造种类、织造效率和织造厚度上拥有明显的优势，本小节将依照传统织机五大运动（开口、引纬、打纬、卷取、送经）的方式介绍多综眼织机的结构特征。

（一）多综眼织机的五大运动

1. 开口机构

多综眼织机的开口机构主要由多综眼综丝和提综装置组成。多综眼综丝将经纱分布在不同层次，综框的提升具备多个不同的高度，二者使梭口形成的数量和位置具有丰富的变化。

多综眼综丝［图4-23（a）］的每根综丝上都有2个及以上的综丝眼，综丝眼等距排列在综丝上，每页综框大约50根综丝［图4-23（b）］，每个综丝眼穿入一根经纱，在综平时经纱可以平行排列在多个水平面上。每根综丝上有多个综丝眼，在综框相互之间形成交错运动时，就会在经纱之间出现多个梭口。

相比于传统单综眼织机每个综丝上只有一个综丝眼，多综眼织机使用多综眼综丝有两个主要的优点：一是多综眼综丝将经纱分层排列，大幅度减小了每个水平面上的经纱数量和综框使用量，降低了经纱的排列密度，减轻了提综运动时经纱之间的摩擦损伤；二是多综眼综丝的加入，在不改变综框数目的前提下大幅提高了经纱的引入量也增加了经纱层数，为高厚度三维机织物的织造提供了充足的经纱数量。

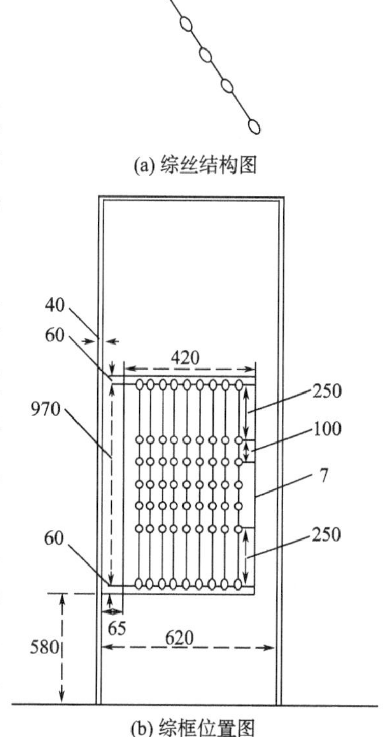

图4-23　多综眼织机的综丝结构图和综框位置图

三维机织物具有丰富多样的组织结构变化，多综眼织机的提综装置必须具备多个不同的提综动程，才能满足不同结构三维机织物的织造需求，同时综框每次提升的高度必须是相邻综丝眼间距的整数倍。如果将多综眼综丝上的综眼数用 Ne（取整数）表示，相邻综丝眼的间距用 h 表示，则综框每次提综可以向上提升 h 到 $Ne \cdot h$ 的高度，形成的梭口数目从 Ne 到 $2Ne-1$。综框向上提升的动力由步进电动机提供，向下运动的动力是由回综弹簧提供，二者相互配合，共同保证综框在竖直方向上稳定运行。

多级变化的提综动程，满足了多种三维机织物在多综眼织机上织造的工艺要求，减少了经纱层之间的摩擦，增加了梭口的数量，提高了织造效率。

2. 引纬机构

在开口运动中，经纱分层和综框提升动程的多级变化使梭口出现的位置和数量都有较多的变化，为了能够在多个梭口同时引入纬纱，最大化提升织造效率，需要在织机上安装多个引纬器对全部梭口同时引入纬纱。多根剑杆等距、平行地排列在一个滑块的上方，相邻剑杆之间的距离等于相邻综丝眼的距离，确保每一根剑杆都能顺利经过梭口。理论上安装的剑杆数目应该为 $2Ne-2$，能够在出现最多梭口时依然满足引纬要求。

引纬过程：综框提升带动经纱相互交错形成梭口，当梭口满开达到最清晰时，织机左侧的夹纱装置将纬纱送出并露出纬纱头端，伺服电动机推动滑块引导剑杆从右侧进入梭口，回退时勾住纬纱头端然后离开梭口。当剑杆回到初始位置时，钢筘向前运动，推动所有纬纱进入梭口，经纱再次交织固定纬纱。剪纬器剪断纬纱，钢筘往回运动。

多梭口多剑杆引纬相较于单梭口单剑杆引纬，引纬效率有了数倍的提升，十分有利于厚度较大的三维机织物织造的快速成型。

3. 打纬机构

多剑杆引纬完成后，钢筘运动将整列纬纱同时推入织口，经纱交织后，钢筘离开织口，一次打纬完成。

三维机织物的整体结构中，沿厚度方向上的每列纬纱都在竖直方向层叠排列。使用传统织机织造具备一定厚度的三维机织物，无论是一次引一纬打一纬还是数次引纬打一纬，都无法保证同一列的每根纬纱受力均匀，导致织物中的纬纱排列难以达到初始设计要求。在多综眼织机上，多剑杆引纬装置每次将一列纬纱同时引入织口，然后钢筘平移给予整列纬纱相同的作用力，使纬纱在织物中始终处于在竖直方向上层叠的状态，有利于提高织物结构的保型性。

引纬主要采用滑轨式平动打纬，钢筘在水平滑轨上做往复运动，循环推入每列纬纱，钢筘的动力来自于伺服电动机的主动驱动，可以精准地控制每次打纬钢筘对纬纱的作用力，使织物的纬密均匀。

4. 卷取机构

卷取机构的功能是将已经织造完成形成完整形态的织物引离织口。卷取辊的速度主要由织物的纬密和打纬的速率决定。

织造三维机织物的过程中只有将同一竖直截面上的所有纬纱引入织口后，卷取机构才能向前运动一次，如果一次开口将一列纬纱全部引入织口，打纬一次卷取一次，卷取是持续进行的；如果多次引纬才能将一列纬纱引入织口，多次打纬卷取一次，卷曲是间歇式的。三维机织物一般在材质、厚度和结构上都有特殊的要求，为了减少损伤和破坏，不适宜使用压送辊直接进行卷取。常采用平拉式卷曲，将织物在以平行的状态引离织口，以保证织物的外观均匀一致和形态稳定。这种方式属于积极式卷取，从织口引离的三维机织物的长度是由卷取机构主动控制，在织物中每列纬纱距离相等，因此每次卷取引离的织物长度是相同的。

5. 送经机构

送经机构主要承担均匀送出经纱和调整经纱张力两大功能，送经机构既要稳定送出适宜长度的经纱，补偿织物成型卷取送出带来的经纱消耗量，保证织造过程持续进行，也要给予经纱张力，维持梭口每次打开时的清晰度。

三维机织物织造时一般需求经纱的数目多，而且处于每一个综眼层的经纱的消耗量都不相同，送经机构必须保证每一层经纱的消耗量和补给量都维持平衡，制作纺织复合材料需要使用高性能纤维（碳纤维、玻璃纤维和玄武岩纤维等），此类纤维弹性小、耐磨性差，在综平与开口过程中伸长量变化小，送机机构既要做到平滑也要提供合适的张力。

常见的送经方式有筒子架送经和多经轴送经两种。筒子架送经几乎适用于所有材质的经纱，但是在织造三维机织物时，经纱需求量大，需要的纱筒数目多，筒子架占地面积广，穿综时耗时耗力，经纱从筒子架到综丝的牵引距离长，张力较难控制。因此，常采用多经轴和气动系统结合的方式送经，每根经轴分别给对应的经纱层送经，经纱从经轴上引出穿过综丝眼和钢筘固定在卷取辊上，卷取辊通过经纱带动经轴转动送出经纱，气动系统根据调节气压来改变施加在经轴上的摩擦力数值，进而使经纱的张力保持恒定。

（二）上机工艺设计原则

三维机织物在多综眼织机上的织造需要预先完成对穿综、提综和引纬等多方面的织造参数设定，协调织机的各个部件，使经纱层做规律性交错运动，在适当的时候引入纬纱，完成织物形态的构建。

使用多综眼综丝织造，经纱层的运动不仅与其所在综框位置有关，也与其所在的综丝眼位置相关。穿经时要同时兼顾经纱的运动规律、穿入综丝眼的便捷性以及与织轴的配合三个方面。因此，需要在进行织造之前用一个简略的图解来阐明经纱在综框及综丝上的分布，来引导穿综工序的操作。

提综机构带动综框形成梭口。在设计织物的上机图时，必须根据织物的结构和穿综图预先计算一个织造循环内每次开口、各页综框需要进行的最简单的动程变化，并在上机织造前输入织机的控制中心。多综眼织机的提综动程具备多级变化，按照传统的纹板图设计方法无法清晰表达在一个完整的织造循环内各页综框的运动状态，必须进行适当的改进。

织机每次开口时形成多个梭口，但并不是在所有织物的织造中剑杆都需要在各个梭口引入纬纱，因此，需要简洁的图解表征每次开口时各个梭口的引纬状态，以满足多种结构复杂的织物的引纬需求。

（三）上机工艺的设计形式

完整的上机工艺设计需要以穿综示意图、纹板图和引纬图三种形式指导穿综和引纬两道工序的完成。根据三维机织物的空间结构画出经向截面图，将浮沉规律相同的经纱分组并用数字一一标序，然后用字母对不同列的纬纱分类。

1. 穿综示意图

根据综框和综丝眼的排列，画出穿综示意图，用“Ⅰ”~“Ⅹ”表征从机前到机后的综页排列，用数字表示综眼内经纱的排列。

2. 纹板图

参照传统织造中的纹板图设计方法，使用数字来表达每次开口对应综框的提综动程，“1”代表对应综框单次提升一个综丝眼间距的距离，“2”代表对应综框提升两个综丝眼间距的距离，以此类推。

3. 引纬图

使用从左往右排列的方格代表从上到下的梭口排列，以“×”填充方格代表每次梭口引入纬纱，不填充代表不引纬，然后再从下到上将一个织造循环内引纬数据排列完整。

（四）几种典型三维机织物的上机图设计

1. 层层正交角联锁组织

层层正交角联锁组织经向截面示意如图4-24所示，标注为1~8的弯曲弧线为经纱，标注为字母A~E和字母a~e圆圈的为纬纱。由于此织物最上、最下两层和中间层所交织的经纱根数有所差异，理论上中间层的经密应该为最上、最下层的两倍。

在图4-24（a）中，经纱一共分为两类，经纱1~4由上向下捆绑纬纱，经纱5~8由下向上捆绑纬纱，因此，穿综时需要2页综框，每页综框的综丝使用4个综眼，穿综示意图如图4-24（b）所示，将1、2、3、4号经纱从上至下一一对应穿入第1页综框的第1根综丝的4个综眼上，然后将5、6、7、8号经纱依次从上至下分别穿入第2页综框的第1根综丝的4个综眼上，形成8个经纱层，后续穿综依此循环。

根据经向截面图和穿综示意图，如果要一次完成A~E五根纬纱的引入，综框Ⅰ需向上提高2个相邻综丝眼间距的高度（以下简称“高度”），综框Ⅱ保持综平，8个经纱层相互交错形成5个梭口，纬纱a~e引入时，综框Ⅰ保持综平，综框Ⅱ向上提高2个高度，再次形成5个梭口，纹板图如图4-24（c）所示，图纸标记“Ⅰ”和“Ⅱ”分别表示第1、第2页综框，图中标记“2”表示对应综框单次提升2个高度。图4-24（d）是引纬图，表示每次开口会在从上到下的5个梭口中全部各引入一根纬纱，每个空格代表一个梭口，“×”表示每次梭口引入一根纬纱。

2. 贯穿正交组织

贯穿正交组织上机工艺设计如图4-25所示。在$R_j=6$、$R_w=10$的贯穿正交组织经向截面图［图4-25（a）］中，经纱分为三类，从上向下捆绑的经纱1，从下向上捆绑的经纱2，衬经3~6，因此，穿综时需要3页综框，分别使用1、1、4个综眼，穿综示意图如图4-25（b）所示，经纱1穿入综框Ⅰ中，经纱2穿入综框Ⅱ中，经纱3~6穿入综框Ⅲ中，为了简化提综动程，将经纱1和2分别穿入综框Ⅰ和Ⅱ的第2个综丝眼内，形成6个经纱层。

根据经向截面图和穿综示意图，引入纬纱A~E时，综框Ⅰ提升5个高度，综框Ⅱ综平，综框Ⅲ提升3个高度，6层经纱之间形成5个梭口；引入纬纱a~e时，综框Ⅰ综平，综框Ⅱ

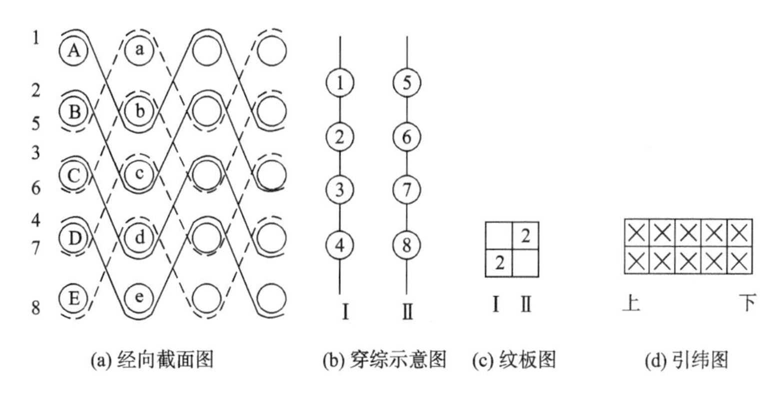

(a) 经向截面图 (b) 穿综示意图 (c) 纹板图 (d) 引纬图

图 4-24 层层正交角联锁组织上机工艺设计原理图

提升 5 个高度，综框Ⅲ提升 3 个高度，经纱层之间再次形成 5 个梭口，纹板图如图 4-25（c）所示。每次开口都在对应梭口引入一根纬纱，引纬图如图 4-25（d）所示。

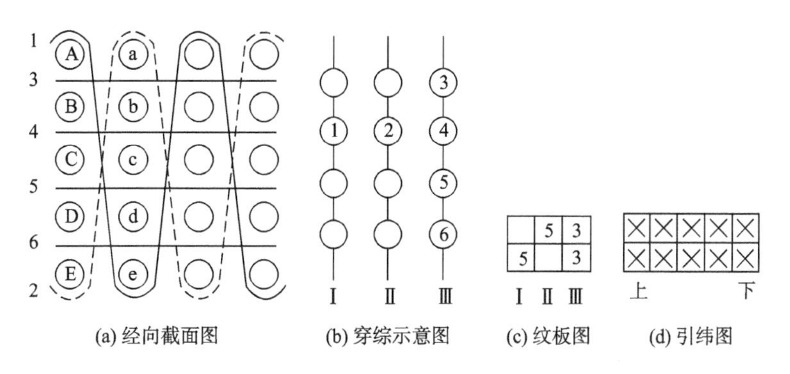

(a) 经向截面图 (b) 穿综示意图 (c) 纹板图 (d) 引纬图

图 4-25 贯穿正交组织上机工艺设计原理图

3. 层间正交组织

层间正交组织上机工艺设计如图 4-26 所示。在 $R_j=8$、$R_w=10$ 的层间正交组织经向截面图［图 4-26（a）］中，经纱分为三类，从上向下捆绑的经纱 1 和 2，从下向上捆绑的经纱 3 和 4，衬经 5~8，因此，穿综时需要 3 页综框，分别使用 2、2、4 个综眼，穿综示意图如图 4-26（b）所示，经纱 1 和 2 穿入综框Ⅰ中，经纱 3 和 4 穿入综框Ⅱ中，经纱 5~8 穿入综框Ⅲ中，为了简化提综动程，将经纱 1、2 和 3、4 分别穿入综框Ⅰ和Ⅱ的第 2 个和第 4 个综丝眼内，形成 8 个经纱层。

根据经向截面图和穿综示意图，引入纬纱 A~E 时，综框Ⅰ提升 3 个高度，综框Ⅱ综平，综框Ⅲ提升 1 个高度，8 层经纱之间形成 5 个梭口；引入纬纱 a~e 时，综框Ⅰ综平，综框Ⅱ提升 3 个高度，综框Ⅲ提升 1 个高度，经纱层之间再次形成 5 个梭口，纹板图如图 4-26（c）所示。每次开口都在对应梭口引入一根纬纱，引纬图如图 4-26（d）所示。

4. 层间斜交角联锁组织

层间斜交角联锁组织上机工艺设计如图 4-27 所示。在 $R_j=10$、$R_w=10$ 的层间斜交角

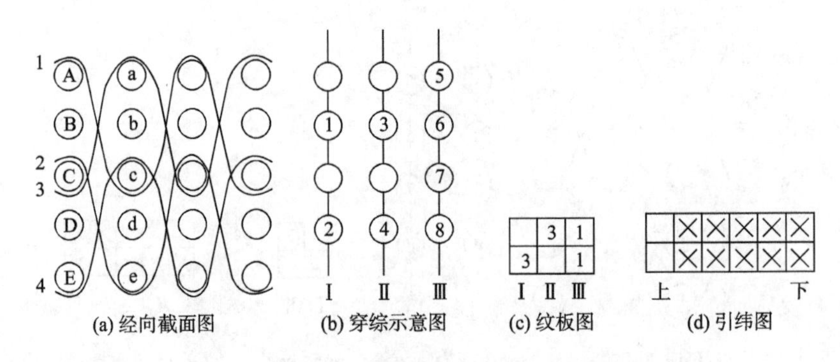

图 4-26　层间正交组织上机工艺设计原理图

联锁组织经向截面图［图 4-27（a）］中，经纱分为四类，上表层经纱 1，下表层经纱 2，从上向下捆绑的经纱 3~6，从下向上捆绑的经纱 7~10，因此，穿综时需要 4 页综框，分别使用 1、1、4、4 个综眼，穿综示意图如图 4-27（b）所示，经纱 1 穿入综框Ⅰ中，经纱 2 穿入综框Ⅱ中，经纱 3~6 穿入综框Ⅲ中，经纱 7~10 穿入综框Ⅳ中，为了简化提综动程，将经纱 1 和 2 分别穿入综框Ⅰ的第 1 个综丝眼和综框Ⅱ的第 4 个综丝眼内，形成 10 个经纱层。

根据经向截面图和穿综示意图，引入纬纱 A1~E1 时，综框Ⅰ提升 2 个高度，综框Ⅱ综平，综框Ⅲ和综框Ⅳ提升 1 个高度，10 层经纱之间形成 5 个梭口；引入纬纱 a1~e1 时，综框Ⅰ和综框Ⅱ提升 1 个高度，综框Ⅲ综平，综框Ⅳ提升 2 个高度，经纱层之间形成 5 个梭口；引入纬纱 A2~E2 时，综框Ⅰ提升 2 个高度，综框Ⅱ综平，综框Ⅲ和综框Ⅳ提升 1 个高度，经纱层之间形成 5 个梭口；引入纬纱 a2~e2 时，综框Ⅰ和综框Ⅱ提升 1 个高度，综框Ⅲ提升 2 个高度，综框Ⅳ综平，经纱层之间形成 5 个梭口，纹板图如图 4-27（c）所示。每次开口都在对应梭口引入一根纬纱，引纬图如图 4-27（d）所示。

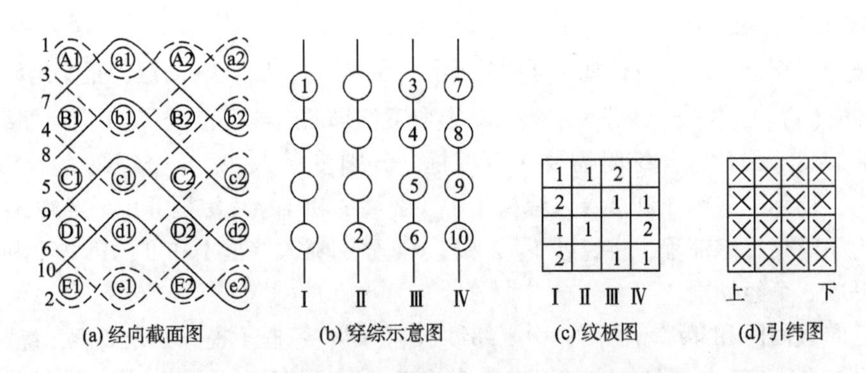

图 4-27　层间斜交角联锁组织上机工艺设计原理图

5. 带衬经层间斜交角联锁组织

带衬经层间斜交角联锁组织上机工艺设计如图 4-28 所示。在 $R_j=14$、$R_w=10$ 的带衬经层间斜交角联锁组织经向截面图［图 4-28（a）］中，经纱分为五类，上表层经纱 1，下表层经纱2，从上向下捆绑的经纱3～6，从下向上捆绑的经纱7～10，衬经11～14，因此，穿综时需要5页综框，分别使用1、1、4、4、4个综眼，穿综示意图如图4-28（b）所示，经纱1穿入综框Ⅰ中，经纱2穿入综框Ⅱ中，经纱3～6穿入综框Ⅲ中，经纱7～10穿入综框Ⅳ中，衬经11～15穿入综框Ⅴ中，为了简化提综动程，将经纱1和2分别穿入综框Ⅰ的第1个综丝眼内和综框Ⅱ的第4个综丝眼内，形成14个经纱层。

根据经向截面图和穿综示意图，引入纬纱A1～E1时，综框Ⅰ提升2个高度，综框Ⅱ综平，综框Ⅲ、综框Ⅳ和综框Ⅴ提升1个高度，10层经纱之间形成2个梭口；引入纬纱a1～e1时，综框Ⅰ和综框Ⅱ提升1个高度，综框Ⅲ综平，综框Ⅳ提升2个高度，综框Ⅴ提升1个高度，经纱层之间形成5个梭口；引入纬纱A2～E2时，综框Ⅰ提升2个高度，综框Ⅱ综平，综框Ⅲ和综框Ⅳ提升1个高度，经纱层之间形成5个梭口；引入纬纱a2～e2时，综框Ⅰ和综框Ⅱ提升1个高度，综框Ⅲ提升2个高度，综框Ⅳ综平，综框Ⅴ提升1个高度，经纱层之间形成5个梭口，纹板图如图4-28（c）所示。每次开口都在对应梭口引入一根纬纱，引纬图如图4-28（d）所示。

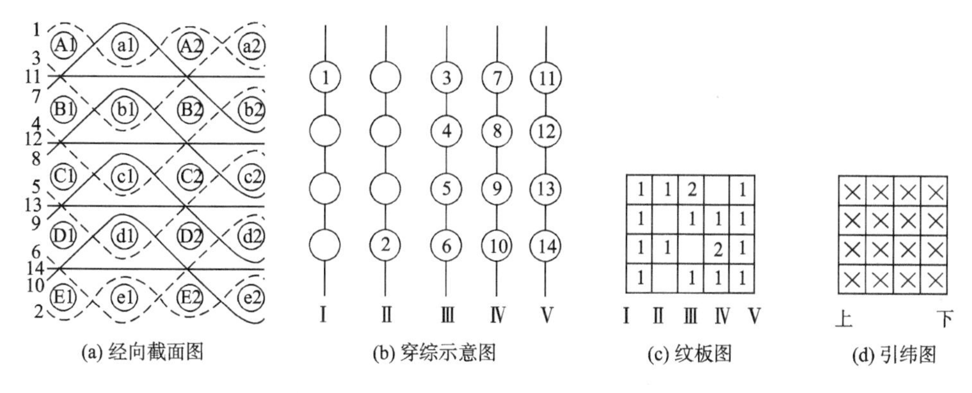

(a) 经向截面图　(b) 穿综示意图　(c) 纹板图　(d) 引纬图

图4-28 带衬经的层间斜交角联锁组织上机工艺设计原理图

6. 贯穿角联锁组织

贯穿角联锁组织上机工艺设计如图4-29所示。在$R_j=5$、$R_w=20$的贯穿角联锁组织经向截面图［图4-29（a）］中，5根经纱的浮沉规律都不相同，因此，穿综时需要5页综框，分别使用1个综眼，穿综示意图如图4-29（b）所示，经纱1、2、3、4、5分别穿入综框Ⅰ、Ⅱ、Ⅲ、Ⅳ、Ⅴ中的第4个综眼内，形成5个经纱层。

根据经向截面图和穿综示意图，引入纬纱A和B时，综框Ⅰ提升1个高度，综框Ⅱ和综框Ⅲ提升1个高度，综框Ⅳ和综框Ⅴ综平，5层经纱之间形成2个梭口；引入纬纱a和b时，综框Ⅰ提升2个高度、综框Ⅱ提升1个高度，综框Ⅲ提升2个高度，综框Ⅳ综平，综框Ⅴ提升1个高度，经纱层之间形成2个梭口；引入纬纱C和D时，综框Ⅰ提升1个高度，综框Ⅱ综平，综框Ⅲ提升2个高度，综框Ⅳ综平，综框Ⅴ提升1个高度，经纱层之间形成2个梭口；引入纬纱c和d时，综框Ⅰ提升1个高度，综框Ⅱ综平，综框Ⅲ提升2个高度，综框Ⅳ提升1个高度，综框Ⅴ提升2个高度，经纱层之间形成2个梭口；引入纬纱E和F时，综框Ⅰ和综框Ⅱ综平，综框Ⅲ和综框Ⅳ提升1个高度，综框Ⅴ提升2个高度，经纱层之间形成2个梭口；

引入纬纱e和f时，综框Ⅰ综平，综框Ⅱ和综框Ⅲ提升1个高度，综框Ⅳ和综框Ⅴ提升2个高度，经纱层之间形成2个梭口；引入纬纱G和H时，综框Ⅰ综平，综框Ⅱ提升1个高度，综框Ⅲ综平，综框Ⅳ提升2个高度，综框Ⅴ提升1个高度，经纱层之间形成2个梭口；引入纬纱g和h时，综框Ⅰ提升1个高度，综框Ⅱ提升2个高度，综框Ⅲ综平，综框Ⅳ提升2个高度，综框Ⅴ提升1个高度，经纱层之间形成2个梭口；引入纬纱I和J时，综框Ⅰ提升1个高度，综框Ⅱ提升2个高度，综框Ⅲ综平，综框Ⅳ提升1个高度，综框Ⅴ综平，经纱层之间形成2个梭口；引入纬纱i和j时，综框Ⅰ和综框Ⅱ提升2个高度，综框Ⅲ和综框Ⅳ提升1个高度，综框Ⅴ综平，经纱层之间形成2个梭口；纹板图如图4-29（c）所示。每次开口都在对应梭口引入一根纬纱，引纬图如图4-29（d）所示。

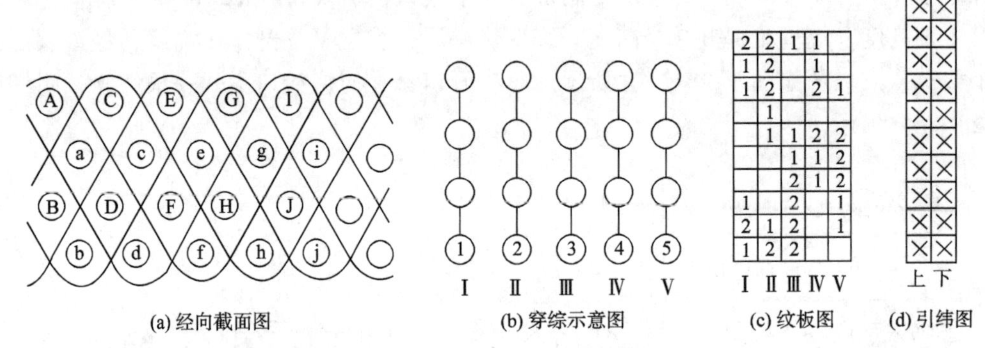

(a) 经向截面图　(b) 穿综示意图　(c) 纹板图　(d) 引纬图

图4-29　贯穿角联锁组织上机工艺设计原理图

7. 层间角联锁组织

层间角联锁组织上机工艺设计如图4-30所示。在$R_j = 10$、$R_w = 36$的层间角联锁组织经向截面图［图4-30（a）］中，经纱分为四类，从上向下捆绑的经纱1~4，从下向上捆绑的经纱5~8，上表层经纱9，下表层经纱10，因此，穿综时需要4页综框，分别使用1、1、4、4个综眼，穿综示意图如图4-30（b）所示，经纱9穿入综框Ⅰ中，经纱10穿入综框Ⅱ中，经纱1~4穿入综框Ⅲ中，经纱5~8穿入综框Ⅳ中，为了简化提综动程，将经纱9和10分别穿入综框Ⅰ的第1个综丝眼和综框Ⅱ的第4个综丝眼内，形成10个经纱层。

根据经向截面图和穿综示意图，引入纬纱A1~E1时，综框Ⅰ和综框Ⅱ提升1个高度，综框Ⅱ提升2个高度，综框Ⅳ综平，10层经纱之间形成5个梭口；引入纬纱a1~d1时，综框Ⅰ提升1个高度，综框Ⅱ综平，综框Ⅲ提升1个高度，综框Ⅳ综平，经纱层之间形成4个梭口；引入纬纱A2~E2时，综框Ⅰ提升2个高度，综框Ⅱ综平，综框Ⅲ和综框Ⅳ提升1个高度，经纱层之间形成5个梭口；引入纬纱a2~d2时，综框Ⅰ提升1个高度，综框Ⅱ综平，综框Ⅲ综平，综框Ⅳ提升1个高度，经纱层之间形成4个梭口；引入纬纱A3~E3时，综框Ⅰ和综框Ⅱ提升1个高度，综框Ⅲ综平，综框Ⅳ提升2个高度，经纱层之间形成5个梭口；引入纬纱a3~d3时，综框Ⅰ提升1个高度，综框Ⅱ和综框Ⅲ综平，综框Ⅳ提升1个高度，经纱层之间形成4个梭口；引入纬纱A4~E4时，综框Ⅰ提升2个高度，综框Ⅱ综平，综框Ⅲ和综框Ⅳ提升1个高度，经纱层之间形成5个梭口；引入纬纱时，综框Ⅰ提升1个高度，综框Ⅱ综平，综框Ⅲ提升1个高度，综框Ⅳ综平，经纱层之间形成4个梭口，纹板图如图4-30（c）所示。每次开口都在对应梭口引入一根纬纱，引纬图如图4-30（d）所示。

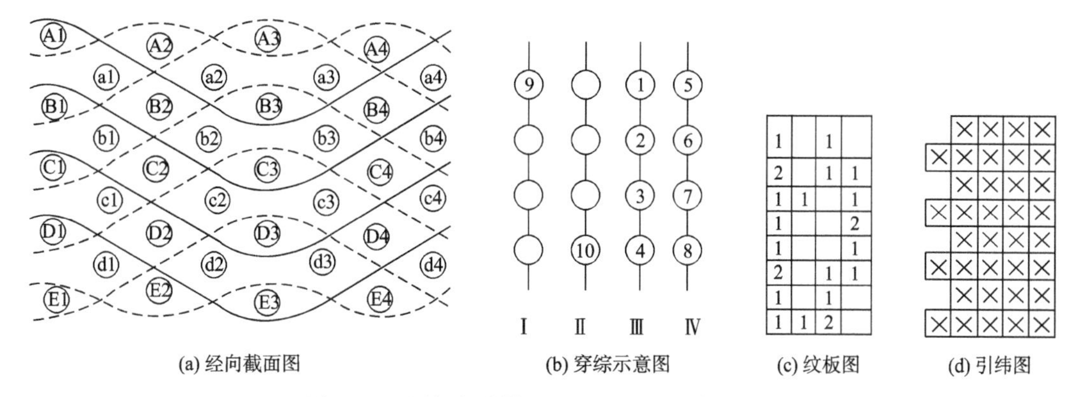

图4-30　层间角联锁组织上机工艺设计原理图

第三节　三维机织物的性能和应用领域

一、三维机织物的性能

（一）三维机织物的力学性能

得益于三维机织增强体几何结构的整体性，三维机织增强复合材料具备远胜于层合板复合材料的服役性能。然而，繁多的三维机织物组织结构同时也带来了复杂的力学性能，进而增加了三维机织物的几何结构设计难度。本节将主要介绍三维机织物的抗冲击性能、拉伸性能、弯曲性能和压缩性能等力学方面的性能。

1. 增强体几何结构对抗冲击性能的影响

厚度方向加入的捆绑纱有效阻止了材料层间的损伤发展，使三维机织增强复合材料在低速冲击下具有更高的抗分层性能和冲击阻尼。通过CT和显微镜观察，三维机织增强复合材料的冲击损伤面积范围较大，那是因为冲击能量沿着纱线路径被扩散到较大范围。在二维层合板复合材料中，损伤形式则是大面积的分层裂纹，冲击能量以树脂破裂的形式被吸收。三维机织增强复合材料在冲击载荷下引起纤维断裂能够耗散更多的冲击能量，而二维机织增强复合材料的能量吸收效果较差。虽然三维机织增强复合材料的表面损伤面积较大，而二维层合板复合材料的表面损伤面积较小。但是，二维层合板复合材料的内部却由于树脂破裂而发生了大范围的分层。这种材料内部分层破裂表面难以观察，但是却会大幅降低材料的压缩性能。通过研究不同纱线品种的复合材料冲击性能发现：在冲击过程中，各纱线组分发挥了不同的作用，捆绑纱主要起抵抗分层的作用，阻止分层蔓延，使材料能够耗散更多的冲击能量，而材料的冲击损伤强度则取决于面内的经纬纱。从霍普金森杆冲击载荷的研究发现：失效载荷和能量吸收随着冲击速度的增加而增加，并且经纬纱能量吸收特性几乎相同。然而，虽然在低速冲击下捆绑纱很好地抑制了分层裂纹的产生，但是在高应变率冲击载荷下，三维正交机织增强复合材料依然会表现出对分层损伤的敏感性。在面内冲击情况下，低应变率损伤模式表现为膝折，高应变率损伤模式表现为分层；而在面外冲击情况下，损伤模式随着应变率的增大从分层转变为整体剪切破坏。

国内外学者不仅进行了大量的实验研究，在数值仿真方面也做了很多工作。其中，基于显式动力学方法的有限元模型，可以用来展现冲击载荷下材料逐步破坏的过程。尤其对于高速弹道冲击或高应变率冲击，采用实验方法很难对损伤发展过程进行分析，而采用数值仿真方法就可以充分理解其内在作用机理。

2. 增强体几何结构对拉伸性能的影响

在拉伸载荷下，三维角联锁复合材料的主要失效模式是纱线断裂和“拔出。”有学者采用声发射方法研究三维正交增强复合材料在拉伸载荷下的损伤过程，他们发现材料的初始损伤首先发生于捆绑纱的交织点，然后逐步发生横向纱线开裂以及局部纱线的分层，最终的失效行为表现为载荷方向的纱线断裂。对三维角联锁增强复合材料在经纬纱方向的拉伸性能表现进行观察，结果表明捆绑纱的体积含量对面内性能的影响较小。有研究发现材料力学性能被主承力纱线的树脂富集区域和卷曲波浪所影响。这些纱线卷曲波浪是由织造过程中不同的捆绑纱张力所引起的，并且纱线卷曲波浪较小时可得到该方向较高的拉伸模量。面内和捆绑纱周围的树脂损伤不会显著影响材料的刚度，而面内纱线由于卷曲而引起的非线性拉伸行为是材料弹性模量下降的主要原因。此外，学者还发现三维层层联锁复合材料的非线性拉伸行为主要是由于经纬纱交织引起的纱线卷曲波浪，比较经纬纱方向的拉伸强度和模量可在纱线卷曲波浪和材料性能之间找到一个相互关系，通过织造过程的设置可对经纬纱的卷曲波浪进行控制。同时，类矩形的捆绑纱卷曲形态具有很高的拉伸强度和失效应变；织物结构对拉伸强度和形态稳定性也具有显著的影响，笔直的纱线几何结构有助于提高复合材料整体的结构稳定性。

3. 增强体几何结构对弯曲性能的影响

机织增强复合材料的弯曲性能研究一般通过两个标准试验方法：三点压弯试验和四点压弯试验。三维机织复合材料在弯曲载荷下的损伤模式主要是沿着捆绑纱的树脂界面层剥离，纱线断裂和轻微的纤维“拔出”。在三点压弯过程中，应力集中引起早期树脂微裂纹并随后带来局部的非线性，它是引起材料毁灭性失效的潜在原因。研究发现，织物几何结构对三维机织复合材料的弯曲性能的影响主要体现在捆绑纱能够有效起到分层裂纹继续生长的阻碍作用。有研究表明三维机织复合材料的弯曲强度高于二维层合板复合材料，原因是厚度方向捆绑纱提高了抗断裂性能并减少了分层。对两种三维正交机织复合材料进行弯曲试验，发现材料表面的捆绑效应能够有效阻止材料裂纹的形成；也有学者开展了捆绑纱含量对复合材料弯曲性能的影响研究，结果表明在相同的固化压力下，弯曲强度随着捆绑纱含量的增加而提高。然而，弯曲模量强烈依赖于捆绑纱的线密度而不是捆绑纱的整体纤维体积含量。也有研究者采用多尺度材料本构方程对三维正交机织复合材料进行三点压弯的有限元仿真，实验和仿真取得较好的一致性，并且以此研究了材料的弯曲疲劳行为和最大挠度，结果表明材料背面的捆绑纱断裂和树脂破裂是三维正交机织复合材料在三点压弯载荷下的主要失效机制。

4. 增强体几何结构对压缩性能的影响

三维机织复合材料在轴向压缩载荷下的失效行为始于增强体结构的几何缺陷，最终以“膝折”形式发生于主承力纱线，并且“膝折”范围横跨整个复合材料的横截面。增强体结构的几何缺陷主要体现于纤维或纱线的卷曲波浪，所以提高增强体几何结构的排列规则性有助于提高材料的压缩强度。有研究表明三维机织复合材料的压缩性能比二维层合板复合材料要弱，而也有研究报告称两种增强体结构的复合材料压缩性能相似，更有研究表明三维机织复合材料的压缩性能更强。出现这种差异的结果一方面原因是没有对复合材料纤维的体积含量进行正则化处理；另一方面则是因为三维机织复合材料性能差异较大。有学者对比了相似纤维体积含量三维机织复合材料和二维机织复合材料的压缩性能，发现捆绑纱的纤维体积含量与压缩强度之间没有一个明确的关系，而三维机织增强体的结构对力学性能有重要的影响。相互交织的纱线影响内部的结构并进而影响到复合材料的力学性能，这种影响关系非常复杂以至于难以预测其强度的变化。在轴向压缩过程中，沿压缩方向的纱线即主承力纱线承载了主要的压缩载荷。有学者研究了主承力纱线的卷曲波浪对材料压缩强度的影响，说明了主承力纱线的卷曲波浪越小，其压缩强度更高。虽然三维机织复合材料和二维层合板复合材料的失效模式都表现为整体“膝折”，但是三维机织复合材料复杂的内部结构使其整体失效区别于二维层合板复合材料的单一整体“膝折带”。三维机织复合材料的膝折发生于每一根独立的主承力纱线上，主承力纱线上的纤维不对齐是三维机织结构的主要几何缺陷。损伤先从主承力中产生一个薄弱点从而引起应力集中，进而影响到附近的主承力纱线，以此将膝折效应扩展到全部主承力纱线。

（二）三维机织物的隔音吸声性能

研究发现纺织复合材料作为各向异性的材料，其声波传播损失打破了传统的隔声材料质量定律，克服了传统隔音材料对低频声波隔音效果差的缺陷。三维机织复合材料作为复合材料中重要的一类，对其隔音效果的研究也在不断推进。

有学者通过分析三维斜交角联锁织物的结构特点，发现其经纬纱的交织规律，利用该规律设计出不同喷射口大小的喷射口角联锁织物的结构，并对不同结构的织物进行隔音性能测试，结果表明：对于五层斜交角联锁织物复合材料，随着接结层数的增加，复合材料的厚度及面密度增大，复合材料传声损失增加，且在不同频率范围内的隔音效果有差异。

（三）三维机织物的吸水导湿性能

三维机织物特殊的结构有利于构成吸水导湿复合功能层，从而提高织物的吸水储水性能，增强导湿效果，并且防止液体回流，使最终设计的织物具有良好的吸水导湿性能。国内有学者研究关于三维机织物的特殊结构与材料吸湿导湿性能之间的关系。

有学者以差动毛细效应原理为理论基础，结合水分在织物中的存在形式和传导机理，构建了具有内、中、外三个复合功能层的三维机织物吸水导湿模型，得出模型内层具有导湿功能，中间层具有吸水储水功能，外层可以将中间层多余的水分传导出去的结论。三维机织物作为一种新型材料，本身具有优越的弹性和透气性，运用于尿不湿类产品中，三维织物能提高产品的吸水和导湿能力，为人体微环境的改善提供了可能。在此基础上，三维弹性机织物是一种具有良好的抗压弹性、湿热舒适性的三维立体结构的纺织产品，织物层间充满空气，使其具有较好的透气性和热调节性，且人体分泌液会通过纤维的芯吸作用传到织物的外表面，它在卫生、环保等方面有广泛的应用前景。

（四）三维机织物的防紫外线性能

与二维织物相比，三维机织物具有 X、Y 和 Z 方向的纱线，会提供更好的紫外线防护。由于没有第三（Z）向纱线，二维织物缺乏稳定性，所以本质上非常薄；而三维多层联锁织物具有显著的厚度值，因此具有一定防紫外线的功能。有研究者曾提出一种利用织物结构设计防紫外线织物并确定其线间通道形状以及入射角度材料的抗紫外线性能，以织物层数、材料和三维结构为输入变量，UPF、透气性和厚度作为输出变量。进行不同三维结构与不同材料防紫外线性能的测试，得出透气性与层数成反比关系。随着织物层数的增加，织物的孔隙率降低，透气性降低，而织物的致密性和厚度随着织物层数的增加呈线性增加，这也将导致织物的 UPF 增加。但具有相同基础组织的多层结构从角度互锁向正交互锁的改变不会对 UPF 产生显著影响。

二、三维机织物的应用领域

1. 工业领域的应用

三维机织物复合材料因具有比重小、抗冲击、耐疲劳等优点，广泛应用于航空航天领域。从最初替代钢材成为次承力件到现在可用于部分主承力件。相关数据表明，美国军用飞机从机型 F16、F18 到 F22，复合材料的使用量由 3.4%增加到 12.1%和 26%，呈大幅上升趋势。在民用飞机上的使用量也日渐增加，从波音 767 到波音 787，复合材料的使用量由 3%增加到 50%。航天器、导弹、火箭和卫星上也大量使用三维纺织复合材料为机体构建减重，提高自身性能。

2. 医疗卫生领域的应用

三维管状机织物可以加工成人造血管。人造血管在结构上需要形成直筒形和分叉形，二者分别对应三维管状机织物和三维节点机织物。根据织造参数和纤维原料的选择可以满足人造血管在结构要求上的强度和形变能力。高壁厚人造器官管道一般用于人体器官通道的替代或修复，管壁结构和厚度可由三维机织物的组织和纱线层数实现，使管道即保证流通性又能具备相应的耐久度和抗疲劳性。

3. 土木工程领域的应用

土工织物是使用在土木工程领域的纺织结构材料，按照纱线原料的选择调整织造参数可以织造出不同结构、不同密度、不同厚度的三维机织物，用于土木工程领域的排水管道、过滤层、堤坝防护层、公路防渗层和坡岸防护等。三维纺织复合材料层间强度高、抗剪切能力强，可制成带筋板和桁架梁，使用于基建领域。

4. 安全防护领域的应用

安全防护用纺织品是可以保护人体抵御外部环境影响或伤害特制的纺织服装和部件。很多工作需要在特定的环境下完成，所需的工作服既要满足特殊的功能需要，如消防服隔热、电工服防静电、警用衣防刺防弹等，又要兼顾日常服用的轻便、舒适、经济和耐久等性能。

传统防弹衣大多以聚氨酯为原材料，将单层纤维布缝合在一起作为防护主体，每层布之间层间作用力差，防护效果不理想。将三维机织物作为防弹衣的主要材料，织物中的纤维大多呈完全伸直形态，面内强度高，抗冲击性能好，在同等防护要求的标准下，需要的机织物里衬厚度小、质量轻，提高了穿着的舒适性和机动性能。三维机织物将逐步取代传统层合织物，成为防弹衣的主要材料。

5. 石油化工领域的应用

在石油化工领域中，三维管状织物可用于加工成输送管道和防护管道。以三维管状织物为增强相的复合材料作为非开挖管道的内衬织物，因其出色的力学性能和化学稳定性已经逐渐替代了原有的聚合物管道和金属管道。

6. 通信领域的应用

利用三维机织物可在一范围内增加织物厚度与稳定性的特点，三维机织物在通信领域也有着特殊的应用，如三维机织天线等。三维机织天线是一种由导电纱线和非导电纱线织成的纺织天线，它具备较高的一体化程度和优越的力学性能。三维机织天线是通过把三维机织物最上层和最下层的纱线用导电纱代替实现的，具有杰出的力学性能，对机械破坏有很好的承受能力，有效地改善了天线分层的问题，使天线的可靠性得到提高。2015 年，随着智能穿戴领域对无线传输需求的增加，有学者提出了一款柔性三维机织天线，用于柔性可穿戴设备与终端的无线通信。柔性三维机织天线不仅能满足针对可穿戴天线的服用性能要求，与一般纺织天线相比，三维机织天线还省去了将天线各层整合到一起的黏合或者缝合的工序，简化了生产流程，同时使纺织天线获得了更牢固的结构和力学性能。除此之外，三维机织结构具有多维性和可嵌入性等特点，是一种很有潜力的多功能复合材料平台，将微带天线集成到三维编织间隔基复合材料中，提出了一种重量轻、增益高的三维编织间隔微带天线（3DWS-MA）。单元件 3DWS-MA 具有优异的电磁性能，增益值为 7.1dB，比传统的微带天线（2.5dB）高出 4 个数量级。此外，3DWS-MA 在受到 18J 冲击后仍保持了适当的谐振频率和阻抗匹配，显示出良好的结构完整性。

7. 其他领域的应用

（1）运动器材。使用诸如碳纤维和玻璃纤维等复合材料制成的运动器材已经屡见不鲜，其质轻、高强度、吸震性好的特性使运动员最大限度地发挥出自身的运动技能。三维管状复合材料在运动器材中也使用广泛，可以用于制作各种杆件部件及框架部件，如撑竿跳高的撑竿、高尔夫球杆、鱼竿、球拍部件、赛艇的划桨架及桨干、滑雪杖、自行车及运动轮椅框架及把手、赛车防护架等。

（2）传动轴。管状复合材料还被用于制作轴类零件，如德国的 CENTA 公司将碳纤维管状复合材料用于制作高速客船上的传动组合轴用以传送螺旋桨的推力，以满足质轻、降噪、降低热力膨胀、增大跨距、减低轴承数量及重量（也节省船体轴承座结构）等设计要求，同时具有使用寿命长、不锈蚀、无损耗、不导电、无磁性、免维护等优点。

（3）过滤材料方面。三维机织物改善了二维机织物孔径直通的缺陷，当空气透过多层结构的织物时，烟尘的路径受到层与层之间的相互遮挡，烟尘通过织物的路径是曲折的，可以有效地提高过滤效率。同时，由于角联锁织物的透气性好，过滤阻力小，可以节省能耗。三维织物用于过滤袋的制作，既保持了机织物强度高、尺寸稳定性好的优点，同时也改善了机织物的过滤效率，提高了滤袋的使用性能。角联锁无缝滤袋采用角联锁管状组织制织，织物下机后可以直接成为圆筒形，节省了缝纫环节，避免了缝纫时针眼对织物的损伤，为环境保护起到了积极的作用。利用角联锁管状组织可以制织无缝三维厚滤袋，提高机织物的过滤效率。无缝滤袋的制织节省了缝纫环节，提高了生产效率，节约了成本，角联锁三维织物无缝滤袋可广泛应用于烟气过滤的各个领域。

参考文献

[1] 杨建成，蒋秀明，赵永立，等. 三维织机装备与织造技术［M］. 北京：中国纺织出版社，2019.

[2] ANTONIO M. 3-D Textile Reinforcements in Composite［M］. Cambridge：Woodhead Publishing Limited，1999.

[3] 顾伯洪，孙宝忠. 纺织结构复合材料冲击动力学［M］. 北京：科学出版社，2012.

[4] 李鸣超. 2.5D 机织物的织造工艺设计与下机分析［D］. 上海：东华大学，2016.

[5] 郭兴峰. 三维正交机织物结构的研究［D］. 天津：天津工业大学，2003.

[6] 马亚运，高晓平. 三维正交机织物织造及复合材料成型工艺研究［J］. 产业用纺织品，2016（8）：26-30.

[7] 刘健，黄故. 多剑杆织机三维织造研究［J］. 上海纺织科技，2005，33（2）：8-10.

[8] 薛进. 多综眼多剑杆织机的特性及织造模拟［D］. 上海：东华大学，2013.

[9] 李瑞，邱夷平，李惠军. 三维正交芳纶织物织造实践［J］. 上海纺织科技，2016，44（3）：40-41，44.

[10] 侯仰青. 基于组织结构的三维角链锁机织物弹道侵彻分析模型［D］. 上海：东华大学，2010.

[11] 钟鹏. 三维剑杆织机关键技术及结构优化设计［D］. 西安：西安工程大学，2017.

[12] 韩斌斌. 三维机织间隔织物结构与织机虚拟样机研究［D］. 西安：西安工程大学，2015.

[13] 陈杰. 平面四轴向机织物的组织结构研究［D］. 上海：东华大学，2014.

[14] 胡雨. 三维机织物在多综眼织机上的设计与织造［D］. 武汉：武汉纺织大学，2018.

[15] 应志平. 三维正交机织物成形过程建模及其增强复合材料压缩性能研究［D］. 杭州：浙江理工大学，2018.

[16] 单晶晶. 角联锁织物复合材料声学性能探讨［D］. 郑州：中原工学院，2016.

[17] 黄河柳. 三维机织物的吸水导湿性能研究［D］. 西安：西安工程大学，2016.

[18] 梁静洁，张洪亭，李德义. 三维立体织物在尿不湿中应用的初步研究［J］. 山东纺织经济，2013（3）：58-60.

[19] 王荣荣，黄故，马崇启. 三维弹性机织物的结构与织造［J］. 棉纺织技术，2006（9）：22-25.

[20] 黄河柳，沈兰萍，张慧敏. 组织结构对三维机织物的吸水导湿性能影响［J］. 合成纤

维，2015，44（10）：43-45.
[21] ADEELA N, MUHAMMAD U, KHUBAB S, et al. Development and characterization of three-dimensional woven fabric for ultra violet protection. International Journal of Clothing Science and Technology, 2018, 30 (4): 536-547.
[22] 关留祥，李嘉禄，焦亚男，等. 航空发动机复合材料叶片用3D机织预制体研究进展[J]. 复合材料学报，2018，35（4）：748-759.
[23] 徐永红. 管状机织物在管子上抽拔过程的动态数值模拟 [D]. 上海：东华大学，2014.
[24] 邝野. 柔性纺织共形天线的构建及其辐射性能研究 [D]. 上海：东华大学，2019.
[25] KUANG Y, YAO L, YU S H, et al. Design and electromagnetic properties of a conformal ultra wideband antenna integrated in three-dimensional woven fabrics. Polymers, 2018, 10 (8): 861.
[26] XU F J, ZHANG K, QIU Y P. Light-weight, high-gain three-dimensional textile structural composite antenna. Composite Part B, 2020, 185: 107781.
[27] 钟文鑫，孙晓璐，马丕波. 管状复合材料的应用与发展 [J]. 玻璃纤维，2015（1）：47-52.
[28] 李新娥，杨振威. 角联锁无缝滤袋的开发 [J]. 产业用纺织品，2012，30（6）：8-10.

第五章　三维编织物

第一节　编织物概述

一、编织简介

编织工艺作为纺织加工技术的一类重要分支，广泛为人们所熟知。该工艺主要通过沿织造方向的多根纱线（至少3根）按特殊规律相互缠绕交织的方法形成织物，具有悠久的历史，其发展及应用于实际可以追溯到人们进行绳索编织与利用纱线编织装饰品的时代。最初的编织形式，就像编辫子一样，几根纱线的一端被固定住，而另一端的纱线则按着一定的规律进行倾斜交叉编织，从而使纱线相互交织在一起，形成编织物，如图5-1所示。但由于其结构简单和应用有限，因此发展比较缓慢。然而自20世纪70年代以来，随着复合材料的迅速发展，编织技术作为制成复合材料增强织物的一种加工方式，得到了重生并迅速发展。模仿手工方法进行编织的机器则称为编织机。最早的编织机诞生于英国的工业革命之前，经历了多年的发展和改进，编织机的类型也日益增多，例如，国内的GBG型钢丝编织机。现在，编织机已经成为一种非常重要的复合材料制造设备。

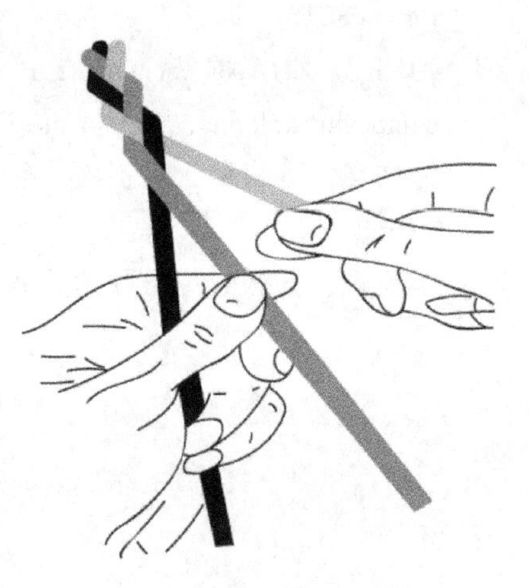

图5-1　编织最基本形式

编织物一般可以分为二维编织物和三维编织物，主要按照编织出的织物厚度进行分类，同时也要考虑厚度方向是否有纱线通过。其中二维编织物是指编织出的织物厚度不超过编织纱线或纤维束直径的三倍。按结构不同，二维编织物包括二维两向编织结构和二维三向编织结构。三维编织物是指编织出的织物厚度至少要超过编织纱线或纤维束直径的三倍，且在厚度方向上纱线或纤维束要相互交织。按结构不同，三维编织物包括三维四向编织结构、三维五向编织结构以及三维多轴向编织结构。

三维编织工艺是在二维编织工艺基础上发展而来的，在织物厚度方向上引入纱线系统，在保证一定数量的纱线情况下，通过整体成型的方式得到三维编织物。三维编织物中所有纱线按一定规律缠绕交织，在空间上形成网状结构，参与编织的纱线会沿织物成型方向形成一定夹角，而用于增强轴向性能的轴向纱线也会在织造过程中按一定步骤引入。

三维编织工艺主要分为三类：行列式三维编织、旋转式三维编织和六角形三维编织。其中，行列式三维编织是将携带编织纱线的携纱器在设备机台上沿一定路径移动，整个移动路径是在一个平面上按笛卡尔坐标或极坐标规律进行设定，最终纱线随编织过程进行相互交织形成三维织物。行列式三维编织主要包括编织纱线贯穿整个厚度方向的三维二步法编织工艺、各层间相互交织的四步法编织工艺。

由于编织工艺可以形成复杂形状的织物，因此按照要求的不同，编织还可以按照织物横截面形状（或编织出的织物形状）进行分类。一般可以分为圆形编织和矩形编织两大类。圆形编织是指可以编织成横截面为圆形或管状织物的编织方法，如圆管形、锥形、分叉形等；矩形编织是指可以编织成横截面为矩形或矩形组合，如T形、I（工）形、π形、L形、口形等织物的编织方法。图5-2所示为几种典型编织物截面类型。

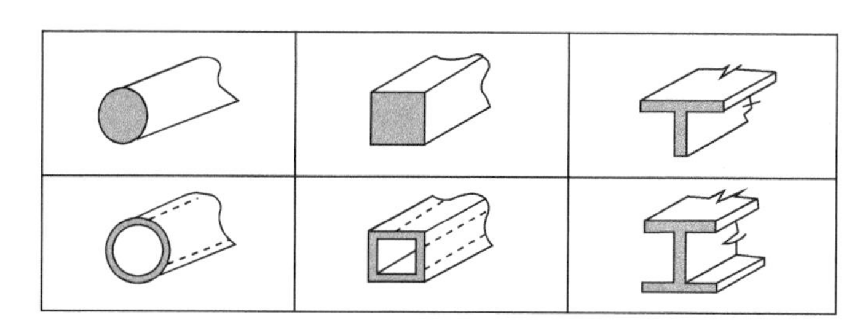

图5-2　几种典型编织物截面类型

二、二维编织物

（一）二维编织工艺及分类

二维编织结构是由三根或多根纱线沿对角线方向交织而成，其交织纹路与机织中的斜纹类似，如图5-3所示。在编织前，根据织物结构确定所需携纱器数量，按一定规律放到轨道盘上。然后，将卷绕好纱线或纤维束的纱管安放到携纱器上。将所有纱线一端通过成型板集中在卷取装置上。调整好纱锭在轨道盘上的运动速度和卷取速度，就可以进行编织。

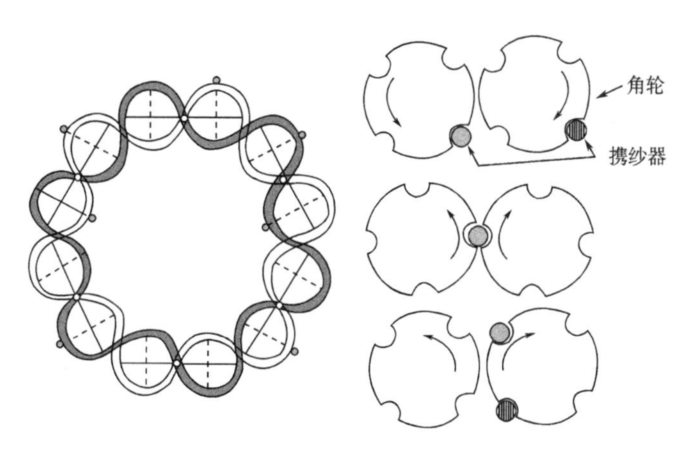

图5-3　二维编织机构及织物示意图

在编织时，编织纱系统又分为两组，一组在轨道盘上沿一个方向运动，另一组则沿相反的方向运动，这样纱线相互交织，并和织物成型方向夹有±θ角（一般在10°~80°）。θ角称为编织角。交织的纱线在成型板处形成织物，然后被卷取装置移走，以上所形成的织物为二维两向编织物，如图5-4所示。如果希望沿织物成型方向（即轴向）使织物得到增强，可以沿织物成型方向加入另一个纱线系统，即轴向纱系统。轴向纱在编织过程中并不运动，它只是被编织纱所包围，从而形成一个二维三向织物。纱线的取向为0°、±θ。二维三向编织物结构如图5-5所示。

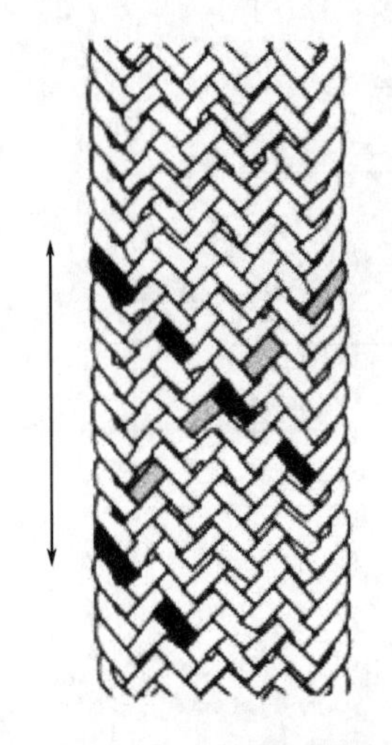

图5-4　二维两向编织物结构

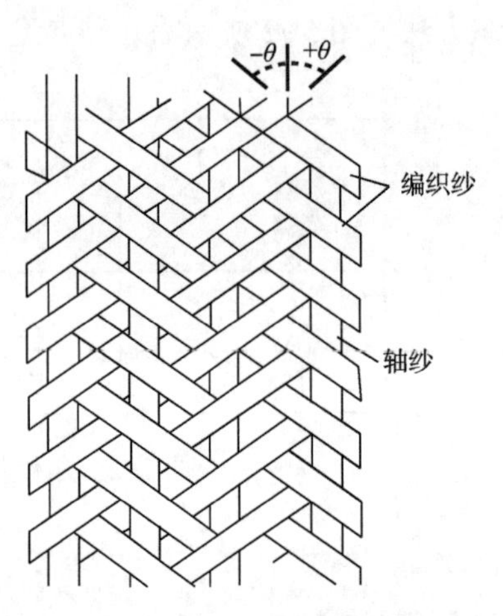

图5-5　二维三向编织物结构

携纱器在轨道运转规律不同可以形成不同结构，其表面纹路也不相同。二维编织结构可以分为以下三类，如图5-6所示。

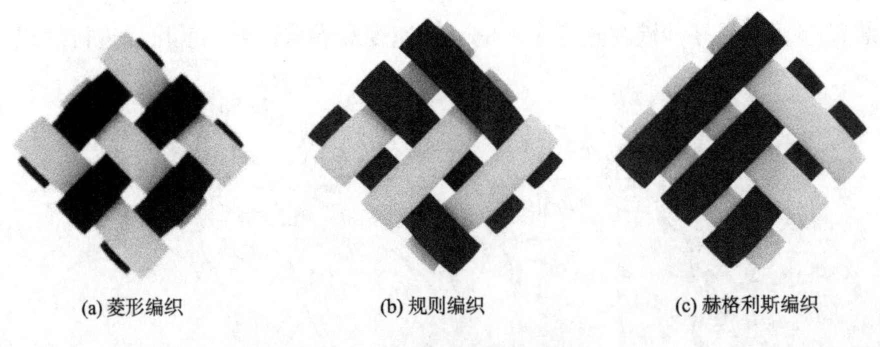

(a) 菱形编织　(b) 规则编织　(c) 赫格利斯编织

图5-6　二维编织结构分类

（1）菱形编织。即一根纱线连续交替地从另一纱线组中的一根纱线的下面通过，紧接着又从另一纱线组中的一根纱线的上面通过。

（2）规则编织。即一根纱线连续地从另一纱线组中的两根纱线的上面通过，这样交替地进行交织。

（3）赫格利斯编织。即一根纱线连续地从另一纱线组中的三根纱线的下面通过，紧接着又连续地从另一纱线组中的三根纱线的上面通过，这样交替地进行交织。

（二）二维编织结构

二维两轴编织结构的基本结构单元如图 5-7 所示。从 $A—A$ 截面方向看，编织结构可以简化为纱线倾斜交织部分的单胞 a 和纱线平行排列部分单胞 b。在单胞 a 中，纱线倾斜交织部分的长度为 L，L 在水平方向的投影长度为 d，纱线倾斜交织角为 α，编织结构厚度为 h，纱线横截面为跑道形，其横截面积为 S，横截面宽为 D，两向编织结构的编织角为 θ，编织过程中所形成编织圆管的横截面周长为 P，则整个截面方向中纱线体积分数 V_y 为：

$$V_y = \frac{(2D + d)S + 2DS + LS}{2(D + d)h}$$

其中，交织角度 α 关系为：

$$\sin\alpha = \frac{h}{2L},\ \cos\alpha = \frac{d}{L},\ \tan\alpha = \frac{h}{2d}$$

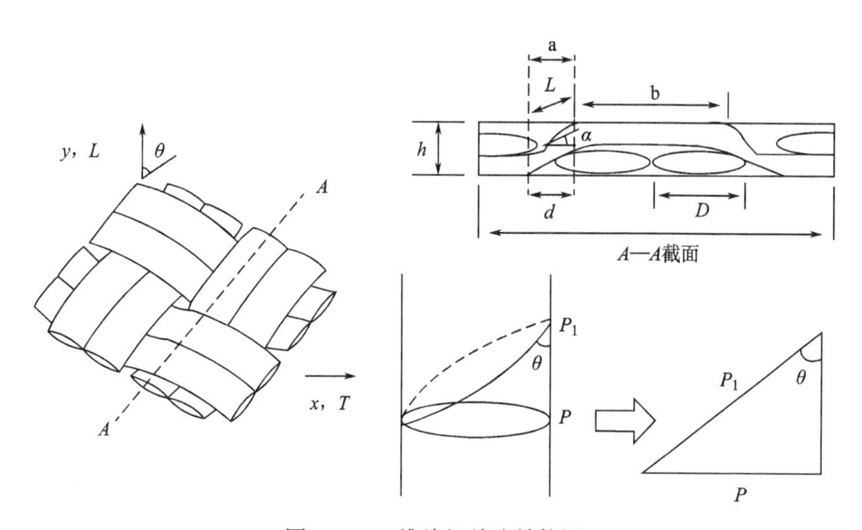

图 5-7　二维编织单胞结构图

由于编织过程中，纱线沿编织角 θ 倾斜缠绕，沿编织管缠绕一周长度为 P_y，将整个编织管展开成平面，则两个周长关系为：

$$\sin\theta = \frac{P}{P_y}$$

由上面所介绍的二维两轴编织结构可知，参与编织的纱线可以分成两个倾斜方向，每个方向纱线数量为参与编织纱线总数量 N 的一半，那么每根纱线沿编织方向所占区域宽度为 W，纱线间间距为 d，则符合下列关系：

$$W = \frac{2P_y}{N}$$

$$d = W - D = \frac{2P}{N\sin\theta} - D$$

最终纱线倾斜角 α 可以通过下式表示：

$$\tan\alpha = \frac{h}{2d} = \frac{h}{2\left(\frac{2P}{N\sin\theta} - D\right)}$$

$$\alpha = \arctan\left[\frac{h}{2\left(\frac{2P}{N\sin\theta} - D\right)}\right]$$

二维三向编织结构的基本结构单元如图 5-8 所示。该结构单元体为规则编织，是一个宽度为 W、厚度为 T 的正方体，而其编织纱线和轴向纱线的截面形状为跑道形。纱线宽度与厚度的比值为 f，其值将永远大于 1。

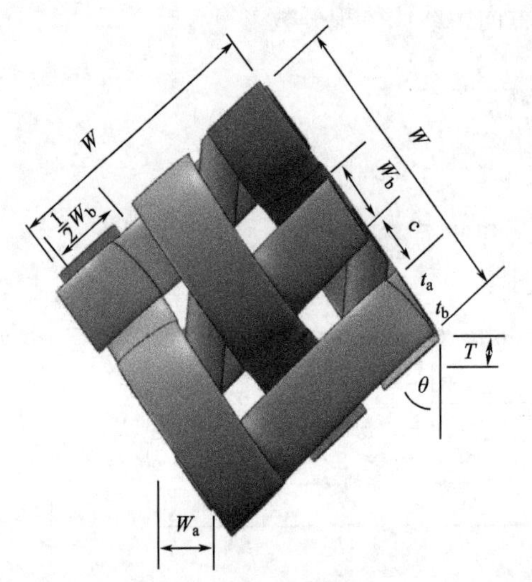

图 5-8　二维三向编织结构的基本结构单元示意图

1. 纱线尺寸

根据图 5-8 所示的模型，纱线横截面为跑道形，纱线厚度为 t，宽度为 W，截面积为 S，则相应尺寸可表示如下（a、b 分别表示轴向和编织方向的纱线）：

$$t_{\frac{a}{b}} = \sqrt{\frac{\lambda_{\frac{a}{b}}}{K_{\frac{a}{b}}\left(\frac{\pi}{4} + f_{\frac{a}{b}}\right)\rho_{\frac{a}{b}}}}$$

$$W_{\frac{a}{b}} = f_{\frac{a}{b}} \cdot t_{\frac{a}{b}}$$

$$S_{\frac{a}{b}} = \frac{\pi}{4} + f_{\frac{a}{b}} - 1$$

其中，λ、f、ρ 和 K 分别为纱线的线密度、纵横比、密度和填充率。

2. 基本结构单元尺寸

根据图 5-8 所示的模型，此单元体包含三层纱线（$+\theta$、0°、$-\theta$）及六条纱线（$+\theta$、0°、$-\theta$ 各两条），因此，单元体的厚度为 $T = 2t_b + t_a$，宽度为 $W=2$，此处 ε 为编织纱线间的空隙，$\varepsilon = (2\pi D/N_b) \cdot \cos\theta - W_b$。$\varepsilon$ 值也是编织密度函数，此值越大，编织物越密。另外，还可定义一个紧密因子表示该编织物的密度大小，即 $h = \frac{t_0}{\varepsilon}(0 \leqslant h \leqslant 1)$。

3. 纤维体积分数

根据图 5-8 所示的模型，轴向纱体积分数为：

$$V_{f_\theta} = \frac{K_\theta N_\theta t_\theta^2}{4\pi} \cdot \frac{\pi + 4(f_\theta - 1)}{(2t_b + t_\theta)(D + 2t_b + t_\theta)}$$

编织方向纱线体积分数为：

$$V = \frac{K_b N_b t_b^2}{4\pi\cos\theta} \cdot \frac{\pi + 4(f_\theta - 1)}{(2t_b + t_\theta)(D + 2t_b + t_\theta)}$$

因此，整个编织物的纱线体积分数为：

$$V_f = V_{f_\theta} + V_{f_b}$$

第二节　三维二步法编织

Popper 和 McConnell 在 1987 年提出了三维二步法编织方法，其特点是在编织过程中，一个完整的编织循环通过编织纱的两次运动就可以实现。因此，在众多的三维编织方法中，三维二步法编织的步骤最少，纱线运动过程更为简单。此外，在整个编织过程中纱线完成既有运动步骤后不涉及后续打紧步骤，使得三维二步法编织结构更容易实现自动化生产。在三维二步法编织结构中只有两类结构纱线：轴向纱和编织纱。相较于编织纱数量，二步法编织物中的轴向纱具有的比例更高，因此采用二步法制造的三维编织复合材料具有更加优良的轴向力学性能，更适合于生产对轴向强度要求较高的结构件，如杆件、梁、接头等。目前，该类结构复合材料已广泛应用于对材料质量和强度都有严格要求的卫星等航天器上。

在三维两步法编织过程中，通常将轴向纱按照所需结构件的截面形状进行排布，形成基本轴向纱阵列，这个步骤一般称为挂纱。随后将编织纱沿着轴向纱形成的纱线阵列进行对角线方向移动，围绕所有轴向纱进行包覆编织，最终形成特殊形状的二维编织物。因此，三维二步法编织物可以实现出种类丰富的截面形状，包括 L 形、T 形、H 形、TT 形等，甚至可以编织出分叉结构的织物，如人字形或者三通结构。

一、三维二步法编织工艺

三维二步法织造设备如图 5-9 所示，包括卷绕曲轴、平面机台、轴向纱模块、编织纱携纱器以及挂纱用重锤。其中，轴向纱模块是用于固定轴向纱排布所需的方格，方格上面为穿纱管。三维二步法编织过程的第一个步骤就是穿纱（挂纱），该步骤十分重要，不仅影响整个编织过程是否顺利开展，而且根据所穿轴向纱的排布位置决定整个二步法编织物的截面形状。该步骤具体操作如下：首先，将轴向纱一端系在位于机台上方的挂架上；然后，将其穿过排布机台上的穿纱管，另一端用重物拉紧；此外，在机台下方适当位置按照纱线排布放置编织纱携纱器，编织纱一端同样系在挂架上。

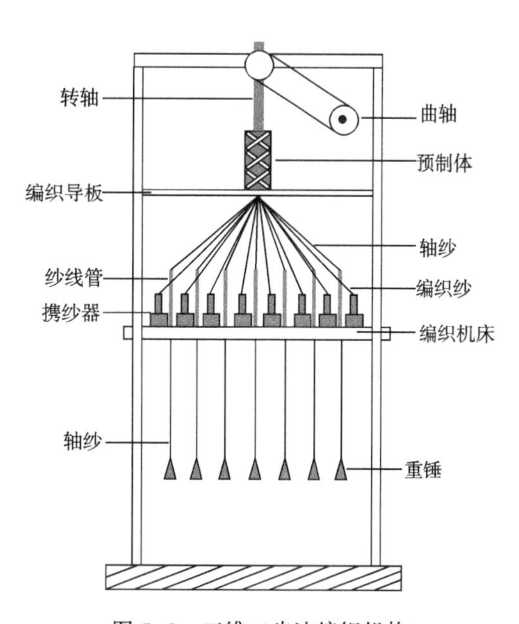

图 5-9　三维二步法编织机构

在穿纱（挂纱）步骤完成后，轴向纱排布形状与将要编织的二步法编织物截面形状一致，并且受轴向纱模块影响，排布的纱线以层状的矩阵形式分布。在后续编织过程中，携纱器根据预先确定的路径携带编织纱在轴向纱分布的行和列的间隙间进行两种不同方向的笛卡尔运动（横纵向移动），最终在三维空间内实现纱线间相互交错，完成整个编织过程。对于整个二步法编织物而言，轴向纱提供了轴向增强以及编织物的基本形状，而相对比例较少的编织纱沿着厚度方向在整个织物中穿插缠绕，保证其整体性能。

由于三维编织结构具有近净成型的特点，其截面形状种类繁多，一般将三维编织物按矩形截面和圆形截面进行区分，其他复杂截面结构可视为上述两种截面的组合形状，因此本节主要以矩形截面和圆形截面为主进行介绍。

1. 矩形截面编织过程及相关参数

以矩形截面为例，黑色代表轴向纱，白色代表编织纱，纱线排列和携纱器根据图 5-10 所示方向移动，一个基本编织循环可以分为两步进行。不论在何种情况下，编织纱都按照这两个连续步骤穿过轴向纱阵列。在第一步中，携纱器携带编织纱沿着一条左倾对角线方向穿过轴向纱阵列，在第二步中沿着右倾对角线移动。在一个基本循环（两个步骤）完成后，三维二步法编织物在轴向方向上会形成一个花节长度。之后重复此过程，直至达到预期织物长度。在整个编织过程中，每一根编织纱都需要穿过大部分横截面区域，有部分编织纱会穿过整个横截面区域。最终，所有编织纱与轴向纱完全缠绕，形成完整矩形截面形状。

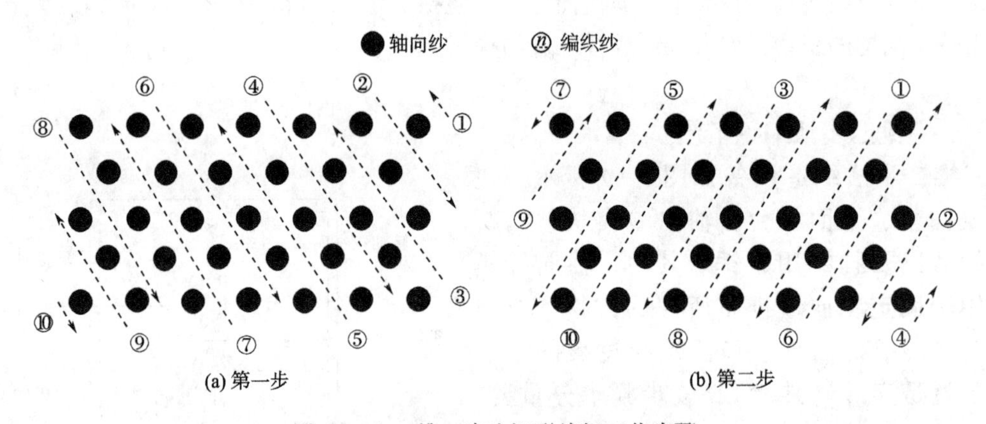

图 5-10　三维二步法矩形编织工艺步骤

此外，在编织物的一个花节长度的形成过程中，所有的携纱器都产生移动。携纱器在拐角处，例如，图 5-10（a）中的 1 号纱线移动的距离比在织物横截面的中心的 5 号纱线移动的距离短，因此拐角处的编织纱倾斜角比织物中心的编织纱倾斜角小。

在二步法编织工艺中，由于编织纱围绕轴向纱进行一定规律缠绕形成编织结构，因此轴向纱的排列决定了编织纱的数量以及二步法编织物的截面形状。矩形截面的二步法编织一般称为［m，n］或 $m \times n$ 矩形编织。其中，m、n 分别指轴向纱所形成的阵列排布中的行和列。因此，图 5-10 的三维二步法编织应该被称为［3，7］矩形编织。

对于［m，n］矩形编织，轴向纱（N_{ar}）和编织纱（N_{br}）的数量可以通过下式计算：

轴向纱的数量：$N_{ar} = 2m \cdot n - m - n + 1$

编织纱的数量：$N_{br} = m + n$

$[m, n]$ 矩形编织物纱线总数：$N_{yr} = N_{ar} + N_{br} = 2m \cdot n + 1$

式中，N_{yr} 为纱线总数。

图 5-11 中是一根编织纱在一个重复循环过程中的运动路径，运动路径在空间中呈现出“之”字形。这其中所谓的一个重复循环过程是这根纱线在一系列编织运动后回到初始所在位置的过程。

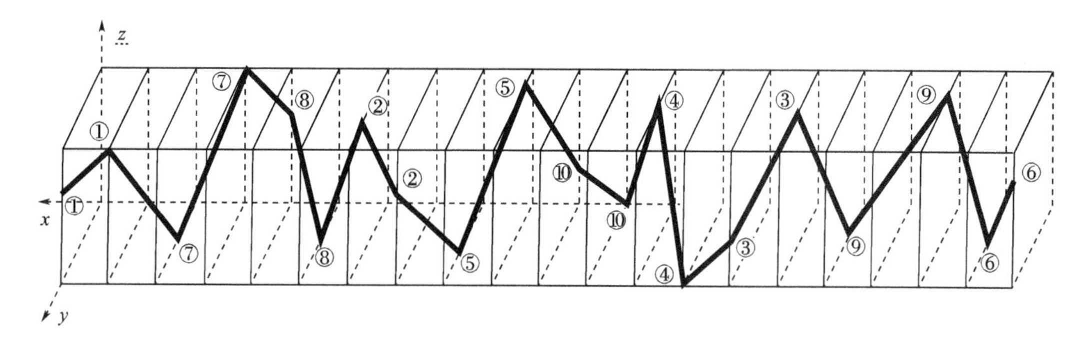

图 5-11 矩形编织纱线运动路径

由上述可知，编织纱的运动具有一定的规律，故将相同空间分布的编织纱称为一组。组数可以用 m 和 n 来计算，则编织纱组数 G 为：

$$G = \frac{m \cdot n}{\text{LCM}(m \text{ 和 } n)}$$

其中，LCM 为 m 和 n 的最小公倍数。

此外，编织纱与轴向纱的根数比 η 也是反映二步法编织结构的一个重要参数，具体如下。

$$\eta = \frac{N_{br}}{N_{ar}} = \frac{1}{2q - 1}$$

其中，$q = \dfrac{m \cdot n}{m + n}$ 为形状因子，$q \geqslant 1$ 和 $\eta \leqslant 1$，因为 m 和 n 比 1 大得多。

2. 圆形截面编织过程及相关参数

三维二步法圆形截面（管状）编织工艺延续了矩形截面的思想，同样包含两个纱线系统（轴向纱和编织纱）。轴向纱按圆（管）截面排列并保持固定。编织纱通过在轴向纱排布阵列之间移动来使纱线间相互缠绕，并对整个织物收紧固定，最终形成二步法编织物所需形状。与矩形截面不同，轴向纱圆形阵列没有对角线，因此，编织纱沿内外层不同半径的同心圆环运动，而不是沿对角线运动。纱线排列和携纱器运动方向如图 5-12 所示，圆形代表轴向纱，菱形代表编织纱。具体纱线排列要求如下：

轴向纱排列成不同直径的同心圆，相邻的同心圆交错排列；

编织纱在同心圆两侧间隔处排列；

无论是内侧还是外侧，每个间隔处只能有一根编织纱排列，并且编织纱不能连续出现在同一侧。

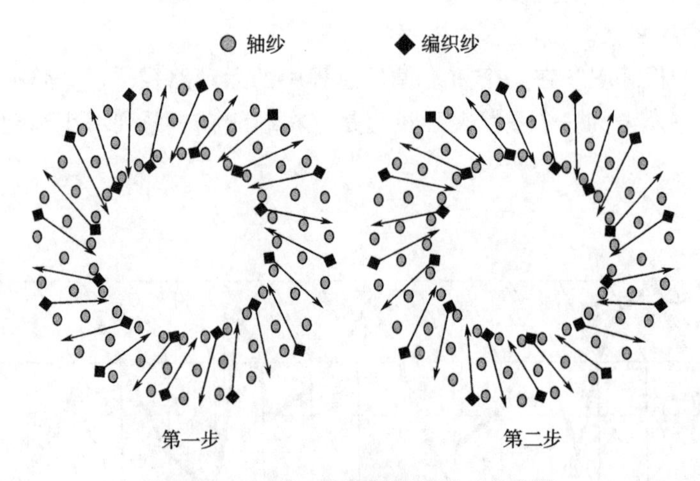

图 5-12　三维二步法圆形编织工艺步骤

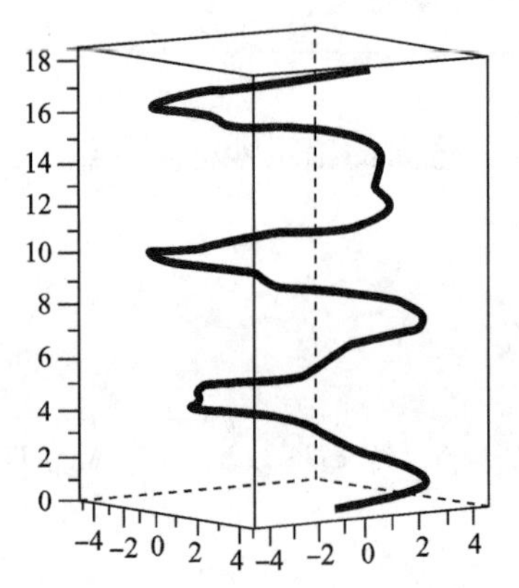
图 5-13　圆形编织纱线空间轨迹

圆形截面二步法编织同样以两个连续步骤穿过轴向纱阵列形成一个完整编织循环。在第一步中，编织纱沿着箭头方向穿过轴向纱，从轴向纱排列的圆外侧移动到内侧，或者从圆内侧移动到外侧。相邻的编织纱沿相反的方向运动。在第二步中，它们沿着图中另一个箭头的方向移动，第二步完成后，纱线的排列与第一步运动前相同。在这两个步骤中，箭头的两个方向具有镜像对称的特点。重复此循环来达到所需圆形横截面（管状）编织物的长度。此外，需要注意的是，经过两个步骤后，纱线的排列阵列虽然相同，但是所对应的编织纱已经改变了各自位置。通过对纱线路径的分析可以看出，当编织纱在经过同样若干步循环后才会回到原来的位置，如图 5-13 所示。

圆形截面（管状）编织物与矩形相似，根据轴向纱的排列方式，一般称为［m，n］圆形（管状）编织。同心圆的数目是 m，通常是奇数。此外，每个同心圆上的轴向纱数相同，即 n，通常为偶数。图 5-12 中的编织应称为［3，24］圆形编织。

对于［m，n］圆形编织，轴向纱（N_{ar}）和编织纱（N_{br}）的数量可以通过下式计算得出：

轴向纱的数量：$N_{ac} = m \cdot n$

编织纱的数量：$N_{bc} = n$

［m，n］编织数量：$N_{yc} = m \cdot n + n$

式中，N_{yc} 为纱线总数。

二、三维二步法编织物纱线空间结构

虽然三维二步法编织工艺以两个连续步骤循环往复进行织造，但其内部纱线并非与机织或者针织结构一样始终保持固定位置，因此其内部纱线结构更为复杂。本节将详细介绍矩形截面二步法编织物内纱线的空间结构。

矩形截面三维二步法编织物的表面纱线结构如图 5-14 所示，其中 h 和 α 分别代表花节长度和编织角。花节长度 h 一般代表编织物在一个编织周期内（即两步循环）的长度。编织角 α 为编织物表面的编织纱与轴向纱之间的夹角。花节长度和编织角是影响编织物基本性能的两个重要因素。

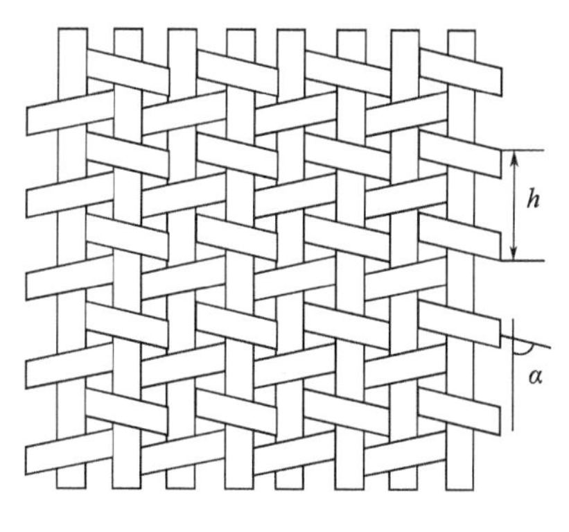

图 5-14　矩形截面三维二步法编织物表面纱线结构

为了更容易理解，以［2，6］矩形编织物为例，图 5-15 和图 5-16 为其横截面和表面结构示意图。从横截面示意图可以看出，当一根编织纱从原先位置经历若干循环后才能回到原先位置，如图中编织纱 s 在经历 1—2—3—4—5—6—1 的路径后才会回来，期间在每两根轴向纱的间隔内，连续地出现在横截面的顶面和底面位置，整个过程称为一个编织纱的基本结构循环。这种编织纱的循环在整个编织物上的表面结构如图 5-16 所示，其中纵向白色条带代表轴向纱，倾斜的不同花色条带代表编织纱。从图中可以看出，同一根编织纱在纵向方向经历四个花节长度后才会在同样位置出现，而一个编织纱循环具体为多少个花节长度，要视该编织物排纱情况而定。通过上述描述可知，二步法编织物中纱线结构受排纱数量的直接影响，而这与其他三维纺织结构有很大不同。

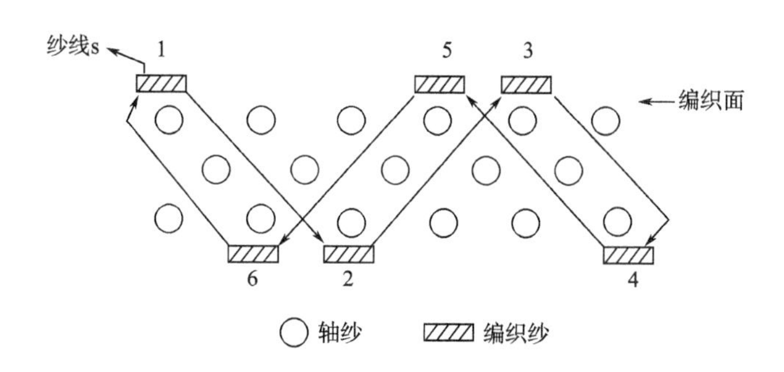

图 5-15　［2，6］矩形编织物横截面示意图

三维二步法编织物作为复合材料十分重要的增强体结构，其纱线截面形状对其性能有着十分重要的影响。通常织物中纱线的横截面被认为是圆形的，然而，研究表明，即使是高度加捻的纱线，其横截面也明显偏离圆形，不同类型织物的纱线横截面也有很大的差异。由于二步法编织物内纱线成空间交织状态，在周围纱线的挤压下，中心区域的轴向纱呈菱形，外部区域的轴向纱呈半圆形半菱形截面状，如图 5-17 所示。

轴向纱的横截面长宽比 f_a 定义为：

$$f_a = \frac{a}{b} = \tan\theta$$

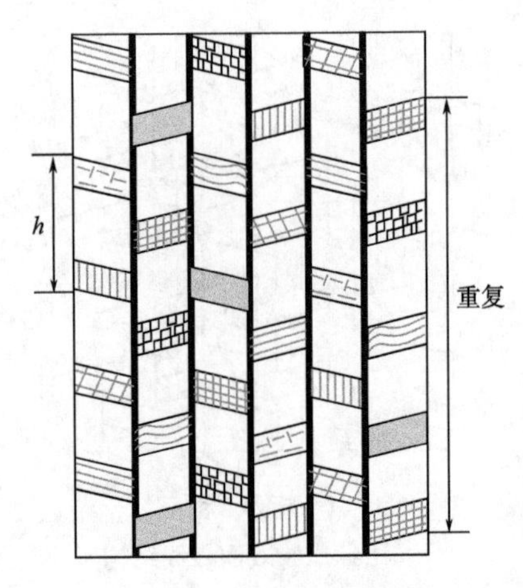

图 5-16 [2, 6] 矩形编织物表面结构示意图

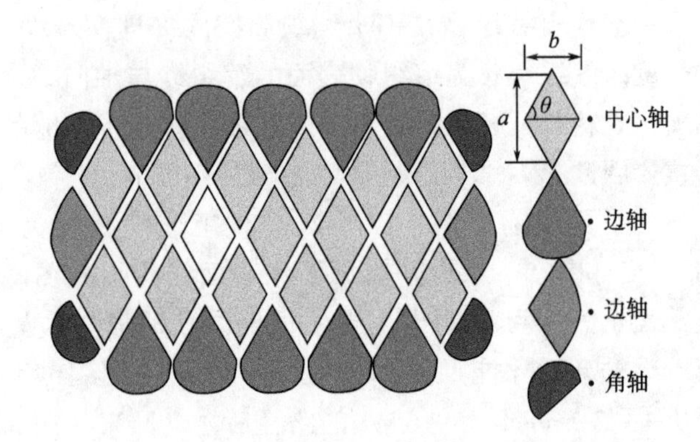

图 5-17 三维二步法编织物横截面纱线分布

式中，θ 为单位轴向长宽比。当 θ 为 45°时，中心轴向纱的截面呈正方形。f_a 受编织纱张力和编织过程中施加外部横向压力影响。当该类织物制备成复合材料后，轴向纱的长宽比也会受到固化过程中模具挤压的影响而改变。纱线长宽比会影响最终编织物的形状、编织角 α 以及整个复合材料的纤维体积分数 V_f。

三、二步法编织物基本结构单元

三维二步法编织物中的编织循环受排纱情况影响，不同二步法编织物中的编织循环都不一样，这就造成其内部结构各种各样，很难以一种编织物结构代表其他编织物，进而造成对其内部结构分析和理解的困难。但由于二步法编织步骤具有一定规律，每个编织循环中两个步骤纱线移动方式一致，因此在二步法编织物一个花节长度内，其纱线结构是一致的。通过对一个花节长度内纱线规律进行分析可以提取出一个基本结构循环，即一个单胞结构。

单胞构成了结构中最小的重复实体，要确定编织物的结构单胞，首先需要了解纱线在该单胞区域内的空间排列。图 5-18（a）显示了在一个花节长度内，投影到横截面上（*YZ* 平面）的所有纱线（轴向纱和编织纱）排列方式，实线和虚线分别表示二步法中步骤 1 和步骤 2 的编织纱。根据轴向纱的位置，编织纱在织物长度方向上（*X* 轴）是不同的。因此，如图 5-18（b）所示，二步法编织物可以分为四种类型的单胞。单胞 1 位于织物横截面的中间位置，单胞 2 在织物横截面的顶部和底部位置，单胞 3 和 4 分别位于织物两侧面和四个角。

从图 5-18 可知，四类单胞的尺寸取决于轴向纱的横截面积，编织纱围绕单胞表面，其空间排列如图 5-19 所示。编织纱线或纱线段在每个单胞中的取向是相同的，它们以螺旋路径缠绕在轴向纱上。为便于理解单胞 2、3 和 4 中的编织纱在给定平面上的位置，在立体视图右侧将给定平面以轴向为基准进行横向展开。

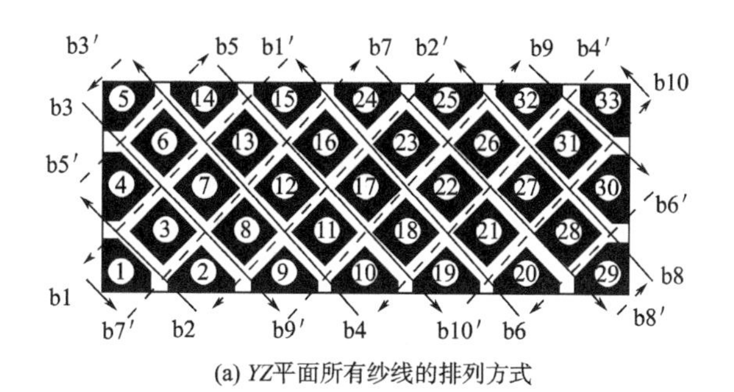

(a) YZ平面所有纱线的排列方式

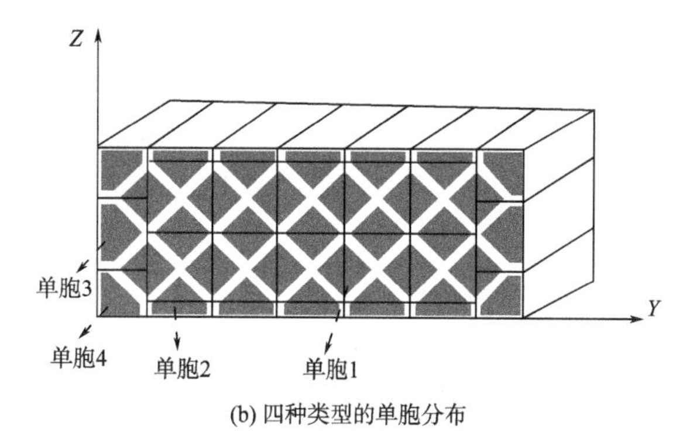

(b) 四种类型的单胞分布

图 5-18　三维二步法矩形编织单胞分布

在确定单胞结构后，就可以通过每种单胞内的编织纱倾斜角对整个单胞内纱线参数进行评估，进而获取结构参数。二步法编织物中编织角虽然是由一根纱线穿过几个花节长度而获得的平均值，但它并不能代表编织纱在织物内部所有的角度变化。因此，需要对每个单胞中的纱线倾斜角度进行计算。此外，还应该考虑在两步法编织物中投影到织物横截面上的编织纱的长度。在单胞 1 中，编织纱穿过整个织物的厚度。对于单位花节长度的［m，n］型纱线排列，纱线相对于单胞 1 的投影长度由纱线 b4 和 b2′表示［图 5-18、5-19（a）］。长度为：

$$L_1 = 8S_m + 4S_n + 2S_a(n+1) + 2(n+3)S_b$$

由于单胞 2 的编织角与单胞 1 的编织角相同，因此不需要计算长度。对于单胞 3，假设图 5-19（c）中平面 1、2 和 3 上的编织角与平面 4 和 5 上的相同。因此，单胞 3 的纱线投影长度由纱线 b2 和 b5′的长度表示［图 5-18（a）］，长度为：

$$L_3 = 6(S_m + S_n) + 2S_a(n-2) + 2nS_b$$

同样，单胞 4 的纱线投影长度由图 5-18（a）中的纱线长度 b1 和 b′给出：

$$L_4 = 4(S_m + S_n) + S_a(2n-3) + 2nS_b$$

当 $\theta_1 = \theta_2$，根据投射到织物横截面上的编织纱的花节长度和纱线长度，每个单胞编织角可以计算为：

$$\theta_i = \arctan(L_i/h)\ (i = 1, \cdots, 4)$$

通过考虑相同类型的所有单胞，可以得到平均编织角 θ_{av}。每种类型的单胞的数量可以推

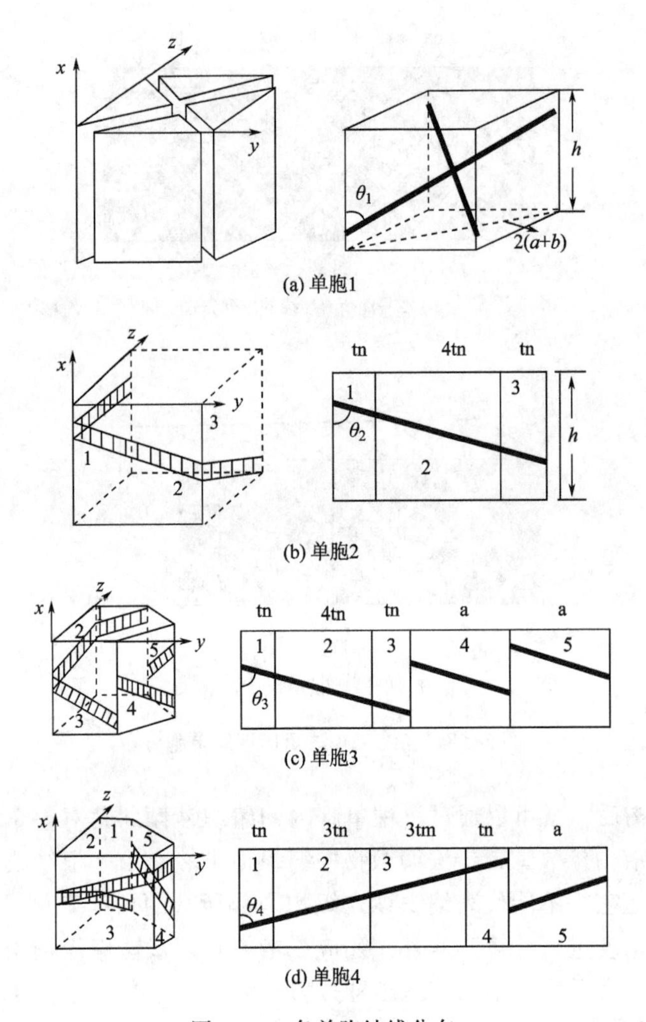

图 5-19　各单胞纱线分布

广到 $m \times n$ 纱线排列。在单位花节长度 h 中，类型 {1}、{2}、{3} 和（4）的单胞数量分别为（$m-2$）($n-1$)、$2(m-2)$、$2(n-2)$ 和 4。

因此，平均角度为：

$$\theta_{av} = \frac{1}{(mn + m - 2)}(m - 2)(n - 1)\theta_1 + 2(m - 2)\theta_2 + 2(n - 2)\theta_3 + 4\theta_4$$

第三节　三维四步法编织

四步法编织是三维编织技术的另一个重要分支，也被称为笛卡尔或纵横步进编织。该织物内所有纱线在空间中相互交织形成空间网状结构，具有极高的外形结构和力学性质可设计性，理论上可以织造出任意厚度、特殊截面甚至变截面异形件。在此基础上进行复合处理所制备的复合材料具有近净成形、整体结构稳定、抗分层、抗剪切性能优良等特点，在工程领域有极大应用潜力。

自 20 世纪 60 年代末以来，相关学者提出了许多三维编织的概念，而四步法编织技术的提出要比两步法更早。在 1969 年，Bluck 提出一类可进行高速编织的四步法编织工艺，并率先获得三维编织专利。1971 年，Stover 等人开发了一种名为 Onmiweave 的三维编织工艺，并将这种技术用于碳/碳增强复合材料。作为 GE 集团的一员，Florentine 在 1982 年申请了 Maignaweave 仪器的专利，并开始完善四步法的概念，并搭建了一个样机论证四步法的可行性。样机由 21 行和 21 列的气压缸组成，通过控制装置驱动气压缸，交替为行和列气缸提供动力。机床上的插槽可以容纳直径为 3.8cm 的携纱器，由于携纱器限制，导致最终织物的生产长度有限。此后，大西洋研究公司建造了一个更大的四步法编织设备，该机器由 64 个滑轨组成，每个滑轨有 194 个插槽。对于最简单的 1×1 矩形编织图案，其最多可以编织 12221 根纤维束。在自动化方面，Florentine 开发出一种由计算机控制的全自动四步法编织机，该设备使用可连续供应纱线的携纱器，实现三维四步法编织物连续织造。

在三维四步法编织物及其复合材料性能研究方面。Ko 和 Pastore 首次研究工艺/结构/性能之间的关系。在研究一个单元纱段中，提出三维编织复合材料的几何模型，并采用平均余弦的概念来讨论纤维取向对三维编织复合材料拉伸模量和强度的影响。Ma、Yang 和 Chou 提出了互锁单元模型和纤维倾角模型，用来表征四步法三维编织的微观结构和预测复合材料的弹性特性。然而并没有对织物和复合材料的微观结构进行进一步研究，结构中纱线的几何形状取决于交织和压实的方式。

一、四步法编织工艺

在四步法编织过程中，纱线按所织织物横截面形状进行排纱，纱线垂直悬挂于编织平台以行列形式进行排纱，排纱阵列形状与所织织物横截面形状一致。在一个基本循环周期中，携纱器带动纱线按照四种不同的预定路径移动，纱线间实现相互交织缠绕，形成编织物。由于纱线在机器上排纱的形式经过四个运动步骤后恢复初始状态，即四个步骤形成一循环，故称四步法编织。

四步法编织物中的纱线同样分为两种：轴向纱和编织纱。在织物横截面结构中，轴向纱和编织纱呈阵列排列。编织纱沿四个方向移动，将轴向纱交织在一起，使它们保持所需的形状。与两步法编织不同，四步法编织在排纱时可以不含有轴向纱。也就是说只对编织纱按照所需截面形状进行排纱后织造。一般将只含有编织纱线进行织造的四步法编织物称为四向编织物，这是由于只有编织纱的四步法编织物内部纱线只有四种空间取向。而编织纱和轴向纱共同参与编织的四步法编织物中由于多了轴向方向的纱线，因此被称为五向编织物。三维四步法编织物存在对称、交织的结构，具有优异的抗剪切性和韧性。相较于四向编织物，五向或多向编织物因其轴向纱的存在，使该类编织物具有更高的轴向强度与织物模量，同时泊松比效应更为微弱。

三维四步法编织机由平面型机台、织物卷绕装置、携纱器和底盘机架组成，如图 5-20 所示。主轴通过气动千斤顶驱动。在预定的步骤下，按照预定的距离，携纱器在交替排列的行

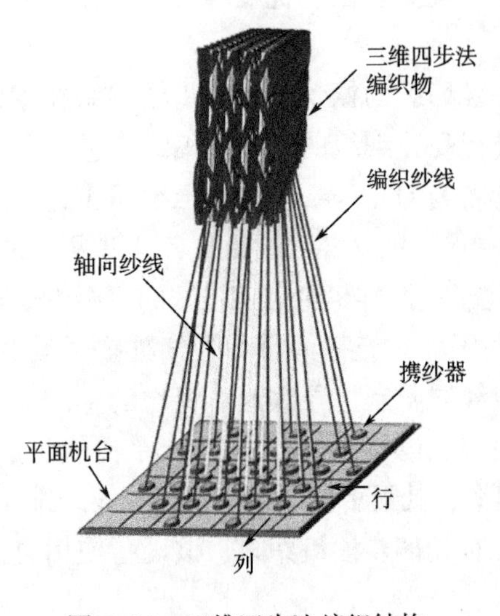

图 5-20 三维四步法编织结构

(或列）移动，编织纱按照预定的路径引入织物的层间结构并相互交织缠绕。整个编织过程中所需考虑的因素包括：①携纱器在行与列方向上的移动距离；②编织角；③纱线的性质和类型。

目前三维四步法编织工艺主要受其设备结构限制，相较于传统纺织工艺，其生产效率和织物长度有一定不足，但其织物形状、尺寸变化等方面可以随意调整。根据设备配置和产品形状，四步法编织物可以织造出多种横截面形状甚至变截面的织物。与三维二步法编织物类似，其横截面的基本形状可分为矩形和圆形（管状）编织。矩形编织主要用于制备直角结构的织物，在此基础上，将矩形进行变化连接，可编织出 L 形、T 形梁、工字形等复杂形状的零件。圆形（管状）编织可用于织造出圆形乃至衍生的管状和锥形横截面织物。

1. 矩形截面编织过程及相关参数

矩形截面的四步法编织物可以是全部用编织纱相互缠绕交织形成的四向编织结构，也可以是由编织纱和轴向纱共同编织形成的五向编织结构。两类矩形横截面的四步法编织物的排纱规律如图 5-21 所示，白色圆点代表轴向纱的挂纱位置，黑色圆点代表编织纱的携纱器，均是以行列形式形成阵列排布，外部纱线间隔排列，每个间隔处只能有一根编织纱排列，并且编织纱不能连续出现在同一侧。

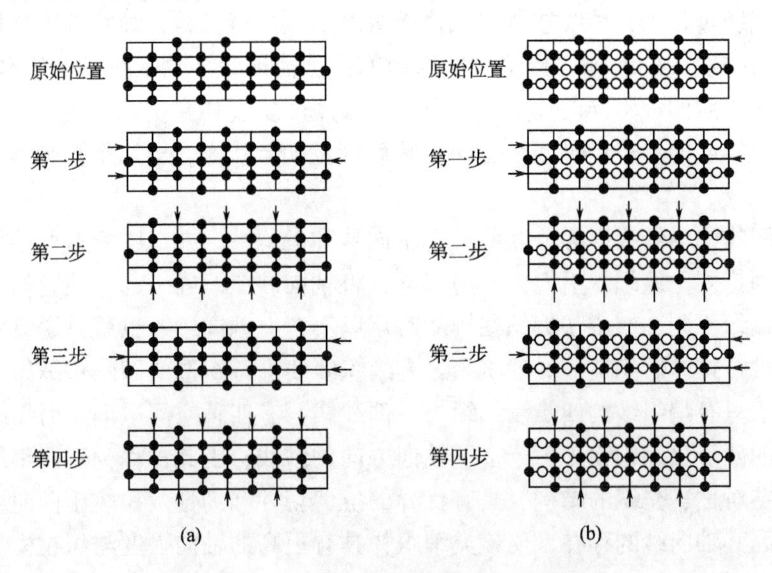

图 5-21 三维四步法矩形编织工艺步骤

两种结构的四步法编织工艺基本相同，主要通过移动携纱器带动编织纱进行交织来实现编织过程，携纱器沿纱线排布所在行和列的方向进行交叉移动，并在随后的步骤中反向移动回来。在五向编织结构中，轴向纱在整个编织过程中保持相对静止。具体步骤如下。

第一步中将携带编织纱的携纱器沿横向方向移动，保证隔行运动方向一致，即连续两行携纱器的运动方向相反，形成反向交叉运动。此外，由于排纱时外部纱线是间隔排列，因此第一步推动方向是由存在外部纱线一侧往另一侧推动。以图5-21为例，从初始状态到第一步完成后纱线排布情况对比可以看出，第一步是将第一行携纱器由左向右移动，第二行则由右向左移动，第三行与第一行运动方向一致。

第二步是将携纱器沿纵向方向移动，保证隔列移动方向一致，连续两列运动方向相反，形成反向交叉运动。同样以图5-21为例，从第一步到第二步完成后纱线排布情况对比可以看出，第二步是将左侧起始的第一列携纱器由下向上移动，第二列则由上向下移动，第三列与第一列运动方向一致，第四列与第二列方向一致，以此类推。

第三步与第一步基本类似，只是每行携纱器在横向运动时与第一步方向相反。

第四步与第二步基本类似，该步骤中每列携纱器在纵向运动时与第二步方向相反。

上述四步形成一个基本编织循环，完成后继续这四个步的循环，往复进行编织直至织物达到所需要的长度。每经历一次四步运动，织物表面就会形成一个编织花节，在织物长度中也被称为一个花节长度，用 h 表示。由于纱线在上述步骤中交叉移动，四步运动使得纱线间相互交织缠绕形成编织结构，为保证织物整体结构更加紧凑，还有一个打紧步骤。该步骤可按每四步循环后进行一次操作，也可根据实际情况多次操作，可以在一定程度上影响四步法编织物的编织角或花节长度。

矩形横截面的四向编织一般被称为［m，n］或 $m\times n$ 矩形编织，m 和 n 分别为主要区域中行和列的纱线数量，这其中外部一圈间隔排布的纱线被称为外部区域，而主要区域则是指除去外部一圈间隔排纱后所形成完整矩形阵列的排布区域。依照传统命名方式，图5-21（a）中的四向编织被称为［3，7］编织。

对于［m，n］矩形编织，纱线数量可以通过下式计算得出：

$$N_{4dr}=m\cdot n+m+n=(m+1)\cdot(n+1)-1$$

式中，N_{4dr} 为编织纱的总数。

其中，主要区域和外部区域的纱线数量分别以 N_m 和 N_o 表示。

$$N_m=m\cdot n-m-n$$

$$N_o=2\cdot(m+n)$$

N_m 和 N_o 在所有纱线中所占的百分比，即 C_m 和 C_o，也是反映矩形编织结构的重要参数，可以通过下式计算获得：

$$C_m+C_o=1$$

$$C_m=N_m/N_{4dr}=m\cdot n-m-n/(m+1)\cdot(n+1)-1$$

$$C_o=N_o/N_{4dr}=2\cdot(m+n)/(m+1)\cdot(n+1)-1$$

根据形状因素 $q=\dfrac{m\cdot n}{m+n}$，上式可转换为：

$$C_m = \frac{q-1}{q+1}$$

$$C_o = \frac{2}{q+1}$$

m 和 n 越来越接近，横截面越来越接近正方形，C_m 和 q 越来越大。

对于五向编织物，在描述编织纱排布情况的同时，还需要对轴向纱排布情况进行描述。由于轴向纱可以根据实际需求选择性加入，表述较为复杂，这里以满排轴向纱为例。一般矩形截面五向编织用 $[m, n+n_a]$ 来表述。m 和 n 分别为主要区域中编织纱的行列数量，n_a 是主要部分轴向纱的列数。因此，图 5-21（b）中的五向编织可以称为［3，7+6］编织。此外，满排轴向纱的五向编织物中，编织纱列数和轴向纱列存在如下关系：

$$n = n_a + 1。$$

轴向纱 N_{ar} 和编织纱 N_{br} 的数量可以分别通过下式计算获得：

轴向纱数：

$$N_{ar} = m \cdot (n_a + 1)$$

$$N_{ar}^f = m \cdot n \text{（满排轴向纱的情况下）}$$

编织纱数：

$$N_{br} = m \cdot n + m + n = (m+1) \cdot (n+1) - 1$$

纱线总数：

$$N_{5dr} = N_{ar} + N_{br} = m \cdot n_a + m \cdot n + 2m + n$$

$$N_{5dr}^f = 2m \cdot n + m + n \text{（满排轴向纱的情况下）}$$

从二步法编织部分的介绍中可知，编织纱每一步都要穿过整个织物的横截面，其所移动的距离基本不变。然而在四步法编织过程中，编织纱每次移动的距离是可以改变的。因此，也可以通过每个步骤中的纱线移动距离来描述四步法编织过程。在图 5-21 所示的编织过程中，纱线横向运动时只移动一个纱线的位置，纱线纵向运动时也只移动一个纱线的位置，所以称为 1×1 式样。此式样简单、应用广泛，以下讨论的四步法编织过程均以此为代表进行描述。除了 1×1 式样之外，还可以有 1×3、2×3、3×1 等式样，其中第一个数字代表在第一步和第三步中每次纱线移动的纱线位置数，第二个数字代表在第二步和第四步中纱线移动的纱线位置数。不同的纱线运动模式会产生不同结构的编织物，进而影响织物性能。

图 5-22 是四向编织物纱线在四步运动后横截面位置变化情况。从图中可以看出，在四个步骤完成后，纱线排布和初始状态一致，但纱线所在位置发生了变化，需要经过若干次编织循环后回到原来位置。图 5-23 为四向编织物中一个纱线的纱线路径图，也进一步看出同一根编织纱线既可以出现在编织物内部，也可以出现在织物表面。按照编织纱线的运动规律进行分类，将具有相同空间分布的编织纱归为一组。通过 m 和 n 来计算组数，则编织纱组数 G：

$$G = \frac{m \cdot n}{\text{LCM}(m \text{ 和 } n)}$$

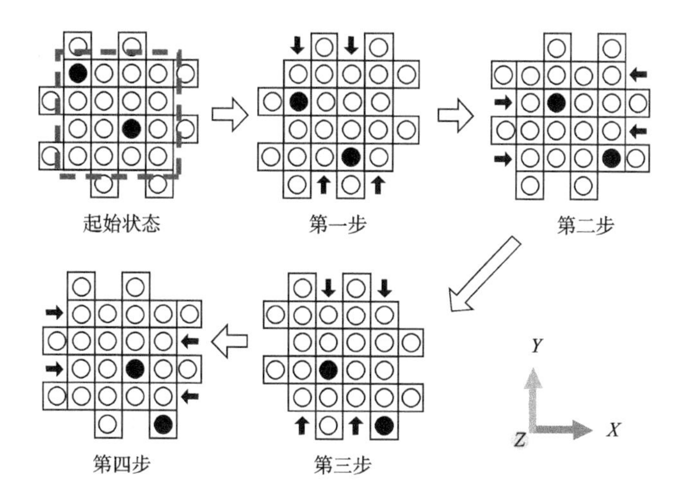

图 5-22 四步法编织后纱线在横截面位置变化情况

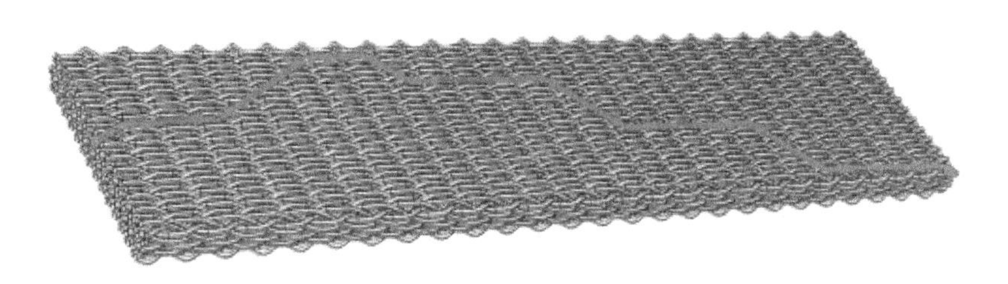

图 5-23 三维四步法矩形编织纱线空间规律

2. 圆形截面编织过程及相关参数

与二步法编织相同，圆形（管状）横截面的四步法编织也是在圆机上进行，同样可以织造四向编织物和五向编织物，如图 5-24 所示。在编织前要进行排纱，主体部分纱线沿径向对齐，并以不同层数的同心圆形式排列，层数由所需织物厚度决定。在外部区域，纱线在同心圆两侧排列。无论是内侧还是外侧，每处排纱只能有一根编织纱排列，并且编织纱不能连续出现在同一侧。现对于矩形编织的行列移动方向，圆形编织纱移动路径为圆周向和径向。在排纱时，同心圆阵列正中位置可以增加芯模，在编织纱张力的影响下，织物的横截面形状可以随着芯模的形状变化而变化。如果芯模为圆柱形，则编织后形成的织物为中空管状织物；如果芯轴为圆锥形，则织物横截面形状会随之变化，形成圆锥形编织物。

图 5-25 为圆形横截面四向编织工艺中编织纱排纱及携纱器运动规律。每个编织循环包括四个运动步骤，具体步骤如下。

第一步为径向运动，相邻径向列的携纱器编织移动方向相反，形成间隔交叉。即一个径向列携纱器由外向圆心方向移动，其相邻两侧径向列携纱器则由圆心向外移动，其径向列携纱器起始方向由外部区域排纱情况决定。一般最外侧同心圆由排纱的径向列由外向内移动。

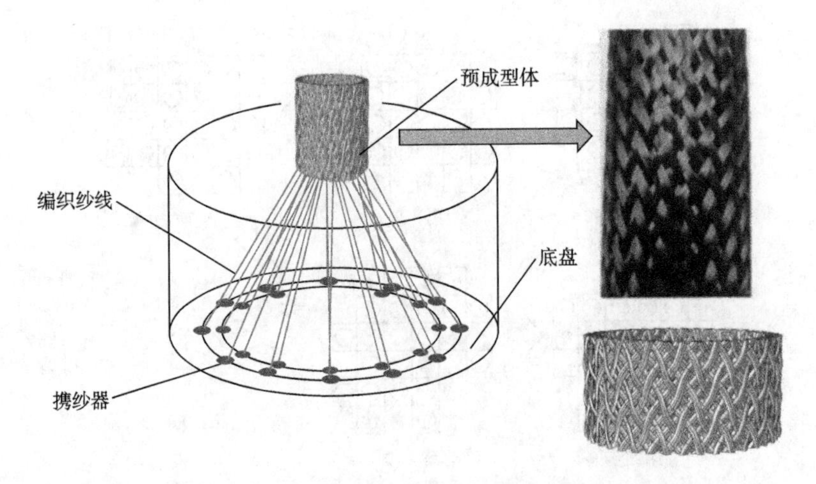

图 5-24　三维四步法圆形编织机构及织物示意图

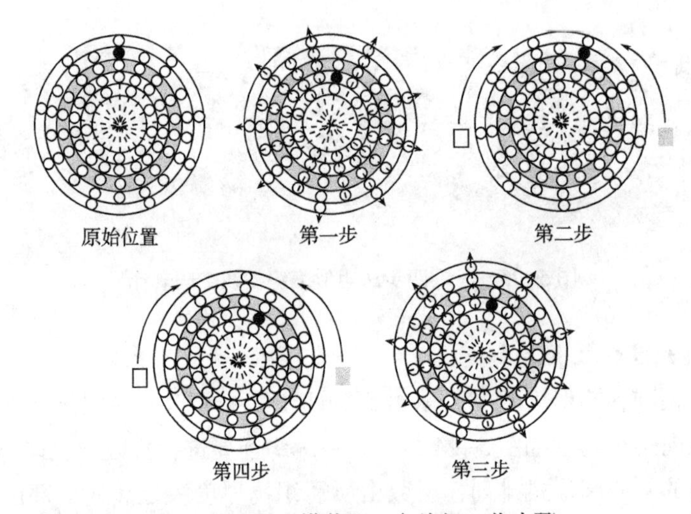

图 5-25　圆形横截面四向编织工艺步骤

第二步为圆周向运动，即各同心圆上携纱器以顺时针或逆时针方向沿圆周移动，相邻同心圆的携纱器运动方向相反，形成间隔交叉。

第三步为径向运动，但每个径向列携纱器移动方向与第一步方向相反。

第四步为圆周向运动，同心圆上携纱器移动方向与第二步方向相反。

以上四个步骤为一个编织循环。其中编织角为织物表面纱线与织物织造方向的夹角，其大小同样可以通过打紧步骤进行控制。

与矩形横截面四向编织物一样，圆形（管状）横截面四向编织物同样用［m，n］或 $m \times n$ 表示，其中 m 为主要区域中的同心圆数量，n 为同心圆上编织纱的数量。此外，n 的数量必须为偶数，以此来确保编织纱线相互交替的径向运动。

圆形（管状）横截面四向编织物的纱线总量 N_{4dc} 可以通过下式进行计算：

$$N_{4dc} = n \cdot (m + 1)$$

同样，圆形（管状）横截面四向编织物中纱线需要经历若干步骤后才能回到初始位置，一般将具有相同空间分布的纱线归为一组。对于一个［m，n］圆形横截面四向编织物，其相同路径的纱线组 G 数量可由下式计算获得：

$$G = \frac{2m \cdot n}{\mathrm{LCM}(2m \text{ 和 } n)}$$

图 5-26 为圆形（管状）横截面五向编织工艺中编织纱排纱及携纱器运动规律，白色代表轴向纱，黑色代表编织纱。与矩形截面一样，五向编织物有两组纱线，即轴向纱和编织纱。在排纱步骤时，将轴向纱与编织纱按径向列间隔排布成同心圆阵列。整个编织规律与四向编织相同，通过四个径向和圆周向运动步骤完成一个编织循环，轴向纱基本不参与运动。

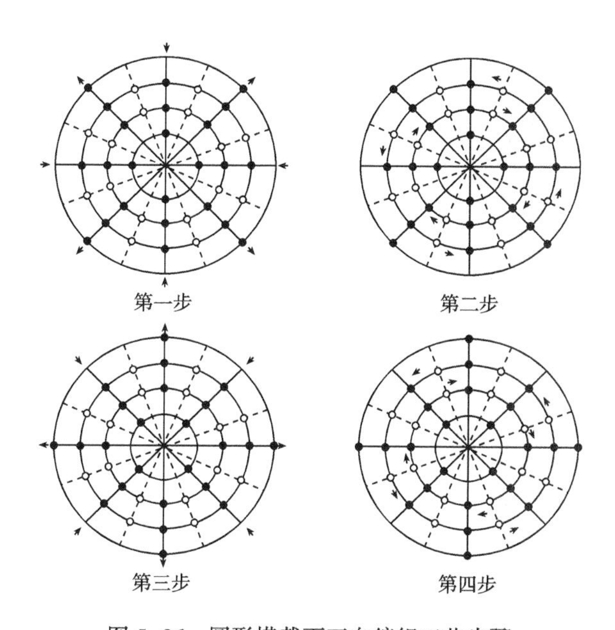

图 5-26　圆形横截面五向编织工艺步骤

圆形（管状）横截面五向织物一般用［m，$n + n_a$］进行表示，其中 m 为主要区域中的同心圆数量，n 为同心圆上编织纱的数量，n_a 为同心圆上轴向纱的数量，n 和 n_a 的数量必须为偶数。此外，轴向纱可以根据实际需求进行选择性排纱，一般满排状态下，同心圆中编织纱与轴向纱数量一样。

轴向纱 N_{ac} 和编织纱 N_{bc} 的数量可以用下式计算：

轴向纱的数量：

$$N_{ac} = m \cdot n_a$$

$$N_{ac}^{f} = m \cdot n \text{（满排轴向纱的情况下）}$$

编织纱的数量：

$$N_{bc} = n \cdot (m + 1)$$

总纱线数量：

$$N_{5dc} = N_{ac} + N_{bc} = m \cdot n_a + m \cdot n + n$$

$$N_{5dc}^{f} = 2m \cdot n + n\text{（满排轴向纱的情况下）}$$

二、三维四步法编织物内纱线结构

虽然同样被称为三维多步编织，四步法编织物由于编织过程中携纱器运动轨迹和距离的差异，其内部纱线空间结构与上文所述二步法编织物完全不一样。本节以矩形截面四步法编织物为例，对其内纱线的空间结构进行介绍。

矩形截面三维四步法编织物的表面纱线结构如图5-27所示，其中h是一个四步编织循环周后所形成编织花节的长度，α为表面编织纱线与织物方向的夹角，通常称为编织角。两个参数对表征四步法编织物的结构至关重要，甚至会影响内部编织角度、纤维体积含量V_f以及织物在不同方向上的力学性能。

图5-27　矩形截面四步法编织物表面纱线结构

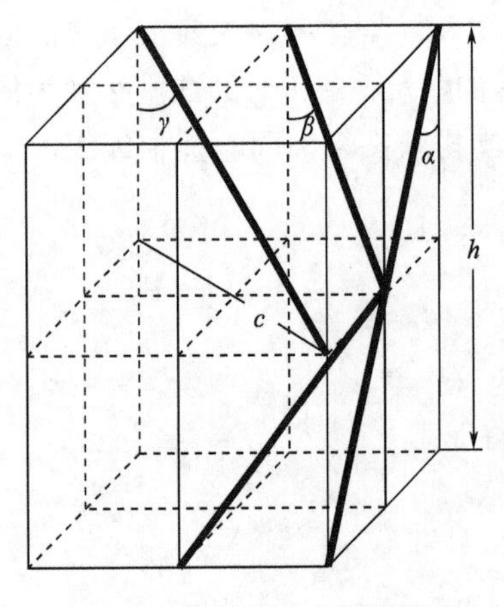

图5-28　纱线方向角空间关系

四步法编织物中的编织纱在整个编织过程中随携纱器移动会出现在织物内部和外部，因此，编织纱在内外不同位置与织物织造方向（轴向）的夹角也不一样，需要多种纱线方向角来描述纱线内部及外部取向，一般选用表面编织角α、表面纱方向角β和内部纱方向角γ来分别表示。为了更好地表示出各纱线方向角的关系，将编织纱简化为直线，则上述三种纱线方向角的关系可以很清楚地从图5-28中看出。其中，表面编织角α是表面方向角β在编织物表面上的投影。此外，从横截面投影方向看，表面编织纱在一个编织循环后移动的距离比内部编织纱移动距离短，表面方向角β小于内部纱方向角γ。

根据三种纱线取向角之间的几何关系，矩形织物的表面编织角α、表面纱线取向角β和内部纱线取向角γ可以表示为：

$$2\sqrt{2}\tan\alpha = 2\tan\beta = \tan\gamma$$

图 5-29 为一种四步法矩形横截面编织物内部结构简化模型图，图中显示了以 45°角在织物表面纵向切割的横截面。由于结构对称性质，横截面 *ABCD* 和 *CDEF* 相同，这表明内部结构的纱线在四个方向（四向编织结构）上倾斜。如果沿 *Z* 轴添加轴向纱，则会形成五向编织结构。其中，两个方向平行于 *X—Z* 平面，另外两个方向平行于 *Y—Z* 平面。该图还显示出在结构中沿相同方向倾斜的纱线，此类纱线形成层并交替堆积在平行平面中沿共轭方向倾斜的纱线。所有方向倾斜的编织取向角相同，并表示为 γ，计算式如下：

$$\tan\gamma = \frac{2c}{h} = \frac{4d}{h}$$

其中，c 是相邻两层纱线的距离，d 是纱线的直径，假定纱线的横截面为圆形。

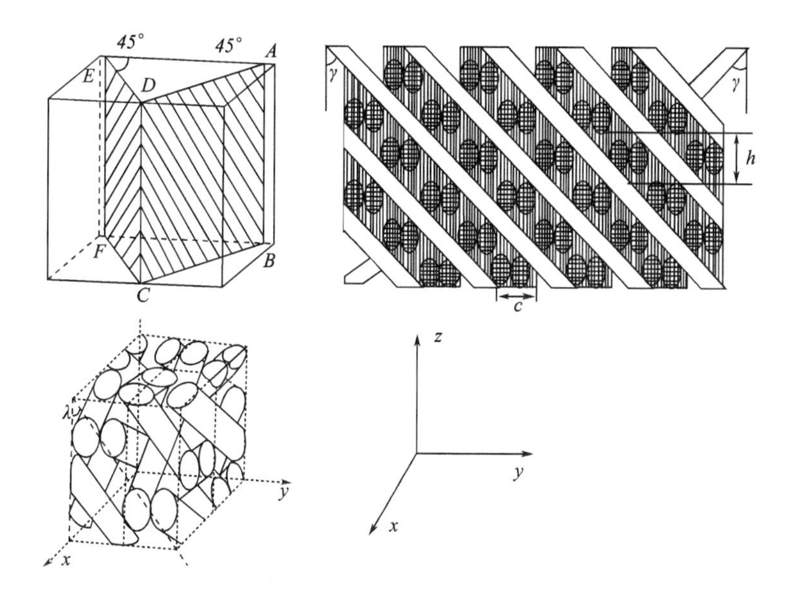

图 5-29 四步法矩形横截面编织物内部结构简化模型

由上式可知，角度 γ 与两个相邻纱层的紧度密切相关。

$$h = \frac{2d}{\tan\gamma}\sqrt{2 + \tan^2\gamma}$$

横截面 *ABCD* 和 *CDEF* 之间的角度为 90°，两个横截面中的角度 γ 分别由下式表示：

$$\gamma_{\mathrm{ABCD}} = \mathrm{Arctan}\,\frac{4d}{h}$$

$$\gamma_{\mathrm{CDEF}} = \mathrm{Arctan}\sqrt{\frac{8}{\left(\frac{h}{d}\right)^2 - 4}}$$

当上述两个角度相同时，编织结构最紧密。最小花节长度 $h_{\min} = 2\sqrt{2}d \approx 2.8$，最大编织

角为 $\gamma_{max} \approx 55°$。

结果表明，沿相同方向取向的纱线形成了以 45°角向织物侧面倾斜的层。相邻层彼此约束以满足约束要求。具有 k 根纱线的矩形织物的宽度 W_k 为：

$$W_k = d \cdot (\sqrt{2}k + 1)$$

由图 5-29 可以得到矩形织物的单位体积 U 和单位纱线的总体积 Y：

$$U = h^3 \tan^2\gamma$$

$$Y = \frac{8\pi \cdot (d/2)^2 \cdot h}{\cos^2\gamma}$$

四步法编织物的纱线体积分数由总纱线体积除以包含这些纱线结构的体积来确定。然后可以通过将纱线的体积分数乘以纤维堆积分数 ε 来获得纤维体积分数 V_f：

$$V_f = \frac{\pi \cdot \varepsilon}{8h} \cdot \sqrt{h^2 + 16d^2}$$

三、四步法编织物基本结构单元

由于四步法编织物中所有纱线均会相互交织，每根编织纱周期性地出现在织物内部和外部位置，很难用一个通用纱线空间结构代表整个编织物，如果仅仅基于内部结构进行分析，而忽略表面结构对整个四步法编织物的影响，则难以获得精确的结果，因此选用多个纱线代表单元（RUC）分区域对整个编织结构进行描述最为合理。

尽管四步法编织过程是通过携纱器带动编织纱线在行和列的方向实现位置转换（对于圆形编织则是在圆周方向和径向方向），纱线不会在一次四步编织循环后回到原来位置，但携纱器（编织纱）分布形态和初始排纱阵列是一致的，在每一个花节长度内，因连续的轮流互换位置而形成的织物内部就可以获得可重复的拓扑结构。从图 5-30 可以看出，在一个花节长度内，按纱线路径可以将纱线分为内部纱线结构和外部纱线结构，内部纱线结构可由内部纱线代表单元重复获得，而外部纱线结构也可划分出两种纱线代表单元，即面纱代表单元和角纱代表单元。

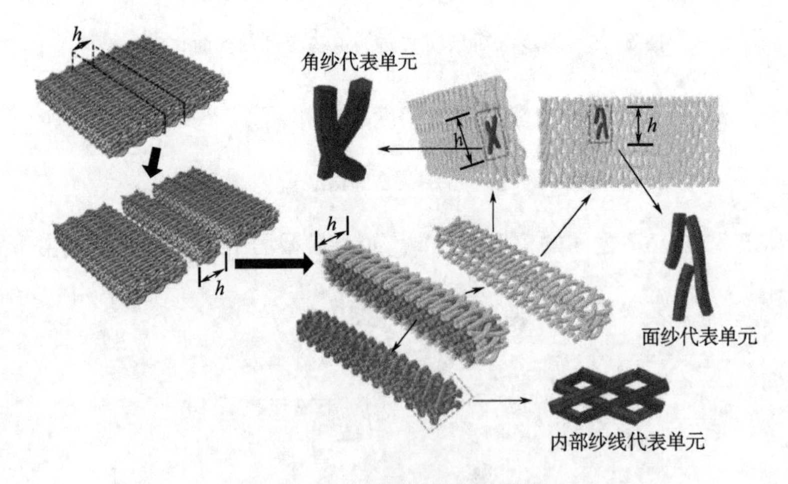

图 5-30　三维四步法编织结构

三种纱线代表单元（RUC）也被称为内单胞、面单胞和角单胞。三种单胞中不仅纱线结构不同，在整个编织结构中所占比例也不相同，对于一个矩形截面四向编织物，三种纱线代表单元在织物横截面分布区域如图 5-31 所示。

图 5-31 三维四步法编织代表单元分布

三种纱线代表单元所占比例不仅与编织结构中主要区域的纱线排列数量多少有关，还与纱线排列数量的奇偶情况相关。

以一个［m，n］矩形编织物为例，三种纱线代表单元的体积占织物总体积的比例可以根据下列三种情况进行计算获得。

（1）当 m 和 n 均为偶数时，纱线代表单元占整体结构的体积比为：

$$C_{\mathrm{I}}^{4}=\frac{2\cdot(m-1)\cdot(n-1)+2}{2m\cdot n+m+n}$$

$$C_{\mathrm{S}}^{4}=\frac{3\cdot(m+n-4)}{2m\cdot n+m+n}$$

$$C_{\mathrm{C}}^{4}=\frac{8}{2m\cdot n+m+n}$$

（2）当 m 或 n 为奇数时，纱线代表单元与整体结构的体积比为：

$$C_{\mathrm{I}}^{4}=\frac{2\cdot(m-1)\cdot(n-1)}{2m\cdot n+m+n}$$

$$C_{\mathrm{S}}^{4}=\frac{3\cdot(m+n-2)}{2m\cdot n+m+n}$$

$$C_{\mathrm{C}}^{4}=\frac{4}{2m\cdot n+m+n}$$

其中，C_{I}^{4}、C_{S}^{4} 和 C_{C}^{4} 分别是内部纱线代表单元、表纱代表单元和角纱代表单元的体积比。

对应纱线代表单元内纤维体积分数可计算如下：

$$V_{\mathrm{I}}^{4}=\frac{\pi\sqrt{3}}{8}\varepsilon$$

$$V_{\mathrm{S}}^{4}=\frac{\pi\sqrt{6}}{32}\left(1+3\frac{\cos\gamma}{\cos\theta}\right)\varepsilon$$

$$V_{\mathrm{C}}^{4}=\frac{3\sqrt{3}\cdot\pi}{4\ (1+2\sqrt{2})}\cdot\frac{\cos\gamma}{\cos\beta}\varepsilon$$

其中，V_I^4、V_S^4 和 V_C^4 分别为纤维的内部纱线代表单元、面纱代表单元和角纱代表单元的体积分数，ε 代表纤维填充系数。

总体纤维所占体积分数可由上述三个纱线代表单元的体积分数与体积比计算获得：

$$V_f^4=C_I^4V_I^4+C_S^4V_S^4+C_C^4V_C^4$$

对于每个纱线代表单元，其内部纱线均有其独特的结构特征。一般通过四步法编织运动规律可以获得纱线在织物中的路径，进而获得其拓扑结构，但打紧步骤会使得所有纱线空间结构更为紧凑，最终造成纱线结构变化。以内部纱线代表单元为例，在四步编织后，携纱器在空间中的运动轨迹如图 5-32（a）所示，在空间中呈现“之”字型；当打紧步骤后，纱线相互挤压绷直后，整根纱线由折线变为直线状态，如图 5-32（b）所示。

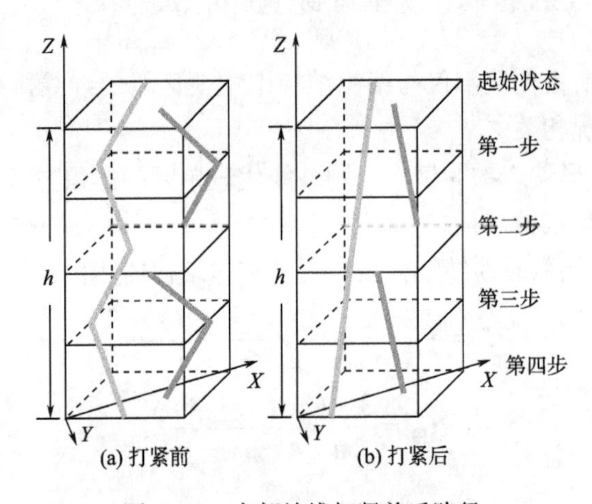

图 5-32　内部纱线打紧前后路径

与内部纱线代表单元中纱线挤压形态不同，面纱代表单元和角纱代表单元中纱线在打紧步骤后并未受到四周其他方向的纱线挤压，无法全部保持直线形态，而出现了部分弯曲和扭转，如图 5-33 和图 5-34 所示。

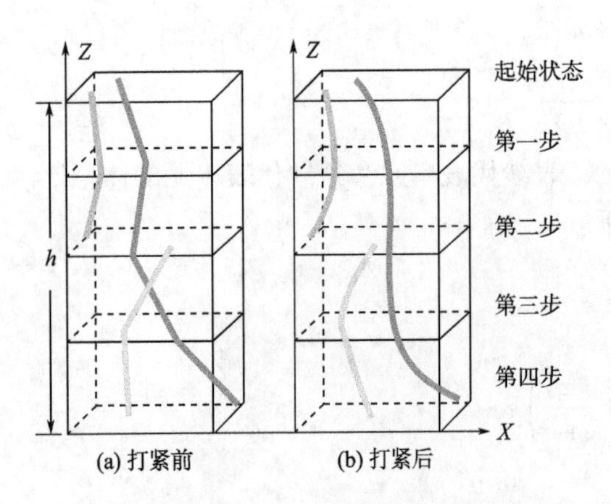

图 5-33　面纱单元内部纱线打紧前后路径

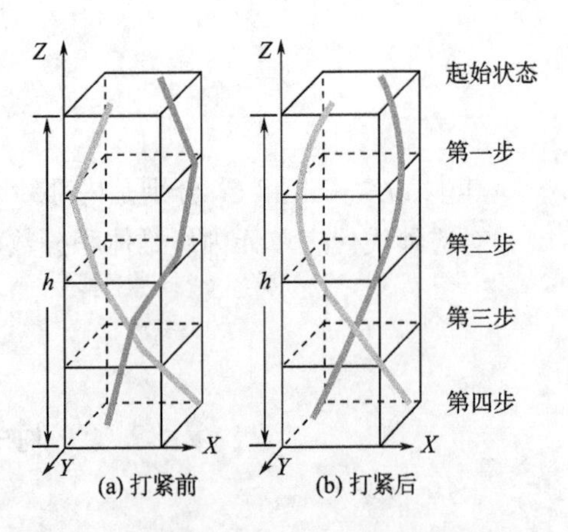

图 5-34　角纱单元内部纱线打紧前后路径

从以上分析可以看出，这三类纱线代表单元中纱线均有固定方向角，通过获得这些角度，便可以得到这三类单胞甚至整个编织结构的力学性能。图 5-35 为三类纱线代表单元在整体织物坐标系下纱线的取向角，内部纱线代表单元中所有纱线与 Z 轴的夹角称为内部纱线取向角；面纱代表单元和角纱代表单元中纱线与 Z 轴的夹角分别称为面纱取向角和角纱取向角。从以上分析可以看出，这三类纱线代表单元中纱线均有固定方向角，各角度之间的关系可用下式进行转换：

$$\tan\alpha=\frac{\sqrt{2}}{2}\tan\gamma=\frac{6\sqrt{2}}{\pi}\tan\theta=\frac{6\sqrt{2}}{\pi}\tan\beta$$

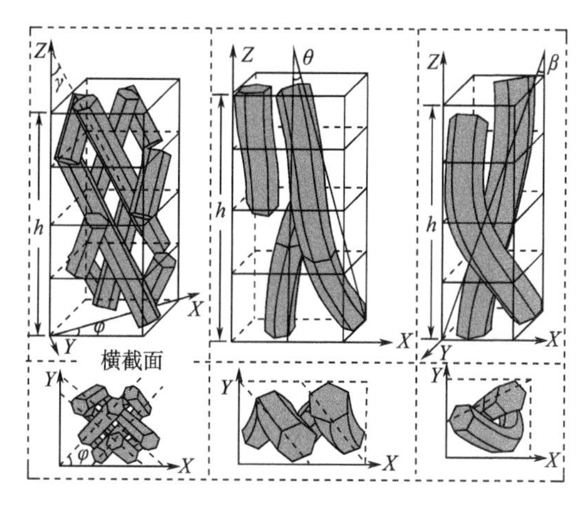

图 5-35 三维四向编织物三种单元内纱线取向角

其中，将 α 称为表面编织角，一般统称为编织角，并且 θ、β 和 γ 分别表示纱线在面纱取向角、角纱取向角和内部纱线取向角。

对于四步法五向编织物，同样可以使用三个纱线代表单元进行表示，如图 5-36 所示。

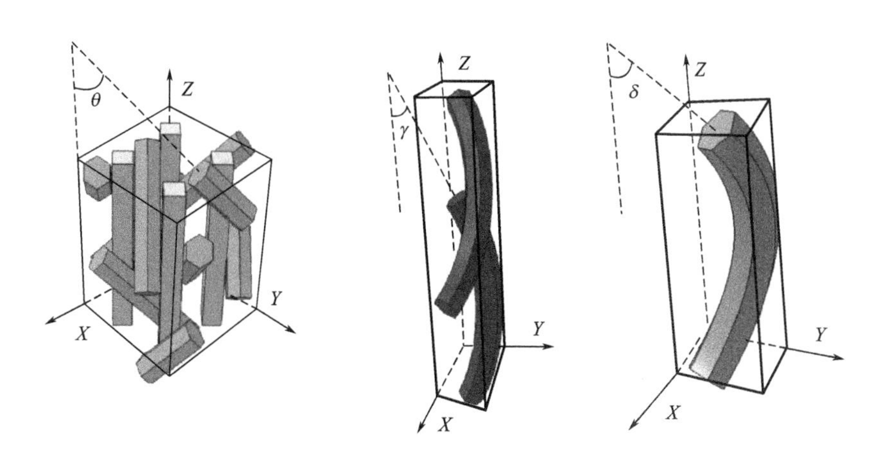

图 5-36 三维五向编织物三种单元内纱线取向角

利用三角函数得到内部纱线取向角 θ、面纱取向角 γ、角纱取向角 δ 和表面编织角 α 之间的关系式：$\tan\theta=\frac{1}{\sin\varphi}\tan\alpha=\frac{8}{\sqrt{7\sin^2\varphi+9}}\tan\gamma=4\tan\delta$

其中，φ 是纱线轴在 X—Y 平面上的投影与 X 轴之间的角度。

与四向编织物各纱线代表单元体积比及其内部纤维体积分数计算方式类似，对于五向编织物的总纤维体积可以通过下式获得：

$$V_f^5=C_I^5V_I^5+C_S^5V_S^5+C_C^5V_C^5$$

其中，C_I^5、C_S^5 和 C_C^5 分别表示内部纱线代表单元、面纱代表单元和角纱代表单元占整个结构的体积比例，相关计算式如下：

$$C_I^5=\frac{4(m-1)\cdot(n-1)}{(2m+1)\cdot(2n+1)}$$

$$C_S^5=\frac{6(m-1)\cdot 6(n-1)}{(2m+1)\cdot(2n+1)}$$

$$C_C^5=\frac{9}{(2m+1)\cdot(2n+1)}$$

此外，V_I^5、V_S^5 和 V_C^5 分别是内部纱线代表单元、面纱代表单元和角纱代表单元的纤维体积分数，ε 代表纤维填充系数，相关计算式如下：

$$V_I^5=\frac{1}{32}\cdot\left(\frac{1}{\cos\gamma}+1\right)\pi k\varepsilon\sin2\varphi$$

$$V_S^5=\frac{1}{24}\cdot\left(\frac{1}{\cos\beta}+\frac{1}{2}\right)\pi k\varepsilon\sin2\varphi$$

$$V_C^5=\frac{1}{18}\cdot\left(\frac{3}{4\cos\beta}+\frac{1}{4}\right)\pi k\varepsilon\sin2\varphi$$

此外，考虑四步编织工艺过程中打紧步骤对纱线横截面的影响，当编织纱处于打紧状态时，横截面变形系数 k 表达式为：

$$k=\frac{\cos\gamma}{\sin2\varphi}\sqrt{(5-\cos2\varphi)\cdot(3+\cos2\varphi)}\,,(\varphi<45°)$$

$$k=\frac{\cos\gamma}{\sin2\varphi}\sqrt{(5+\cos2\varphi)\cdot(3-\cos2\varphi)}\,,(\varphi>45°)$$

在理想条件下，φ 等于 45°，k 表示为 $\sqrt{15}\cos\gamma$。

四、三维多轴向编织

由于三维四步法编织物中没有与三维机织物中纬纱类似的等效纱线，因此，该类织物整体横向力学性能较低，各向泊松比差异较大。三维多轴向编织是在四步法编织法的基础上发展而来的。在三维五向编织结构上增加两个水平纱线系统（X 向轴向纱和 Y 向轴向纱）。多轴编织物中包含编织纱、轴向纱和水平纬纱（X 向轴向纱和 Y 向轴向纱），如图 5-37 所示。

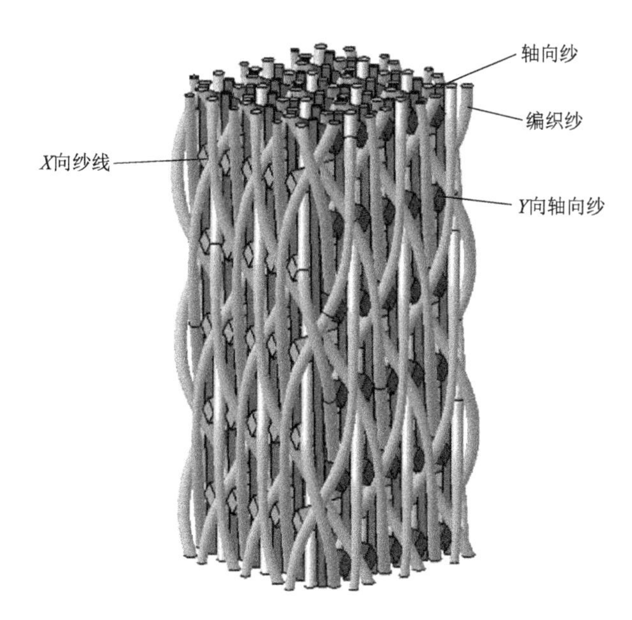

图 5-37　三维多轴向编织物

多轴编织物由编织纱与三个正交方向纱线组相互缠绕而成，其结构的横向性能得到增强并且各向泊松比更为稳定。

此外，编织过程也从四步增加到六步，一个基本循环周期有六个不同的步骤，因此该类编织也被称为三维多步编织法。其中，步骤 1 和 2 与四步法编织法中的步骤相同。步骤 3 在水平方向（*X* 轴）上引入纱线。步骤 4 和 5 与步骤 1 和 2 相同，步骤 6 在另一个水平方向（*Y* 轴）上引入纱线。

通过上述编织工艺所织造出的多轴三维编织结构由上下表面斜向两组±45°纱线和三组正交纱线（轴向纱、径向纱和编织纱）构成。编织纱与轴向纱交织在一起，斜向纱在结构的表面具有一定的取向，通过径向纱对其进行捆绑固定。步骤 1 和 2 与四步法三维编织相同，将编织纱缠绕在轴向纱上。步骤 3 是将斜向纱引入在编织结构的表面。在步骤 4 中，径向纱沿厚度方向移动，并对斜向纱进行捆绑固定。步骤 5 和 6 是将相反方向的编织纱缠绕在轴向纱上。

三维多轴向编织物具有各向力学性能稳定且不分层的特点，同时斜纱层的存在提高了织物的平面内性能。整个编织技术仍处于发展初期，实现自动化是这类编织工艺所面对的最大技术挑战。

第四节　其他三维编织方法

一、旋转式三维编织

旋转式三维编织也被称为角轮式编织，是二维旋转式编织的延伸。携纱器可在底盘上独立移动，并且可沿着任意方向，这种移动方式可将每根编织纱相互交织缠绕形成三维编织物。Tsuzuki 设计出一种以角导轮（星形转子）组成三维编织机，角导轮呈行列矩阵阵列分布。每四个携带编织纱的携纱器围绕一个角导轮排列，携纱器运动方向由角导轮的旋转决定，可实现四个对角线方向的运动，当某个携纱器由角轮旋转驱动到相邻角轮的缺口位置后，相邻的角轮旋转，将其移动到另一个角轮，如图 5-38 所示。该类编织方式同样通过携纱器排列形状和数量来控制所要编织出三维编织物的横截面形状和尺寸大小，如工字形、H 形、T 形等。

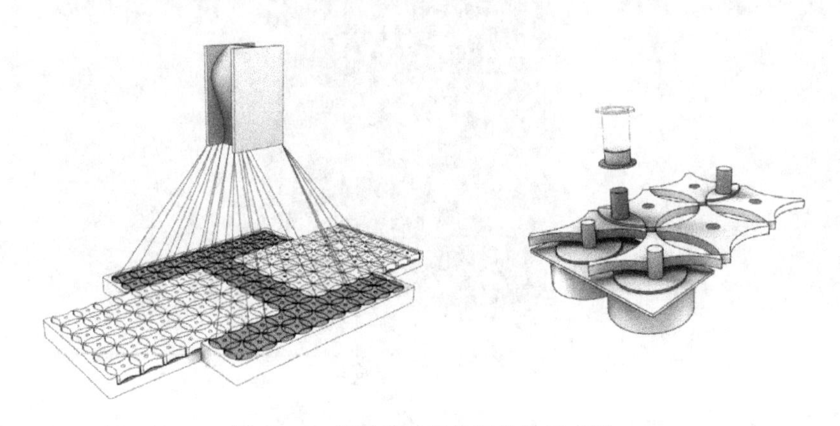

图 5-38　旋转式三维编织机构示意图

Schneider 设计出另一种旋转式三维编织方法，适用于编织具有多个轴向纱和编织纱的三维编织物，这种编织方法类似于 Tsuzuki 的旋转编织，分为平面和圆形的三维轴向编织机。该机器由平面行列结构的角导轮组构成，每个角导轮由单独的伺服电动机驱动控制，并配合离合器—刹车装置，以控制每个角导轮的步进或旋转。此外，通过预先编写好的程序控制，在角导轮之间利用旋转拨盘快速移动携纱器来实现织物的多种形状。

二、六角形三维编织

旋转式三维编织虽然很容易实现编织自动化，但是角轮边缘的凹槽只有一半的位置可以放置携纱器，因为任意时刻转换点仅可存在一个携纱器，否则会引起携纱器的碰撞，最终导致携纱器的分布密度下降，进而使得编织设备尺寸与织物尺寸不成比例（即编织设备远大于织物尺寸）。基于上述缺陷，Ko 等提出六角形三维编织方式。新的编织工艺基于六边形原理，能够在不增加编织机机床尺寸的情况下织造更大尺寸的三维编织物。六角形三维编织设备中，角导轮边缘凹槽的位置增加到六个，这种独特的角导轮形状使得携纱器以 60°间隔分布并围绕角导轮进行排列，如图 5-39 所示。在编织过程中，位于角导轮翼缘的携纱器可以在不同角导轮的翼缘之间进行传递，带动携纱器以一定轨迹在空间交织。虽然两个相邻的角导轮凹槽之间只能存在一个携纱器，但相对于传统旋转式编织机，相同底盘面积上的携纱器数量增加了 38%。在机台平面上，携纱器可以沿六个不同的方向运动使携纱器运行路径和方式更为灵活，适用于多种异形编织物和变截面编织物的织造。图 5-39 中还显示了 18 个角轮的布置方案。第一台遵循六边形概念的原型机是由加拿大英属克伦比亚大学 AFML 实验室和德国亚琛工业大学 ITA 研究所合作设计制造，如图 5-40 所示。

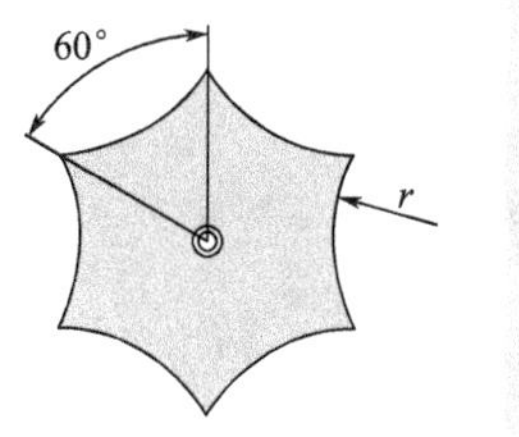

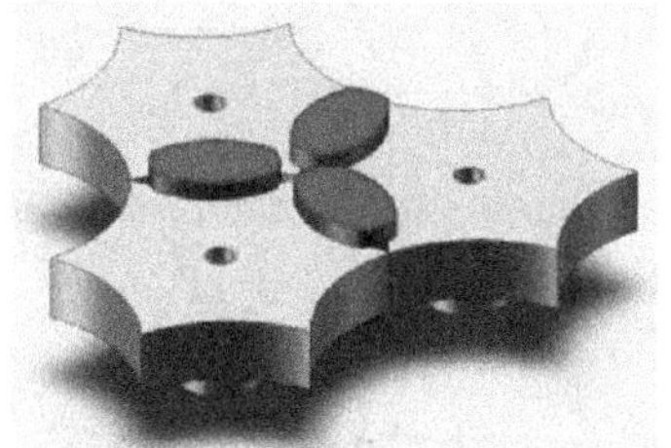

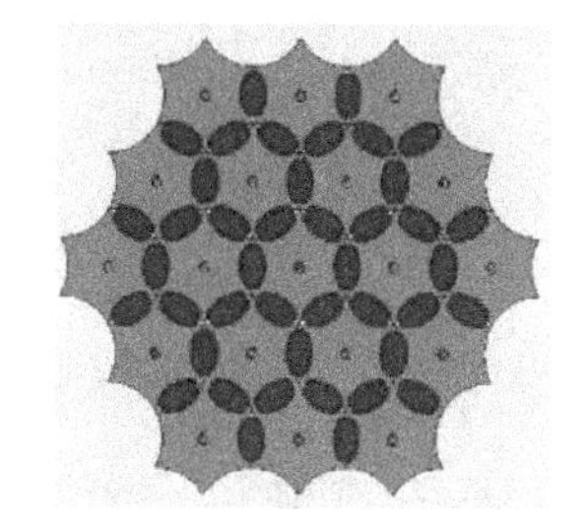

图 5-39 六角形编织角导轮结构及排布方案

图 5-40 六角形编织机构

参考文献

[1] 赵展，MD. H I，李炜. 编织机及编织工艺的发展 [J]. 玻璃钢/复合材料，2014 (10)：90-95.

[2] 陈跃平，李金有，杨德军，等. 浅谈几种钢丝编织机的结构原理及性能特点 [J]. 橡塑技术与装备，2005 (12)：31-36.

[3] 李嘉禄. 三维编织复合材料的研究和应用 [C]. 第十二届全国复合材料学术会议. 天津，2002：5.

[4] 杨朝坤，华永明. 三维编织复合材料平均刚度的研究 [J]. 玻璃纤维，2011 (2)：15-22.

[5] 胡芳. 三维编织技术新进展 [J]. 非织造布，2013 (5)：94-98.

[6] 刘永纯. 新型复合材料成型设备的进展 [J]. 纤维复合材料，2011，28 (1)：33-34.

[7] KO F K. Carbon-carbon materials and composites || Textile preforms for carbon-carbon composites [M]. 1993：71-104.

[8] SCHREIBER F，THEELEN K，SÜDHOFF E，et al. 3D-hexagonal braiding：Possibilities in near-net shape preform production for lightweight and medical applications[M]. 2011.

[9] 李毓陵. 三维矩形编织规律的研究 [D]. 上海：东华大学，2005.

[10] POPPER PAMR. A new 3-D braid for integrated parts manufacturing and improved delamination resistance - the 2-step method [C]. 32nd International SAMPE Symposium and Exhibition, 1987: 92-102.

[11] DU G, CHOU T, POPPER P. Analysis of three-dimensional textile preforms for multidirectional reinforcement of composites [J]. Journal of materials science, 1991, 26 (13): 3435-3448.

[12] MCCONNELL R F, POPPER P. Complex shaped braided structures [M]. 1987.

[13] LWAS B. The effect of processes and processing parameters on 3-D braided preforms for composites [J]. Composites, 1989, 20 (3): 290.

[14] PEIRCE E R. Intra - epidermic vaccination [J]. British Medical Journal, 1937, 1 (3985): 1066-1068.

[15] BRUNNSCHWEILER D. 5—The structure and tensile properties of braids [J]. Journal of the textile institute transactions, 1954, 45 (1): 55-77.

[16] STOVER E R, MARK W C, MARFOWITZ I, et al. Report. AFML-TR-70-283, March, 1971.

[17] R. A. Florentine in 'Proceedings of 15th National SAMPE Technical Conference' [C]. 1983: 700.

[18] PASTORE FKKA. Recent Advances in Composites in the United States and Japan [M]. (Second U. S. /Janpan Conference On Composites) (ASTM Special Technical Publication 864) American Society for Testing and Materials. 1983.

[19] KO F K. composite Materials: Testing and Design (Seventh Conference) (ASTM Special Technical Publication 893) [C]. American society for Testiong and Materials. 1986: 392.

[20] MA C L, YANG J M, CHOU T W. Composite Materuaks: Testing and Design (Seventh Conference) (ASTM Special Technical Publication 893) [C]. American Society for Testing and Materials Philadelphia. 1986: 404.

[21] YANG J M, Textile structural composites [C]. Compos. Mater, 1986, 472 (20).

[22] UOZUMI T IYIS. Braiding technologies for airplane applications using RTM process [C]. Proceedings of the seventh Japan international SAMPE symposium, 2001.

[23] BOGDANOVICH A, MUNGALOV D. Recent Advancements in Manufacturing 3-D Braided Preforms and Composites [C]. Bandyopadhyay S (ed) Proc. ACUN-4 composite systems-macro composites, 2002.

[24] SCHNEIDER M PAWB. Advanced technology composite fuselage-manufacturing [C]. The BoeingCompany, NASA contractor report, 4735 1997.

[25] TSUZUKI M, KIMBARA M, FUKUTA K, et al. 'inventors'; Three-dimensional fabric woven by interlacing threads with rotor driven carriers [C]. 1991.

[26] LANGER H, PICKETT A, OBOLENSKI B, et al. Computer controlled automated manufac-

ture of 3D braids for composite [C]. Paper presented at the Euromat symposium, 2000.

[27] SCHNEIDER M, PICKETT A K, LANGER H. Exemplary CAE design tools for textilereinforced composites by means of FE-analysis [C]. Paper presented at the Euromat symposium, 2000.

[28] SCHNEIDER M, PICKETT A K, WULFHORST B. New rotary braiding machine and CAE procedures to produce efficient 3D-braided textiles for composites [C]. 2000: 45.

[29] SCHREIBER F, KO F, YANG H J, et al. Novel three-dimensional braiding approach and its products [C]. International Conference on Composite Materials, 2009.

第六章　纬编针织物加工技术

第一节　纬编针织物概述

一、纬编基本概念

针织是利用织针将纱线弯成线圈，然后将线圈相互串套而成为针织物的一门工艺技术。根据编织时纱线的走向不同分为经编和纬编。经编是一组或几组平行排列的纱线由经向喂入平行排列的工作织针，同时成圈的工艺过程［图 6-1（a）］。纬编是将纱线沿纬向喂入针织机的工作织针，顺序地弯曲成圈并相互穿套而形成针织物的一种工艺［图 6-1（b）］。在纬编中，一根或若干根纱线从纱筒上引出，沿着纬向顺序地垫放在纬编针织机各相应的织针上形成线圈，并在纵向相互串套形成纬编针织物。一般说来，纬编针织物的延伸性和弹性较好，多数用作服用面料，还可以直接加工成半成形和全成形的服用与产业用产品。

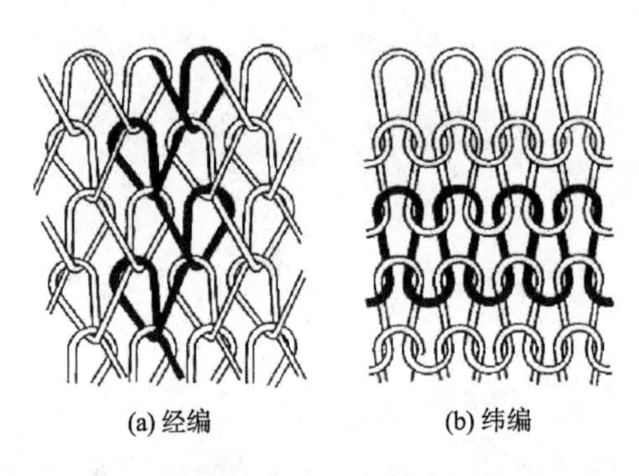

(a) 经编　　(b) 纬编

图 6-1　经编与纬编针织物

线圈是组成针织物的基本结构单元，几何形态成三维弯曲的空间曲线。如图 6-2 所示的纬编线圈结构图中，线圈由圈干 1—2—3—4—5 和沉降弧 5—6—7 组成，圈干包括直线部段的圈柱 1—2 与 4—5 和针编弧 2—3—4。在线圈横列方向上，两个相邻线圈对应点之间的距离称圈距，用 A 表示。在线圈纵行方向上，两个相邻线圈对应点之间的距离称圈高，用 B 表示。在针织物中，线圈沿织物横向组成的一行称为线圈横列，沿纵向相互串套而成的一列称为线圈纵行，如图 6-3 所示。纬编针织物的特征是：每一根纱线上的线圈一般沿横向配置，一个线圈横列由一根或几根纱线的线圈组成。

凡线圈圈柱覆盖在前一线圈圈弧之上的一面，称为织物正面，而圈弧覆盖在圈柱之上的一面，称为织物反面。根据编织时针织机采用的针床数量，针织物可分为单面和双面两类。单面织物采用一个针床编织而成，特点是织物的一面全部为正面线圈，织物两面具有显著不同的外观。双面针织物采用两个针床编织而成，特点是针织物的任何一面都显示为织物正面或织物反面。

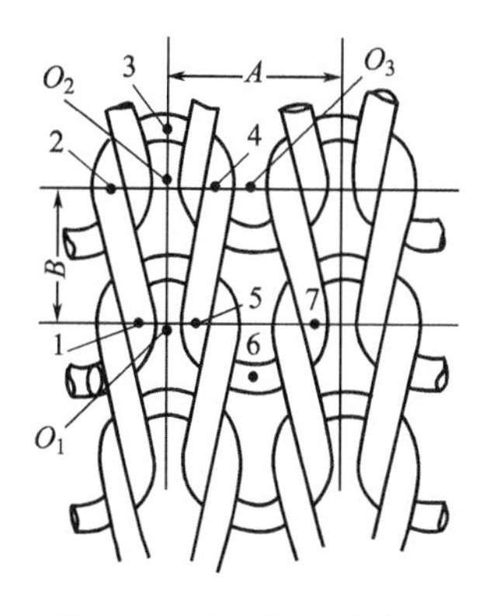

图 6-2 纬编线圈结构图

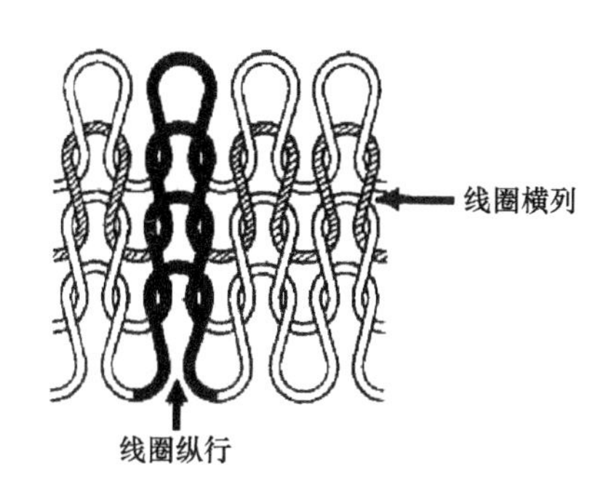

图 6-3 线圈横列与纵行图

二、纬编针织物组织

1. 纬编组织表示方法

针织物组织的表示方法就是用专业化的图形或语言来描述织物内线圈的结构形态及其相互关系或它们的编织方法。纬编针织物组织通常用线圈结构图、意匠图、编织图和三角配置图表示。在日常产品设计与分析以及生产工艺制订上，纬编针织物组织的表示方法应根据不同组织特点灵活选择能清楚、简便、恰当反映该组织的表达方法，有时也可自行设计几种符号加以说明，或者把几种表示方法结合使用。

(1) 线圈结构图。线圈图或线圈结构图是用图形描绘出线圈在织物内的形态。可根据需要描绘织物的正面或反面。如图 6-4 (a) 所示，从线圈图中，可直观地看出针织物结构单元的形态及其在织物内的连接与分布情况，有利于研究织物的结构和编织方法。但这种方法手工描绘时仅适用于较为简单的织物组织，较复杂的结构和大型花纹绘制比较困难，一般要借助于计算机来实现。

(2) 意匠图。意匠图是把针织结构单元组合的规律，用指定的符号在小方格纸上表示的一种图形。意匠图中的行和列分别代表织物的横列和纵行。尽管国际上有一些个人、组织或国家对意匠格中的符号及其含义做了一些规定，有些也被一些国家和地区采用，但我国还没有这样一个标准，国际上也没有统一的标准。因此，在绘制时通常要标明所用符号的含义。这些符号可以代表不同结构的线圈，如正面线圈、反面线圈、集圈、浮线或移圈等，也可以代表不同原料或不同色彩的线圈。图 6-4 (b) 所示的是与图 6-4 (a) 所示的线圈图相对应的结构意匠图。图 6-5 (b) 则是图 6-5 (a) 所示的色彩提花组织的意匠图。

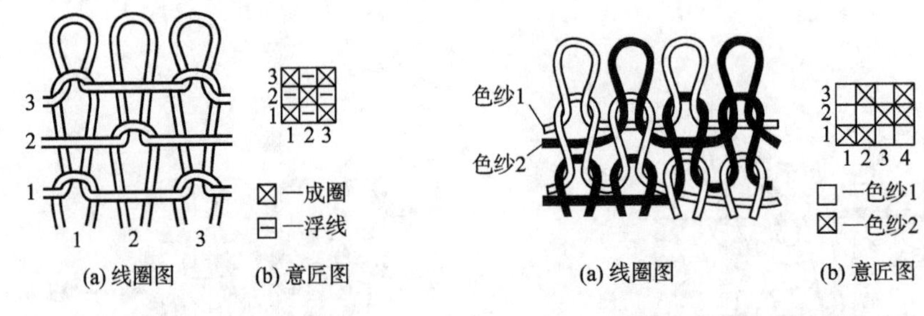

图 6-4　线圈图与结构意匠图　　　图 6-5　线圈图与色彩意匠图

意匠图特别适合于表示花形较大的织物组织，尤其是色彩提花织物。由于意匠图通常只能表示织物一面的信息，因此，如果要表示织物两面的信息，就要用两个意匠图分别表示出来。另外，对于结构复杂的双面织物，它很难表示出前后针床线圈结构之间的关系。

（3）编织图。编织图是将针织物的横断面形态按编织顺序和织针的工作情况，用图形表示的一种方法。它由织针和在织针上编织的纱线组成。织针通常用“丨”或“·”表示，当采用的织针针踵高度不同时，还可以用不同长度的竖道表示不同踵高的织针。根据编织情况不同，织针上所编织的纱线分别用“ᵕ”“V”和“—”表示成圈、集圈和浮线。图 6-6（a）和（b）分别为罗纹和双罗纹组织的编织图。表 6-1 列出了编织图中常用的符号。

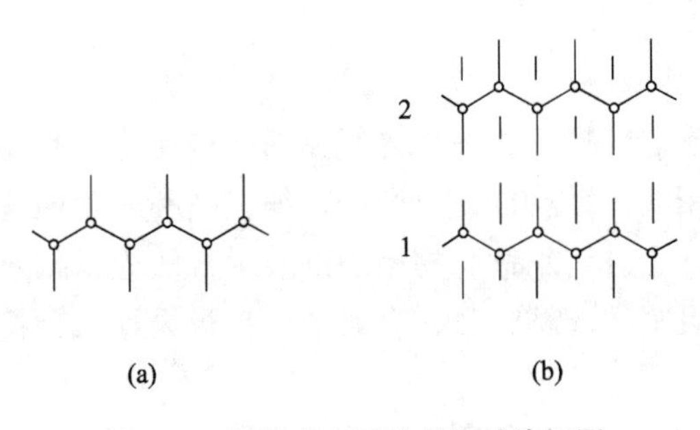

图 6-6　罗纹和双罗纹组织的编织图

编织图不仅表示了每一枚针所编织的结构单元，而且还表示了织针的配置与排列。这种方法适用于大多数纬编针织物，尤其适合于结构花型织物。在用于双面纬编针织物时可以同时表示出上下（前后）针床织针的编织情况。但在表示色织提花织物时花形的直观性差，花形较大时绘制起来也比较麻烦，一般很少采用。

表 6-1　成圈、集圈、浮线和抽针符号表示法

	下针	上针	上下针
成圈			
集圈			
浮线（不编织）			

续表

	下针	上针	上下针
抽针			

（4）三角配置图。三角配置图是用各路成圈系统三角的变化配置来表示织针编织状态的一种方法。在普通纬编机上，是由三角控制织针进行编织的。不同类型的三角，将使沿其表面通过的织针编织成不同的结构单元。三角的种类有 3 种，即成圈三角、集圈三角和浮线三角。针织物中 3 种不同的结构单元，即成圈、集圈和浮线就是分别由这三种三角控制编织而成的。因此，对于纬编机上的产品设计，还可以用三角配置图来表示织针的工作情况，同时也可以间接地表示出所编织的针织物的结构。三角配置图对于上机调机特别方便。大多用在多针道编织花色组织中。常用编织符号及三角配置的表示方法见表 6-2。

表 6-2　常用编织符号及三角配置图

三角配置方法	三角名称	表示符号
成圈	针盘三角	
	针筒三角	
集圈	针盘三角	
	针筒三角	
不编织	针盘三角	——
	针筒三角	——

2. 纬编针织物组织种类

纬编针织物的组织有纬平针、罗纹、双反面等基本组织，有双罗纹、变化平针等变化组织和提花、集圈、毛圈、长毛绒、波纹、衬经衬纬等花式组织，以及由上述组织复合而成的复合组织，与之对应的针织物称为基本组织、变化组织、花式组织和复合组织纬编（针）织物。图 6-7 为纬编针织物的组织分类。

三、纬编针织机结构与分类

1. 纬编机的一般结构

纬编针织机种类与机型很多，一般主要由以下几部分组成：成圈机构、给纱机构、牵拉卷取机构、传动机构、选针机构、辅助装置和电气控制机构等。

（1）成圈机构。成圈机构通过成圈机件的工作将纱线编织成针织物。成圈机构由织针、导纱器、沉降片等成圈机件组成。能独自把喂入的纱线形成线圈而编织成针织物的编织机构单元称为成圈系统。纬编机一般都配置较多的成圈系统，成圈系统数越多，机器一转所编织的横列数越多，生产效率越高。

（2）给纱机构。给纱机构将纱线从纱筒上退绕下来并输送给编织区域。其作用是将纱线从筒子上退解下来，不断地输送到编织区域，使编织能连续进行。纬编机的给纱机构一般有

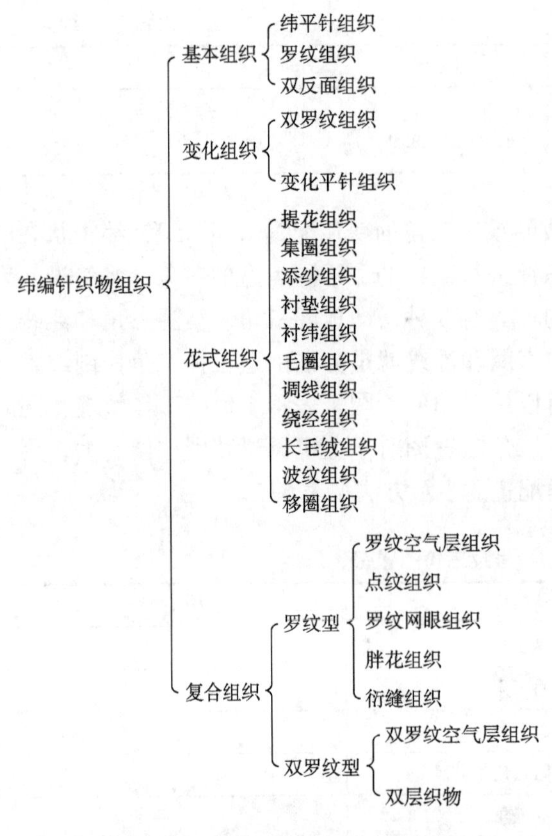

图 6-7　纬编针织物组织分类

积极式和消极式两种类型。一般均匀吃纱采用积极式给纱，不均匀吃纱采用消极式给纱。目前生产中常采用积极式给纱机构，以固定的速度进行喂纱，控制针织物的线圈长度，使其保持恒定，以提高针织物的质量。

（3）牵拉卷取机构。牵拉卷取机构把刚形成的织物从成圈区域中引出后，绕成一定形状的卷装，以使编织过程能顺利进行。牵拉卷取量的调节对成圈过程和产品质量有很大的影响，为了使织物密度均匀、门幅一致，牵拉和卷取必须连续进行，且张力稳定。此外，卷取坯布时还要求卷装成形良好。

（4）传动机构。传动机构将动力传到针织机的主轴，再由主轴传至各部分，使其协调工作。传动机构要求传动平稳、动力消耗小、便于调节、操作安全方便。

（5）选针机构。根据花纹要求对织针进行选择控制，使其进行成圈、集圈或浮线编织的机构，亦称提花机构。根据机构的类型和特点分为机械式选针和电子式选针两类。机械式选针包括提花轮式、滚筒式、插片式、圆齿片式、纹板滚筒式等，电子式选针又分为电磁式和压电式两种。电子式选针机构具有花纹范围大、变换花型方便、省时、省工的特点，在圆纬机上已得到广泛的应用。

（6）辅助装置。辅助装置是为了保证编织正常进行而附加的，包括自动加油装置、除尘清洁装置、漏针与坏针自停装置、粗纱节自停装置、断纱自停装置、张力自停装置等。

（7）电气控制机构。电气控制机构由微型计算机以及高度集成的控制电路组成。它不仅能输入某些工艺参数和生产指令，而且能够显示实时的运转数据和故障原因。先进的电气控制系统具有联网功能，可以远程传输花型控制数据到机器上，且能把生产数据实时地传输到云端服务器供企业生产管理用。

2. 纬编机的分类

纬编机按针床数可分为单针床纬编机与双针床纬编机；按针床形式可分为平型纬编机与圆型纬编机；按用针类型可分为舌针机、复合针机和钩针机等（表 6-3）。

在针织行业，一般是根据纬编机编织机构的特征和生产织物品种的类别，将目前常用的纬编机分为圆纬机、横机两大类。圆纬机根据针筒直径和用途分为大圆机、无缝内衣机和圆袜机。横机根据传动和控制方式的不同可分为手摇横机、机械半自动横机、机械全自动横机和电脑横机等几类。

表 6-3　纬编机的分类

<table>
<tr><td rowspan="8">纬编针织机</td><td rowspan="5">单针床（筒）</td><td rowspan="2">平型</td><td>钩针</td><td>全成形平型针织机</td></tr>
<tr><td>舌针</td><td>手摇横机</td></tr>
<tr><td rowspan="3">圆型</td><td>钩针</td><td>台车、吊机</td></tr>
<tr><td>舌针</td><td>多三角机、提花机、毛圈机等</td></tr>
<tr><td>复合针</td><td>复合针圆机</td></tr>
<tr><td rowspan="3">双针床（筒）</td><td rowspan="2">平型</td><td>钩针</td><td>双针床平型钩针机</td></tr>
<tr><td>舌针</td><td>横机、手摇机、手套机、双反面机</td></tr>
<tr><td>圆型</td><td>舌针</td><td>棉毛机、罗纹机、提花机、圆袜机等</td></tr>
</table>

3. 纬编机的主要技术参数

纬编针织机的主要技术规格参数有机型、针床数（是单面还是双面机）、针筒直径或针床宽度（反映机器可以加工坯布的宽度）、机号、成圈系统数（在针筒或针床尺寸以及机速一定的情况下，成圈系统数量越多，该机生产效率越高）、机速（圆机用每分钟转速或针筒圆周线速度来表示，横机用机头线速度来表示）等。

（1）机号。各种类型的针织机，均以机号来表明其针的粗细和针距的大小。机号是用针床上 25.4mm（1 英寸）长度内所具有的针数来表示。一般机号为偶数针，但特殊情况除外。一般圆机的机号范围为 3 针至 90 针。针织机的机号表明了针床上排针的稀密程度。机号越高，针床上一定长度内的针数越多，即针距越小；反之，则针数越少，即针距越大。在单独表示机号时，应由符号 E 和相应数字组成，如 18 机号应写作 E18，它表示针床上 25.4mm 内有 18 枚织针。织机的机号在一定程度上决定了其可以加工纱线的细度范围，具体还要看在针床口处织针针头与针槽壁或其他成圈机件之间的间隙大小。

为了保证成圈顺利地进行，针织机所能加工纱线细度的上限（最粗），是由针头与针槽壁之间的间隙 Δ 决定的。机号越高，针距 T 越小，间隙 Δ 也越小，允许加工的纱线就越细。考虑到纱线的粗节和接头、蓬松度的不同，以及纱线被压扁的情况，一般要求间隙 Δ 不低于纱线直径的 1.5~2 倍。如果纱线直径超出间隙过多，则在编织过程中就会造成纤维和纱线损伤甚至断纱。另一方面，机号一定，可以加工纱线细度的下限（最细），则取决于对针织物品质的要求。在每一机号确定的针织机上，由于成圈机件尺寸的限制，可以编织的最短线圈长度 l 是一定的。过多地降低加工纱线的细度即意味着减小纱线直径 d，这样会使织物的未充满系数 δ（$\delta=l/d$）的值增大，织物变得稀松，品质变差。因此，要根据机号来选择合适细度的纱线，或者根据纱线的细度来选择合适的机号。例如，在 E16 的提花圆机上，适宜加工 165~220dtex 的涤纶长丝或者 16.7~23tex 的棉纱。而在 E22 的提花圆机上，适宜加工 110~137dtex 的涤纶长丝或者 11~14tex 的棉纱。

在实际生产中，并不去测量纱线直径 d 和针头与针槽壁之间的间隙 Δ。对于某一机号的针织机或者某一细度的纱线，一般是根据织物的有关参数和经验来决定最适宜加工纱线的细度范围或者机号的范围，也可查阅有关的手册与书籍或者通过近似计算方法获得。

（2）筒径。一般圆机的筒径大小范围为 203~1524cm（8~60 英寸）。针筒直径是以针槽底部测量的外径尺寸为基准来表示其数值。但实际尺寸并不一定是整数，所以针筒直径为整数的近似值。

（3）成圈系统数。圆机的成圈系统数根据圆机的种类和针筒大小而变化，少的只有几个，多的可达一百多个。对编织平针组织或棉毛组织等基本组织的普通圆机来说，最重要的是生产效率。所以普通圆机的成圈系统数较多。单面机的成圈系统数为针筒直径值的3~4倍；双面机的成圈系统数则为针筒直径值的2~3倍。

对电脑圆机、小提花圆机以及调线圆机来说，都需要各自适应的成圈机件和各自的选针机构，因而这些织机的成圈系统数不如普通圆机多。一般考虑编织组织的一个循环，为此被4、6、8、12整除的成圈系统数居多。比如，一般762mm（30英寸）的织机的成圈系统数为48和72。当然也有36、54、60个成圈系统数的圆机。一般圆机上还设有一个不工作成圈系统（针门），目的是方便地更换织针。有的圆机的针门大小跟一个成圈系统一样，有的针门大小按照能够进行更换织针而设计。

（4）机器转速。圆机的运转速度由每分钟的转数来表示（r/min）。圆机转速直接关系到织物的生产率，生产的高效率是针织企业的普遍要求，尤其是对编织平针、棉毛和罗纹等基本组织的普通圆机，生产的高效率是必要的。近年来，由于成圈技术的发展和成圈机件的性能提高，圆机转速极高，一般762cm（30英寸）的圆机转速能超过50r/min。

（5）速度因数。圆机的针筒直径和转速相乘的数值称为速度因数（SF）。可以表明圆机运转速度的一个因素。圆机的运转轨迹为圆周运动，所以即使转速相同，根据针筒直径的大小，外周速度而不同。总之，大针筒的转速较慢，小针筒则较快。

因此，针筒直径不同的圆机的转速比较时，采用速度因数。

四、纬编针织物产品与应用

纬编针织物质地松软，除了有良好的抗皱性和透气性外，还具有较大的延伸性和弹性，适宜做内衣、紧身衣和运动服等。纬编针织物在改变结构和提高尺寸稳定性后，同样可做外衣。纬编针织物可以先织成坯布，经裁剪、缝制而成各种针织品；也可以直接织成全成形或部分成形产品，如袜子、手套等。纬编针织物除作内衣、外衣、袜子、手套、帽子、床单、床罩、窗帘、地毯等服用和装饰用布外，在工业、农业和医疗卫生等领域也得到广泛应用。

1. 服装用

目前，纬编针织品仍然主要用于服用领域（图6-8）。但随着各种新型原料的不断出现、纬编设备的计算机控制和计算机辅助花型设计系统的应用以及纬编针织物后整理加工技术的提高，使得纬编针织物的性能越来越好，花色品种越来越多，从而使服用领域的针织品从传统的内衣和袜品向外衣、时装、休闲装、运动装和功能性服装等多方位发展。内衣从传统的汗衫、背心和棉毛衫、裤发展到各种舒适保健型针织内衣、补整型针织内衣、女士胸衣和各种睡衣等高档针织内衣。针织物由于其特有的线圈结构，而具有良好的弹性和延伸性，因此特别适合制作各种运动服和休闲服，包括大众化运动服和专业运动服，如各种比赛服、泳装、体操服、登山服等。

新型的针织技术及新原料、新型后整理工艺的应用，可以赋予不同运动服所要求具有的

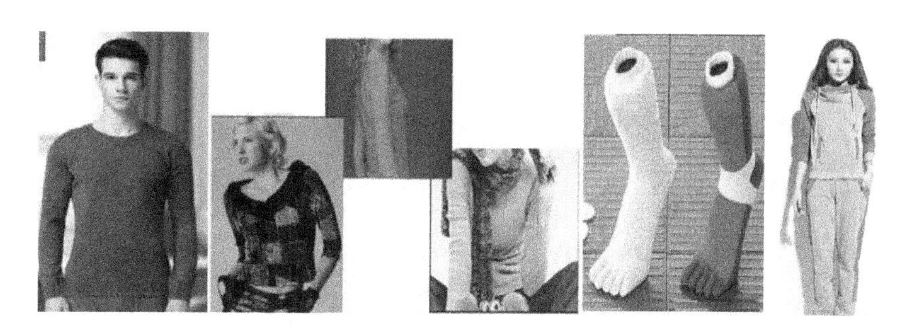

图 6-8　服装用纬编针织物

不同功能，例如，特殊的弹性、透气性、透湿性、防水、防风、低的空气阻力及运动阻力、良好的伸缩性、肘部和膝部的柔韧性等，有些性能是其他织造方法无法达到的。除了以上在服装方面的应用外，服用针织品还包括围巾、纱巾、护膝、腹带等特殊功用的服用类产品。

2. 装饰用

纬编针织物在家用领域的应用主要是用于各种装饰和床上用品。随着纬编针织产品的丰富及人们生活水平的提高，人们对装饰性产品的需求量不断增多，纬编针织物在家庭装饰领域的应用范围也越来越广。例如，用于家庭、宾馆、饭店和各种娱乐场所的各种窗帘、幕帘类；用于家庭和宾馆的毛毯、床罩、枕套、床单等各种床上用品；用于沙发和床垫等的包覆面料类以及各种毛绒玩具面料、台布和地毯等。沙发和床垫等的包覆面料类产品一般具有良好的强力、耐磨性和弹性，透气透湿，外观华丽，具有较强的装饰效果，通常使用各种纬编绒类织物和提花织物等。

图 6-9 为装饰用纬编针织物。除了以上在家用领域的一般应用之外，那些具有高强和耐磨性、良好的隔热和阻燃功能的纬编针织产品还被用于家具工业、室内装潢和汽车内饰。在双面圆纬机上生产的，衬以填充纱的织物可用作垫褥的覆盖物，它具有良好的吸湿性和易于洗涤的优点。随着针织技术的不断发展和新型整理技术的出现，各种家用功能性纬编针织产品也越来越受到人们的青睐。例如，把银丝用于盖被织物中，它可以使电辐射产生折射，从而可以改善人们的睡眠。

图 6-9　装饰用纬编针织物

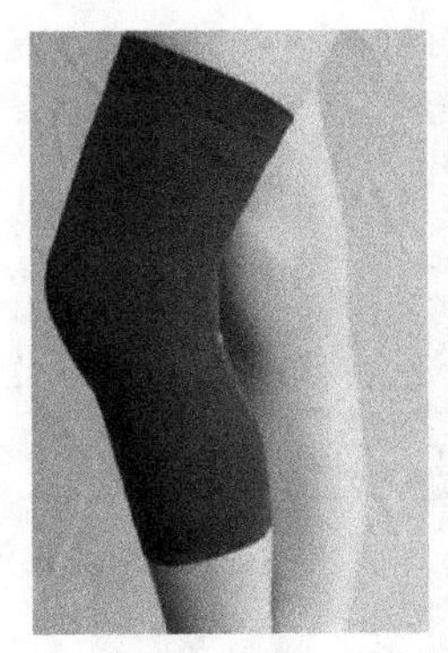

图 6-10　产业用纬编针织物

3. 产业用

产业用纬编针织物的应用领域是极其广泛的，包括工业、航空、汽车、建筑、医学、防护服等（图 6-10）。在交通领域的应用有汽车、火车、飞机和轮船等交通工具的坐垫罩；车顶、门、搁架的衬里和覆盖物等。对于这类针织产品来说，要求最严格的是其牢度因素，另外还要有最佳的强力特性和最轻的质量。在汽车工程的应用方面，汽车报废后织物也易于回收。纬编针织物主要用于汽车内部的座椅罩，车顶、门、搁架的衬里和覆盖物等，这些用途都充分发挥了纬编针织物的延伸性好、适于车内部件形状变化、包覆性能较佳的特性。从环境保护的角度来说，汽车报废后织物也易于回收。在圆机上生产的车用纬编针织物产品种类包括绒类织物和电子大型提花织物等。另外，利用横机技术开发的全成形汽车座椅套的编织工艺去除了裁剪和缝合工序，缩短了从订货到交货的时间，降低了保修成本，提高了质量，能设计生产出更符合人体工效学的汽车座椅。近年来又生产出了一种可使汽车座椅加热的织物或者可加热的衬里织物，这种织物是在针织物编织过程中加入了约 0.1mm 的细铜丝。

医疗上使用的针织品包括普通的包扎布、绷带、医疗床垫的衬底织物，用于外科手术的服装，也包括一些具有高科技的产品，如人造血管、人造食管、人造心脏瓣膜等。对于包扎布及医用绷带类产品，要求具有很好的弹性，质量轻，透气性好且能够与皮肤高度相容。因此，医学上用的纬编针织物除了采用合适的组织结构外，还要选用一些具有特殊性能的材料。就组织和器官的形状及所要求的力学特性而言，针织结构的细胞支架是当前常用的一种结构，在形状与力学特性方面均能全部满足组织工程的要求。人造血管是具有代表性的移植于人体内部的人造内脏器官，它要求具有适当的多孔结构，具有拉伸弹性和可塑性等。人造血管的商业化产品一般有机织结构和针织结构两种形式，机织结构稳定，而针织结构则以其良好的弹性得到了人们的青睐。利用纬编可编织管状针织物的特点，人造食管和人造心脏瓣膜等均可采用纬编针织物，并且纬编成形编织工艺能十分方便地满足不同尺寸和形状的人造器官的要求。

保健类产品主要是指矫正带、束缚带、弹性护肩、护腕、护膝、护腰等，以纯棉、纯化纤或棉与化纤混纺的中、粗纱线为主要原料，并根据需要配有一定数量的氨纶等弹性丝。该类用品可在适当部位加装衬垫物，以增加缓冲作用。如英国 HARRYLUCAS 公司生产的护膝，为了得到比较轻薄和容易延伸的袋形，整个护膝都采用集圈组织形成，但在膝关节部分不用集圈。当采用橡筋线衬入时，选择不同弹性的橡筋线及衬入根数，就可以改变护膝的包覆力。

纬编针织物在防护领域的应用包括各种防护服及防护帽、防弹背心和报警服等。这类纬编针织品一般是使用一定特殊性能的高科技纱线编织而成，如用防火和隔热玻璃纤维制成的服装，用对位芳纶或钢丝编织而成的具有高抵抗性能、防磨损性针织品等。

第二节 圆纬机加工技术

一、圆纬机技术发展史

20 世纪 80 年代以前，大量使用的圆纬机是 Z201 台机、Z211 棉毛机和 Z214 棉毛机。台机作为单面机织汗布和卫衣机用织绒布，Z211 和 Z214 作为双面机织棉毛布。初期的 Z201 台机和 Z211 棉毛机是地沟平皮带群传动，开、停机和疵点完全是机械控制，Z211 棉毛机上仅有的两根导线，只是接低压 36V 灯泡用于照明。后来经过技术革新，Z201 台机安装了断纱不脱套装置，Z211 棉毛机安装了电磁离合器，这才具有了电器控制功能。Z214 棉毛机在当时算是比较先进的织机，具有较高的转数，单机传动，电气控制，飞花清除装置，镶片式钢针筒，钢制喂纱嘴，有罗拉输线装置，布的外观质量比 Z211 棉毛机高很多。但 Z214 棉毛机有两个问题比较棘手：一是出单针小漏针，主要是喂纱嘴较大、较厚，位置调节量小，再加上 Z214 都是小筒径，织针排列弧度大，喂纱嘴对针舌控制不够造成的；二是罗拉压线胶辊易被纱线磨出沟槽失去对纱线张力的控制，要经常对胶轮进行打磨，最终 Z214 织机还是被淘汰了。反而已经使用几十年的 Z211 棉毛机通过用磁铁替代扁毛刷控制针舌、群传动改单机传动、增加电气控制、安装积极式输纱器等技术改造，大大延长了使用寿命，直到 20 世纪 90 年代中期才彻底被淘汰。

20 世纪 80 年代初期开始引进大圆纬机，引进了英国宾得利的 JSJ 单面小提花机和 14RJ 双面大提花机，日本福原单面机、OKK 罗纹机，德国迈耶·西的三线卫衣机。此时还没有应用交流变频调速技术，宾得利织机都是采用直流电动机调速，控制电路为分立元件，较为复杂，单位的电工不能掌控，只能由学自动化的专业人员维护；福原单面机调速只能靠调换电动机的带轮大小来实现，启动冲击较大；OKK 罗纹机采用皮带机械式无级调速，由一个单独微型电动机带动，主电动机带轮可无级调速再通过 5 头螺杆、蜗轮减速传动。这些织机输纱装置均采用积极压带式输纱，没有储纱功能，断纱后极易掉布。宾得利单面小提花机采用插片式提花结构，每路都要根据花型将插片打齿；双面大提花机采用圆齿片提花结构，每路都要根据花型将圆齿片打齿。宾得利的大提花机有一个特点，上盘是一条分为两层的跑道，用长踵和短踵两种织针实现两跑道，后来国内有的织机用这一方法将上盘两跑道当四跑道用，提升了织机的性能。当时引进的定位是织化纤坯布，所以都是细针距的，单面机是 32G，双面机是 28G，不适合编织纯棉产品，所以到 20 世纪 90 年代中期，有些织机因所织坯布不适应市场需求被淘汰。福原 XL-3FA 单面机是四跑道，经过加装交流变频器、更换积极式输纱器、安装氨纶输纱装置、喂纱嘴改造等一系列技术措施一直使用至今。OKK 罗纹机是 19G 单跑道织机，特点突出，织出罗纹弹性好，线圈清晰丰满，是出口和内销产品的主要坯布，经过输纱器系统和氨纶装置的改造一直使用至今。这一阶段是我们认识、学习、掌握进口大圆纬机技术的过程，为后续掌握更为先进的织机打下了坚实的基础。

20 世纪 90 年代的织机较 20 世纪 80 年代的织机在性能上有了长足的提升，变频调速技术、积极式输纱器、计算机电气控制都得到普遍应用，在操作性、编织功能、品种适应性等方面有突出特点。

进入 21 世纪，圆机生产商基于超细及细针距技术、沉降片改进技术、两面提花技术、双向移圈技术以及新型喂纱导纱装置和自动剖幅卷布机构的研发，来实现圆纬机的高精化。圣东尼针织机器有限公司的超细针距单面多针道圆纬机机号达到 E80，双面圆纬机机号亦达到 E60；德国迈耶·西公司推出了机号 E40 电脑提花单面圆机和电脑提花双面圆机。在高机号细针距电脑圆机方面国外公司居领先水平。国产圆纬机生产厂家也积极提升产品的市场竞争力，并且在数字化控制方面有了长足的进步，但在高端圆纬机方面，诸多关键部件依然被国外公司垄断控制，如德国格罗茨织针、德国美名格输线器和日本 WAC 电子选针器等。高精化圆纬编设备产品涉及高机号高品质内衣类产品、精细化提花服饰类产品和高速阔幅家纺类产品，有力地提升了圆纬编产品的档次，并丰富了其品种。

近几年的中国国际纺织机械展览会展出了各类由计算机控制的圆纬机，包括单面电脑提花卫衣机，单、双面电脑提花机，单、双面电脑调线多针道机，单面电脑提花毛圈机，双面电脑提花移圈机，双面电脑提花移圈计件衣坯机，电脑提花毛条喂入长毛绒机，电脑提花割圈长毛绒机等。各类由计算机控制的圆纬机数量的增多表明计算机控制技术的应用较为普及，水平也不断提高。

二、圆纬机分类

圆纬机根据针筒直径和用途分为大圆机、无缝内衣机和圆袜机。

1. 大圆机

大圆机的针床为圆筒形和圆盘形，针筒直径一般在 508~1524mm（20~60 英寸），机号一般在 E16~E32。除了台车和吊机采用钩针以及极少数复合针机器外，绝大多数圆纬机均配置舌针。舌针圆纬机的成圈系统数较多，通常每 25.4mm（1 英寸）针筒直径有 1.5~4 路，因此生产效率较高。圆纬机主要用来加工各种结构的针织毛坯布，其中以 762mm、864mm、965mm（30 英寸、34 英寸和 38 英寸）筒径的机器居多，较小筒径的圆纬机可用来生产各种尺寸的内衣大身部段，以减少裁耗。圆纬机的转速随针筒直径和所加工织物的结构而不同，一般圆周线速度在 0.8~1.5m/s 范围内。

圆纬机可分单面机（只有针筒）和双面机（针筒与针盘，或双针筒）两类，通常根据其主要特征和加工的织物组织来命名。单面圆纬机有四针道机、台车、吊机、提花机、衬垫机（俗称卫衣机）、毛圈机、四色或六色调线机、吊线（绕经）机、人造毛皮（长毛绒）机等。而双面圆纬机则有罗纹机、双罗纹（棉毛）机、多针道机（上针盘二针道、下针筒四针道等）、提花机、四色或六色调线机、移圈罗纹机、计件衣坯机等。有些圆纬机集合了 2~3 种单机的功能，扩大了可编织产品的范围，如提花四色调线机、提花四色调线移圈机等。虽然圆纬机的机型不尽相同，但就其基本组成与结构而言，有许多部分是相似的。

图6-11显示了普通舌针圆纬机的外形。纱筒1安放在机器上方的纱架上。筒子纱线经给纱装置2输送到编织机构3。编织机构主要包括针筒、针筒针、针筒三角、沉降片圆环、沉降片、沉降片三角（单面机）或针盘、针盘针、针盘三角（双面机）、导纱器等机件。针筒转动过程中编织出的织物被编织机构下方的牵拉机构4向下牵引，最后由牵拉机构下方的卷取机构5将织物卷绕成布卷。整台圆纬机还包括电气控制箱6与操作面板7以及传动机构、机架、辅助装置等部分。

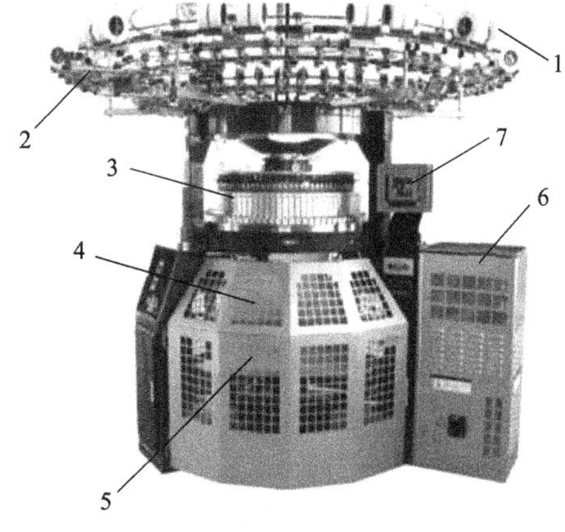

图6-11 大圆机外形

2. 无缝内衣机

无缝内衣机是生产无缝针织品的新颖的专用成型生产设备，可用于制作内衣、泳装、运动服等类别。针筒直径一般在254~508mm（10~20英寸），机号一般为E16~E40，成圈系统数通常为8路或者12路，机器转速最高可以达到130r/min。无缝内衣机可分为单面和双面两类，其中多数为前者，图6-12所示为一种无缝内衣机。无缝针织服装是一种全成形类产品，它是采用固定的筒径和针数、通过组织和原料的变化制得三维曲面形态的针织服装。由于不需要大量的裁剪和缝合工序，因此无缝织造能节约生产时间和成本。

3. 圆袜机

圆袜机可按针床形式、织针类型和针筒（床）数来分类。圆袜机的机号范围较广，生产管状袜坯是靠改变各部段的线圈大小，或采用弹性纱线，或编织成形袜头、袜跟等方法来适应脚形的。管状袜坯的袜头封闭后成无缝袜。圆袜机（图6-13）用来生产圆筒形的各种成形袜。该机的针筒直径较小，一般在71~141mm（2.25~4.5英寸）；机号在E7.5~E36，成圈系统数为2~4路；针筒的圆周线速度与圆纬机接近。圆袜机的外形与各组成部分与圆纬机差不多，只是尺寸要小许多。圆袜机一般采用舌针，有单针筒和双针筒两类，通常根据所加工的袜品来命名。圆袜机分为单针筒袜机和双针筒袜机两类。单针筒袜机包括素袜机、折口袜机、绣花（添纱）袜机、提花袜机、毛圈袜机、移圈袜机、折口袜机；双针筒袜机包括素袜机、绣花袜机、提花袜机。

三、多针道圆机

多针道圆机是指具有多条三角跑道，且采用成圈、集圈和浮线三角决定织针位置的针织大圆机，包括单面多针道圆机和双面多针道圆机两种。双面机的针筒、织针及三角与同类单面机相同，另外增加了两针道的上针盘及三角。目前，该类机器的应用范围广，花型设计简单，适用于小花型的产品。该类机器成圈路数多，织针种类多。成圈路数通常为3~4路/英寸筒径，织针种类多为四种。在进行多针道圆机产品设计时，设计者要明确圆机的机号、针筒直径、成圈路数、针道数等。针筒直径决定坯布幅宽，机号决定所使用纱线的线密度及织物厚度，针道数决定设计花宽，路数决定设计花高。

图 6-12　无缝内衣机外形

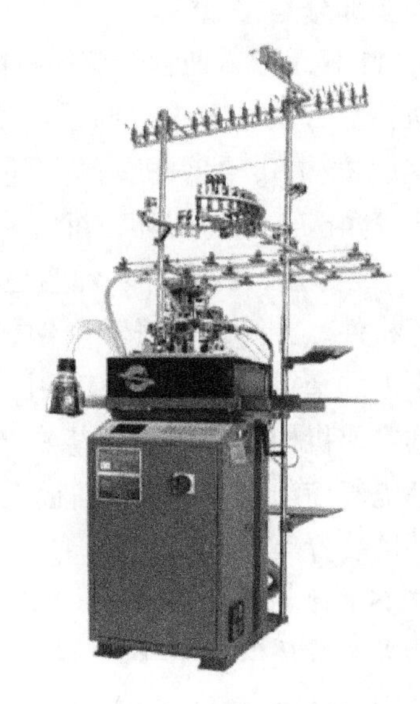

图 6-13　普通圆袜机外形

（一）单面多针道圆机

1. 构造特点

单面多针道圆机一般使用的针筒三角是封闭式三角。一般分为成圈、集圈和浮线用三种三角，如图 6-14 所示。为使封闭式三角和针踵圆滑移动，在设计上尽量减少三角与针踵的空隙。如空隙大，在织针快速运转时，在针变曲点（如从织针上升运动变为下降运动时的变化点）针的无效上下运动就会增大，会导致针各部位的磨损，针踵的磨损就会增大，也会导致三角轨迹的磨损。为此，必须考虑三角轨迹的角度，使针的无效移动达到最低限。安装时将沟槽套在三角座中嵌入的三角定位键上，这样左右位置可以固定。在三角定位键上分段具有使决定三角位置的棱卡，如图 6-15 所示。将三角装在这个部位，使决定各个跑道的三角位置。三角名称自上向下分别定为 A 跑道、B 跑道、C 跑道、D 跑道。

(a) 成圈三角

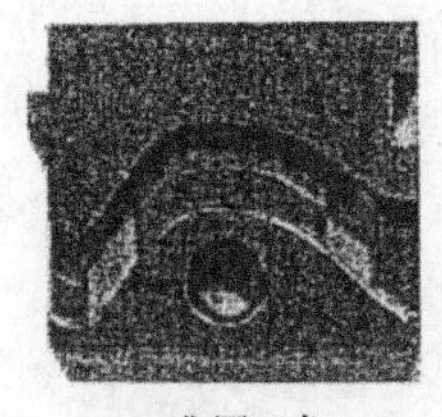

(b) 集圈三角

(c) 浮线三角

图 6-14　封闭式三角（针筒三角）

与针筒三角相同，沉降片三角也是封闭式三角的一种。传统的沉降片三角是单向推动式，

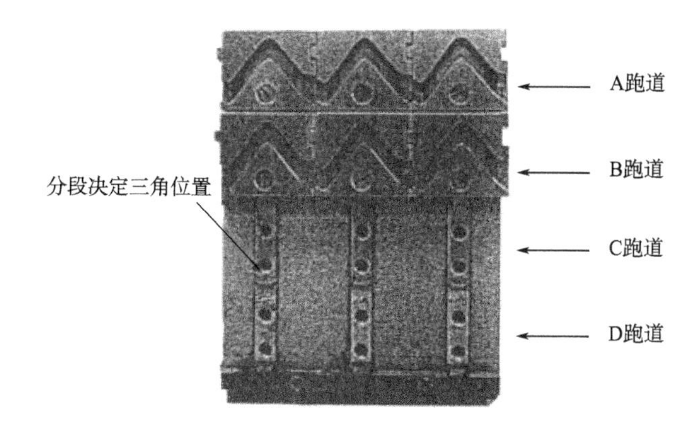

图 6-15　二跑道三角排列

如图 6-16 所示，沉降片片踵与主体中间，沉降片的进退移动是以沉降片的主体和片踵进行的。这种运转方式，在机器高速运转时，沉降片的主体会受到超负荷；而退出时，沉降片片踵前部受力，会导致沉降片受力部位和三角磨损。封闭式沉降片三角被称为双向推动式沉降三角，如图 6-17 所示。双向推动式则在推进时，使受力点分散在沉降片本身和片踵两个点上；而退出时，三角轨迹可以控制沉降片片踵，从而减轻受力。这种技术处理能使机器在高速运转时沉降片和三角不出现磨损，保证机器安全正常运转。另外，双向推动式沉降片三角机型所使用的沉降片片踵的后部有一个片脚，作用是使沉降片上下游荡程度恰到好处。

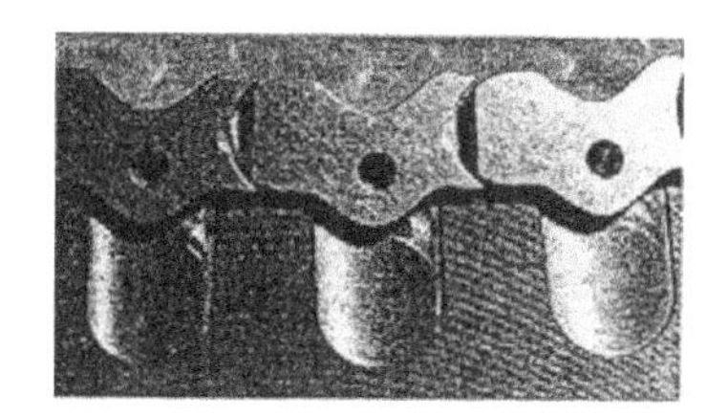

图 6-16　单向推动式沉降三角片

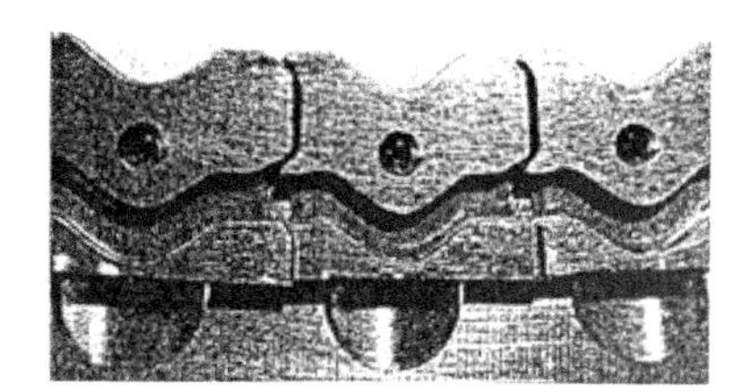

图 6-17　双向推动式沉降三角片

单面多针道圆机使用的导纱器安装有针舌保护板（图 6-18）。作用是将导纱孔用一块板挡住，防止针舌进到导纱孔，这样导纱器位置调整更加简便。还可以防止由于导纱器位置调整误差导致的针舌损坏。为使纱线从导纱口顺利通过，减少摩擦，导纱孔是斜开的。

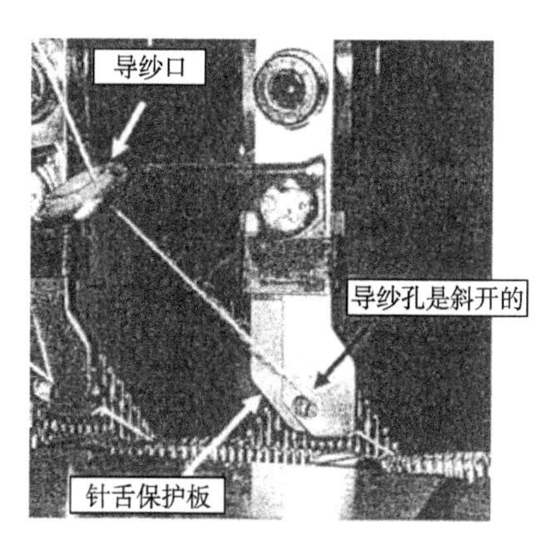

图 6-18　舌针保护板

四针道针织机有四种织针，它们的针踵位置各不相同，分别为 A、B、C、D，如图 6-19 所示。针踵上下端面削成平面，这样的针上下移动造成的针踵与三角轨迹之间所受的力可以用一个面来支撑，可分散受力。把针踵上下端削成一个平面还可以防止编织过程中产生的外力导致的磨损和断针。最新型针是将针踵上下四个端面削成圆形，这样不受圆机旋转方向的限制。

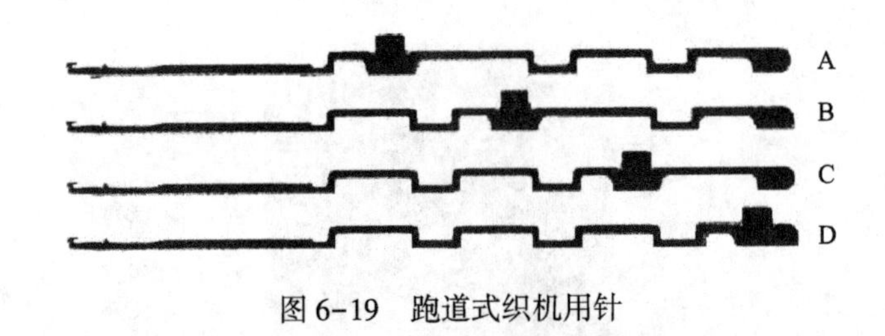

图 6-19 跑道式织机用针

三角轨迹转折点上针的无效运动的大小由针的重量决定。针越重，无效运动越大，反之则越小。因此，要想使圆机速度加快，重要的条件之一就是减轻针的重量。高速圆机上使用的织针，基本上在不影响编织功能的前提下，将针不需要的部分切掉，从而使之重量减轻。这种针被称为弯曲针，被用于早期的高速圆机。随着圆机技术的发展，对速度要求也不断提高，出现了减轻针。原理是将整体一部分削成弯曲型，以缓和高速运转带来的碰撞。沉降片与织针存在同样的问题，为减轻重量将不需要的部分切掉。沉降片插入在筒口环的部位有两个缺口，这个部分往返于槽内，可以防止棉絮积在筒口环槽内。

2. 产品设计举例

根据要求编排织针和三角，完成相应的花型结构。织针可根据花型的不同，排列成不对称式（即步步高“/”式或步步低“\”式）和对称式（即∧式或∨式）以及无规则式。排针的方式不止以上五种，根据设计要求，还可以组合成很多种。但是，无论怎么排列，必须满足的条件是：设计的花型中，不同的纵行数一定小于或等于机器的轨道数，否则无法完成花型的编织。

（1）斜纹织物。斜纹织物是利用成圈、集圈、浮线等线圈单元有规律地组合而成，使织物表面形成连续斜向的纹路，形成类似机织物的外观，通常分为单斜纹（图 6-20）和双斜纹（图 6-21）两种，后者较前者斜纹效果明显。若在机号为 E24 的四针道单面机上，采用 167dtex 涤纶低弹丝生产该组织织物，横密为 75 纵行/5cm，纵密为 105 横列/5cm，克重为 225g/m²，经整理后，织物结构紧密，尺寸较稳定，是一种典型的针织哔叽式斜纹织物。

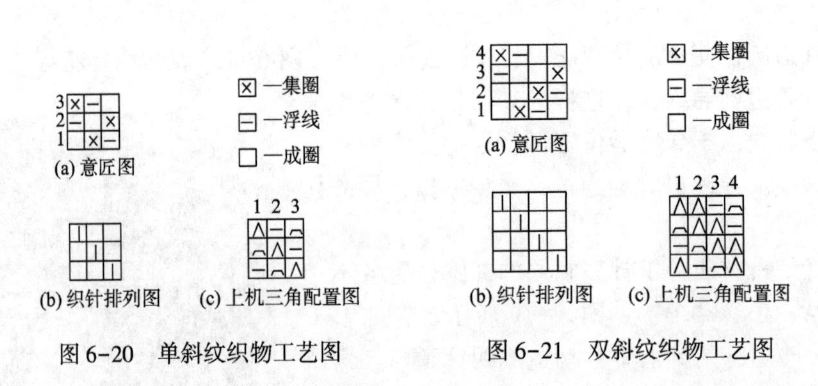

图 6-20 单斜纹织物工艺图　　图 6-21 双斜纹织物工艺图

（2）珠地网眼织物。珠地网眼织物是由线圈与集圈交错排列，织物表面可形成网眼、凹凸的外观效果并呈现颗粒状，故称其为珠地织物。织物中集圈的排列形式可为单针单列、双针单列、单针双列等多种形式。根据外观效果，多分为四角网眼珠地、六角网眼珠地等。四角网眼珠地织物有凹凸感，织物表面呈现四角形外观效果，分单四角网眼珠地和双四角网眼珠地两种，均属正面珠地面料，图 6-22 为单四角网眼珠地织物工艺图。若使用 E28 单面机，采用 76dtex 涤纶低弹丝编织，控制织物克重在 155g/m² 左右，形成的织物质地轻薄柔软，透气性好，可作夏季裙装及装饰面料。六角网眼珠地织物有凹凸感，织物表面呈现六角形外观效果，花纹效应显示在织物反面，属反面珠地面料，如图 6-23 所示。

（3）仿灯芯绒织物。灯芯绒是机织物中一种典型的产品，在针织物中，可在单面机上通过线圈与浮线或集圈的组合形成针织灯芯绒织物。一般采用双针或三针单列浮线或集圈方法形成，由于连续的浮线或集圈，织物反面形成了明显的竖条效果，但该类织物易出现勾丝现象而影响服用，集圈方式优于浮线方式，图 6-24 为仿灯芯绒产品工艺图。若使用 E24 的单面机，采用 167dtex 涤纶低弹丝编织，控制织物克重为浮线式 160g/m²，集圈式 190g/m²，形成的织物质地丰满柔软，可作秋冬衬衫面料。

（4）树皮皱织物。树皮皱织物通常采用棉纱和氨纶包芯纱交织而成，皱效果的产生源于氨纶丝的高收缩性，织物表面凹凸不平，立体感强，似树皮效果，是较流行的一种针织面料，图 6-25 为一种树皮皱织物的工艺图。1、4、7 路垫入氨纶包芯丝，其他各路垫入棉纱。

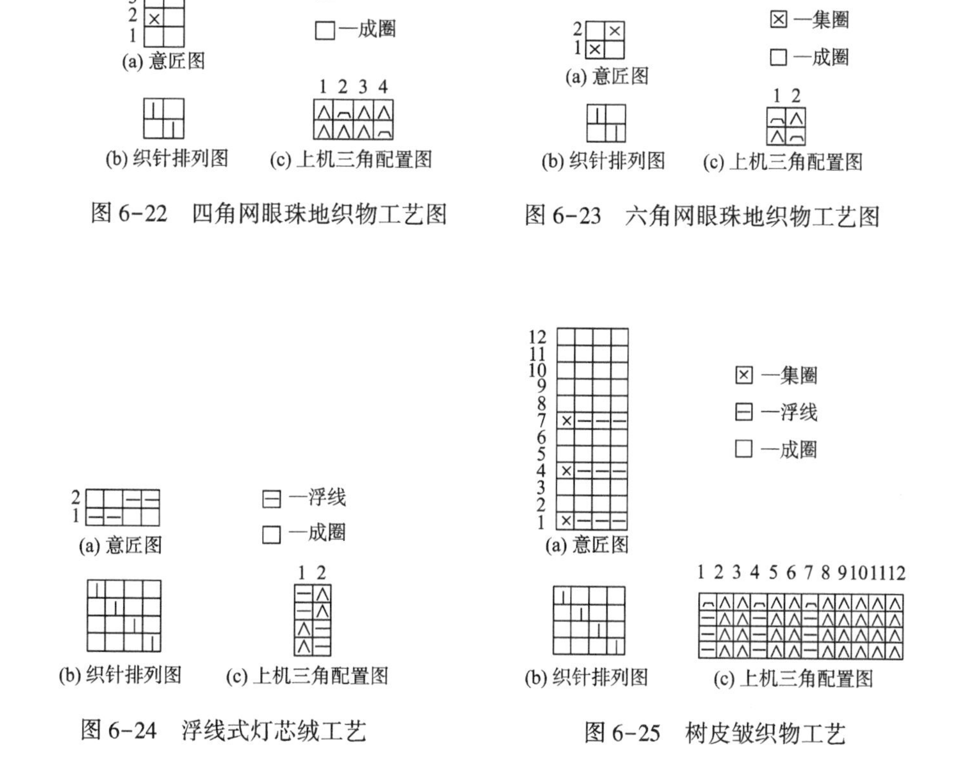

图 6-22　四角网眼珠地织物工艺图　　图 6-23　六角网眼珠地织物工艺图

图 6-24　浮线式灯芯绒工艺　　图 6-25　树皮皱织物工艺

（二）双面多针道圆机

1. 构造特点

双面多针道圆机是指上针与下针都具有两种以上的针踵和针道级数，上、下针道数目可以相同，也可以不同；上针道数一般为2，下针道数则多为2或4；还有上、下均为4针道的双面多针道针织机。按上针盘与下针筒针槽的配置关系，可分为罗纹式配置与棉毛式配置两种形式。

罗纹式双面多针道针织机又称多针道罗纹机，上下针（槽）相错配置，而且上下针对吃，弯纱为对拉式，编织时纱线承受较大的张力。这种针织机主要用于编织罗纹织物、衬垫氨纶丝的弹性罗纹织物等产品。

棉毛式双面多针道针织机又称多针道棉毛机，上下针（槽）相对配置，相错出针工作，编织时上下针编织单罗纹，并由两个或多个单罗纹组成双罗纹（两个1+1单罗纹组成）、三段棉毛（三个1+1单罗纹组成）、四段棉毛（四个1+1单罗纹组成）等棉毛织物。上下针采用单分纱复式弯纱方式，编织时弯纱张力较小，对纱线强力要求比罗纹配置低。

用双面多针道针织机可生产罗纹、双罗纹（棉毛）、罗纹复合组织、双罗纹复合组织等多种织物产品。双面多针道针织机实现了一机多用，成为针织生产中使用最多的机型之一。

2. 产品设计举例

（1）成圈连接空气层织物。由平针组织、衬纬组织和变化罗纹组织复合而成，又叫绗缝织物。其结构特点是：在进行单面编织形成的夹层中衬入不参加编织的纬纱，然后根据花纹要求，在有花纹的地方进行不完全罗纹编织形成绗缝，正反面的连接点是线圈，连接点会形成小线圈结构。图6-26所示为一种表面带有V型花纹的成圈连接空气层织物工艺图。其中，1、4、7、10成圈系统上针全部参加成圈，下针仅按花纹要求选择成圈从而形成不完全罗纹；2、5、8、11成圈系统为不成圈的衬纬纱；3、6、9、12成圈系统为全部下针编织成圈。该织物由于两层织物中夹有衬纬纱，在没有连接的区域有较多的空气层存在，织物较厚实、蓬松、保暖性好，尺寸也较稳定，是生产冬季保暖内衣的理想面料。

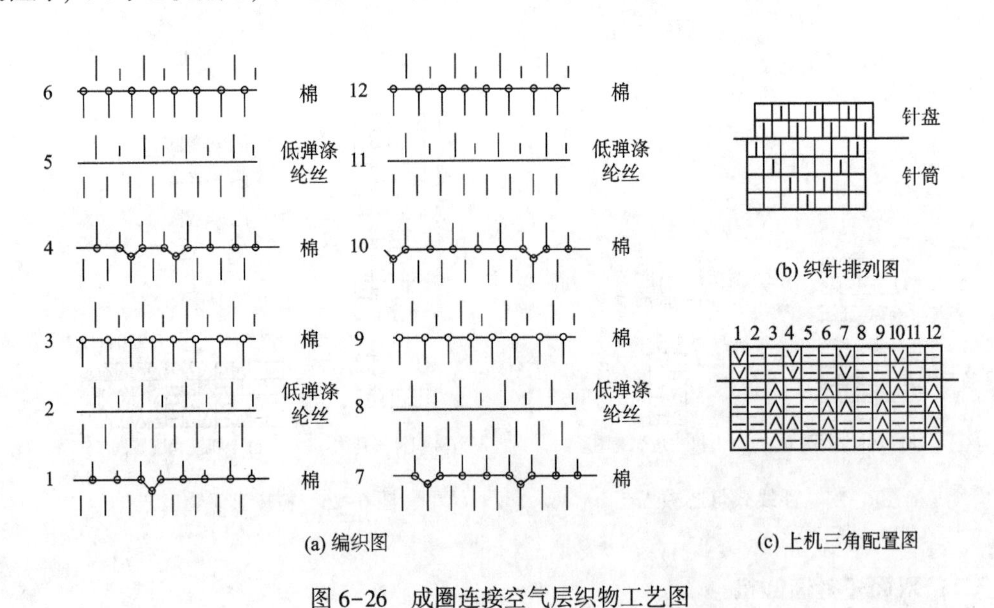

图6-26 成圈连接空气层织物工艺图

（2）集圈连接空气层织物。由平针组织、衬纬组织和双面集圈组织复合而成。其结构特点是：在第一路中，一个针床的全部织针进行单面编织；在第二路中，另一个针床的全部织针进行编织的同时，在相对的针床上，根据花纹要求有选择地进行集圈编织，同时加入衬纬纱。在织物中正反面的连接点是集圈，并在织物的一侧形成孔眼效果。图 6-27 为纵条纹空气层织物的工艺图。花宽 = 12、花高 = 1。由于在针筒针上每 12 针有一枚针集圈，并在同一枚针上，故形成了直条形的袋状效果，在编织过程中，第二路同时加入衬纬纱。

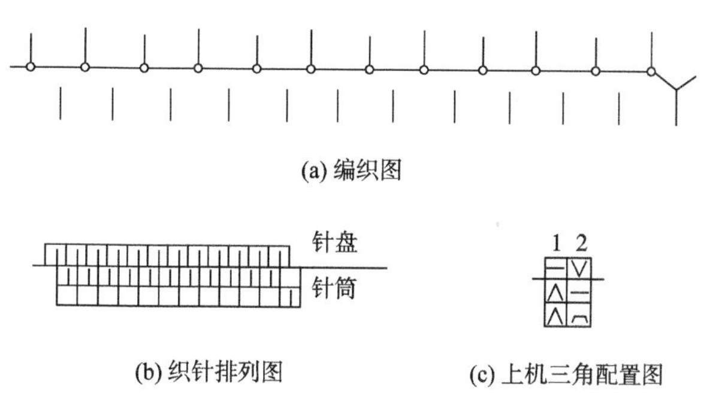

(a) 编织图

(b) 织针排列图　　(c) 上机三角配置图

图 6-27　纵条纹空气层织物工艺图

（3）双罗纹空气层织物。由双罗纹组织与单面组织复合而成。采用不同的编织方法可以得到结构不同的双罗纹空气层织物。图 6-28 为一种由 4 路编织而成的双罗纹空气层组织，也称蓬托地罗马组织。第 1、2 路编织一横列双罗纹，第 3、4 路分别编织单面平针。该织物紧密厚实，横向延伸性较小，有较好的弹性，表面有双罗纹线圈形成的横向凸出条纹效果，常用作外衣面料组织。该组织可在棉毛机和双面四针道机上生产。由于存在满针单面编织，生产中要加强设备调试和部件的微调，以保证顺利生产。

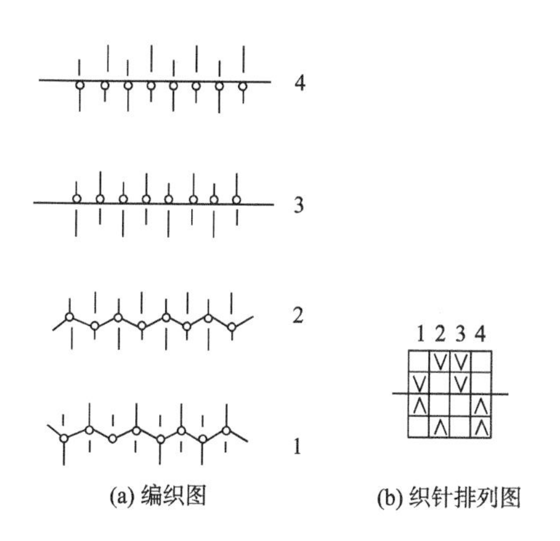

(a) 编织图　　(b) 织针排列图

图 6-28　双罗纹空气层组织工艺图

四、提花圆机

纬编提花织物是由成圈、浮线两种基本结构单元组成，织针有选择地做编织或不编织动作，使得部分线圈背后有浮线，从而形成有一定花色或凹凸效应的织物。根据针床数的不同，可以分为单面提花织物和双面提花织物，在双面提花织物中，又可以分为双面单向选针以及双面双向选针提花织物；根据线圈结构的差异，分为均匀提花以及不均匀提花织物；根据色纱数目的差异，可分为单色以及多色提花织物；按其花纹配置可分为花纹无位移织物、花纹有位移织物等几种。纬编大花纹针织物的花型范围大，且花纹变化比较多，一般需采用带有专门选针机构的提花针织机来编织。这些专门的选针机构有：推片式、拨片式、滚筒式、提花轮式及电子式等。这些提花针织机的选针机构和选针原理各有不同，将直接影响其产品的设计及上机工艺。

（一）单面提花圆机

单面纬编提花组织结构可分为均匀和不均匀两种，每种产品又有单色、双色和多色之分。下面按其组织结构的分类方法，以产品设计实例分别介绍其产品的外观风格、特点及产品的设计方法。

1. 单面均匀提花织物

在结构均匀的提花组织中，所有线圈大小基本相同（线圈指数相同）。在编织时形成花纹的织针，在给定的成圈循环周期内进行一次成圈编织。例如，在编织三色均匀提花组织时，三个成圈系统为一个编织周期，在这一周期中每枚织针只有一次参加编织，而且必须都参加一次编织，从而形成一个线圈横列，所形成的线圈大小基本相等，线圈指数相同，且结构均匀，故其织物的外观比较平整，不产生折绉现象。若用较细的纱线编织，会形成轻薄、柔软的风格，可做裙料等夏季面料；若用较粗的纱线编织密度较大的产品，其外观挺括，配以适当的花纹图案则有很强的装饰效果。这类单面产品最大缺点是：当织物花纹图案较大且颜色较多时，织物反面会有很多很长的浮线，在穿着使用时易产生勾丝、抽丝现象；此外，单面产品在自然状态下，织物边缘有卷边现象，这也会给使用和加工带来不便。单面提花组织的产品，由于有浮线和拉长线圈存在，其织物的横、纵向延伸性较平针织物小，其中横向延伸性减小更为明显，且织物的幅宽也较纬平针织物幅宽略有减小。

2. 单面不均匀提花织物

在不均匀的单面提花织物中，织物中线圈大小不一致。织物中线圈有些较小，有些被拉得很长，同时每个线圈背后的浮线多少也不同，第一纵行均为平针线圈；第二纵行除平针线圈外，还有线圈指数为 1 的拉长线圈；第三纵行则有线圈指数为 3 的拉长线圈。这些拉长线圈在牵拉力的作用下张力很大，而且还将抽紧相邻的平针线圈。织物下机后，拉长的大线圈收缩，而平针线圈不收缩，这样同一织物中，其中不收缩部分受收缩部分的牵制将产生折绉，既使平针部分产生绉褶，同时浮线浮于织物反面形成附加层，使织物产生凹凸不平的外观。

设计此类产品时，若将凹凸花纹适当排列将形成具有明显浮雕风格、立体感很强的产品，还可给人以新颖、活泼、粗犷、随和的感觉。产生的凹凸效果（折绉显著性），主要与线圈指数的大小差异有关。线圈相差越大，折绉就越显著，但是线圈大小又受纱线性质和花型完全组织结构的制约。花型范围大小，视设备提花能力而定。折绉显著性也与纱线的弹性有关。布面的外观效应随折绉花型的不同排列而有所不同。因此，当织物中大小线圈的差距很大时，可形成凹凸显著、立体感强的产品；若线圈差距较小，则形成小绉纹的产品。

此类产品，由于受拉长线圈和浮线的制约，织物的横纵向延伸性均很小。在穿着使用时，纵向外力过大，就会使拉长的大线圈断裂，这样既影响正常使用，又破坏了原有凹凸花纹的外观效果。这种凹凸折绉织物，在普通多针道单面圆机和单面提花圆机上均可生产。多针道单面圆机需按意匠图排好织针和三角；提花机需按意匠图排列提花片和选针片。

3. 单面集圈织物

利用集圈的排列和使用不同色彩的纱线，可使织物表面具有图案、闪色、网眼及凹凸等效应的外观。在集圈组织中，悬弧被遮盖而不显露于织物正面，因此利用不同色纱可编织出具有色彩花纹的织物。且在织物中，集圈线圈的圈高比普通线圈圈高大，因此，其弯曲的曲率较小，当光线照射到这些集圈线圈上时，有比较明亮的感觉。当采用光泽较强的人造丝或有光丝编织时，即可得到具有闪色效应的外观效果。由于集圈线圈的伸长量是有限的，且线圈处于张紧状态。因此，与其相邻的普通线圈被抽紧，使与悬弧相邻的线圈凸出在织物表面，形成具有凹凸效应的花纹。

利用多列集圈的方法，还可形成类似网眼的孔眼集圈组织，由于纱线在其自身弹性的作用下力图伸直，将相邻的线圈纵行向两侧推开，结果在织物的反面形成有明显网眼的外观。集圈组织的脱散性比平针组织小，但易抽丝。由于悬弧的存在，其织物的厚度较平针织物大，横向延伸性较平针织物小，且织物的宽度增加而长度缩短。由于集圈组织中线圈大小不匀，其强力比平针织物小。

4. 单面复合织物

在单面提花集圈组织中，既有浮线和悬弧，又有平针线圈。将这三种结构适当组合，可形成具有图案、闪色及绉褶等多种外观效应的织物。同时也克服了单面提花产品浮线太长带来的不利影响。由于提花集圈复合组织同时存在线圈的三种形式，所以要求编织这类产品的机器，在每一路成圈系统选针时，既可选针编织、不编织，又能选针织集圈。只有具有三位选针（双选针）能力的机器，才能生产这种产品。采用提花集圈复合组织，将使织物的外观更为丰富、多变，其织物极富层次感和立体感。织物的反面花纹效果更为显著，故多以织物反面为使用面，此类织物常为单色轻薄产品。由于平整的平针线圈、细绉及褶裥花纹的适当搭配，使织物立体感极强，适用于作装饰用布和女装面料等。

（二）双面提花圆机

双面提花产品的花纹可以在织物的一面形成，也可以在织物的两面形成。实际生产中多采用一面提花，并把提花的一面作为织物正面花纹效应面，不提花的一面作为织物反面。织物的正面花纹由双面提花圆机的选针机构，按设计意匠图的要求，对针筒织针进行选针编织形成；织物的反面则依据针盘织针及针盘三角的排列不同形成不同的外观。

在提花组织中，由于浮线的影响，织物横向延伸性较小，且浮线越长，延伸性越小。在双面提花织物中，下针筒没有参加编织的纱线，将在上针盘上按一定的规律参加编织，因此，浮线不会太长，且被夹在正反面线圈之间，织物两面均不显露。此外，提花组织线圈纵行和横列是由几根纱线形成的，因此其脱散性较小。

1. 双面提花织物

（1）具有花纹效应的提花产品。此类产品多为线圈结构均匀的提花组织，因此织物表面平整。织物反面各色线圈呈“芝麻点”配置，且分布均匀，透露在织物正面的色效应比较均匀，故无“露底”的感觉。织物的正面是由 2 色、3 色或 4 色纱线按一定规律编织，形成一个提花线圈横列，从而使织物表面具有一定色彩花纹效应。此外，也可采用不同原料的纱线交织（如黏胶丝与涤纶丝交织等），染色后，由于各种原料的纱线着色情况不同，使织物外观具有一定的色彩花纹效应。当采用有光丝与无光丝或化纤与棉纱交织时，可产生具有闪色效应的提花产品。此类产品较厚挺，富有装饰效果。

（2）具有立体感的双面提花织物设计。使双面提花织物具有立体感，通常有两种方法：一是采用不同粗细的纱线交织，尽管其编织的组织是均匀提花组织，但由于纱线线密度不同，使织物表面产生凹凸不平的立体效应；二是采用改变线圈大小，形成大小不匀的线圈，并按一定规律分布于织物表面，较大的线圈下机后收缩，迫使较小线圈趋向织物反面，因此，较小的线圈凹进较深，较大的线圈浮凸于织物表面。从而形成具有特殊风格的各种花纹效果。织物立体感强，光泽柔和，蓬松丰满，富有弹性。如采用较细的纱线则有乔其纱的风格；若采用较粗的纱线，编织较为密而厚的织物，具有较强的毛感且有挺括的风格。

（3）针织闪光绸织物。这类产品利用无光泽与有光泽两种不同原料，将大线圈有规律地在地组织表面形成花纹。有光泽大线圈浮凸于平纹地组织之上，犹如镶嵌于织物表面的珠光颗粒所组成的图案，光彩夺目，高雅华贵，可用作妇女、儿童的衣裙料。

2. 双面集圈织物

双面集圈组织一般是在罗纹或双罗纹组织的基础上配置集圈线圈形成，因此可分罗纹集圈组织与双罗纹集圈组织两种。其产品可分为以下两大类。

第一类是织物两面分别编织两种不同的原料，通过集圈使两面相连的双面织物。如正面使用化纤丝编织，使织物外观平整、挺括、耐磨；反面使用棉纱编织，使织物反面柔软、穿着舒适、吸湿性强。集圈线圈连接织物两面，且不显露悬弧，这类“丝盖棉”产品，目前应用极为广泛，其编织方法较多（多属小花纹产品）。

第二类是网眼织物，由于织物中悬弧力图伸直，使相邻的线圈纵行彼此分开，从而在织物的表面形成凹凸状网眼效应，增加了织物的透气性和立体感，但这种织物纵向、横向延伸性较小。

3. 双面复合织物

将提花大线圈与集圈大线圈适当排列，可形成具有一定花纹图案的双面纬编织物；将单面线圈配置在双面纬编地组织中（胖花组织），可形成架空的具有凹凸花纹、立体感强的织物；利用提花组织和集圈组织复合，使产品在编织“丝盖棉”产品的同时，织物的正面具有与提花组织相同的花色效应（美化了产品的外观）的织物；利用变化罗纹组织与单面组织复合，可形成空气层织物及绗缝织物；此外还有横楞织物、网眼织物等。

（1）提花集圈复合织物。这种产品的正面既有平针线圈，又有通过提花和集圈形成的大线圈。提花和集圈均能形成大线圈，但大线圈在双面织物表面产生的效果却不尽相同。将平针线圈及提花和集圈形成的大线圈适当排列，则可形成具有一定花纹效应且有立体感的产品。

（2）胖花织物。由于形成胖花的正面线圈与地组织的反面线圈之间没有联系，且正面密度较大，从而使胖花线圈（单面线圈）凸出在织物表面，形成凹凸花纹效应。此类织物一般克重较大，弹性较好，有很强的立体感，可用作外衣及装饰布。单胖组织在一个线圈横列中只进行一次单面编织，所以正反面线圈密度差异不大，花纹不够突出。而双胖组织在一横列中连续重复两次单面编织，织物正反面密度差异大，花纹的凹凸效果更为明显，其重量、厚度也比单胖织物大，但双胖织物易起毛起球和勾丝，同时由于组织结构不均匀，使织物强力降低。胖花织物属双面纬编织物，因此也必须合理地配置上三角。

（3）空气层织物及绗缝织物。此类产品是在双面提花圆机上编织，将单面编织与双面编织复合形成的。由于有正反面单面编织存在，使织物形成空气层。可在单面编织的夹层中衬入不参加编织的衬纬纱，然后由双面编织成绗缝，故也称绗缝织物。织物由于中间有空气层，织物保暖性、柔软性良好，加入衬纬纱又使织物更丰满、厚实。

五、绒类圆机

（一）衬垫织物的编织

在衬垫组织中可分为平针衬垫（二线绒）和添纱衬垫组织（三线绒），该类织物既可以起绒方式使用，也可以不起绒方式使用。起绒的衬垫组织通常使用工艺正面做服用面，反面呈均匀的绒毛状，有较好的保暖作用。不起绒衬垫组织通常可设计成具有花纹效果的反面，作为服用或装饰织物的使用面。衬垫组织可在台车、多针道圆机、三线衬垫圆纬机、单面提花圆机等设备上生产。

通常把三线衬垫织物反面的毛纱加工成毛绒状，使其具有很好的保温性能，用作防寒保温材料。现在有的是经过起毛加工，有的是保留反面的鳞状毛纱，都被当作起毛材料使用。主要用于运动衣料、睡衣、外衣等具有吸汗、挥发性能的运动衫。编织三线绒使用四针道单面针道织机。由毛纱、面纱、地纱三路组成。面纱线圈压住毛纱，然后再加上地纱线圈织在一起，特征是毛纱不露在面料表面。因为是用三根线编在一起，故称为三线绒。毛纱花纹1∶1、1∶2、1∶3比较普遍。有的织机可以织出提花感的面料。而且一般的单面织机是由两根纱线织成，故称为双纱织物或衬垫组织。

1. 多针道三线绒圆纬机

机器有一个具有设定毛纱花纹用四针道三角；一个起形成线圈作用的主针踵用一针道三角；与这些零件相配的四种针。给纱口的数量一般是织机英寸的3倍，一种产量大的织机。为了提高生产效率，还开发了倾斜沉降片式三线绒圆纬机。通过改变针的排列、更换毛纱给纱口的三角，可以织出衬垫比例为1∶1、1∶2、1∶3等典型的三线绒面料，如图6-29所示。

2. 小提花三线绒圆机

机器通过24档或36档脚底片进行选针，可织出典型的1∶1、1∶2、1∶3衬垫织物，及小提花衬垫组织（图6-30）。路数为织机英寸的2.4倍，比针道三线绒圆纬机少。此机型的最大特征是改变衬垫组织时，只要设定推片式选择器就可以简单、迅速改变衬垫组织织法。

图 6-29　1：2 衬垫组织三线绒面料

图 6-30　小提花衬垫组织三线绒面料

3. 电脑提花三线绒圆机

机器采用电脑选针可编织 1：1、1：2、1：3 等典型衬垫组织，还可以编织丰富多彩的提花衬垫花纹。路数一般是织机英寸的 1.6 倍，是三线绒圆纬机中最少的，所以正在设计开发织机英寸 2.4 倍给纱口数的织机。除了可以在垫纱一面有花纹，也可以在正面织出花纹。可用毛纱织出花纹，织出毛纱成圈提花三线绒面料（图 6-31）和双色长圈提花三线绒面料图（图 6-32）。

图 6-31　毛纱成圈电脑提花三线绒面料

图 6-32　双色长圈电脑提花三线绒面料

（二）毛圈织物的编织

毛圈织物有单面毛圈和双面毛圈以及普通毛圈和花色毛圈。其花型设计的特点是：按设计要求或来样，选择织针垫地纱或毛圈纱，并配置相应的沉降片形成普通沉降弧或拉长沉降弧，使织物反面形成普通线圈或毛圈线圈。若经拉毛、剪绒等可使毛圈处形成绒面效应。花色毛圈的花纹多为横条、纵条、凹凸及色彩图案等。其中，凹凸图案依靠平针线圈与毛圈线圈的不同配置形成。色彩花纹则由毛圈纱的不同颜色搭配，编织出不同色彩的毛圈线圈。

1. 编织原理

毛圈组织由地纱和毛圈纱构成。地纱形成平针组织，毛圈纱形成毛圈线圈的同时，与地纱一起形成平针组织。用不同高度的沉降片片鼻可以改变毛圈的高度，可织出的毛圈长度在 1~4mm。图 6-33 所示为毛圈组织编织时针与沉降片的运动轨迹图。

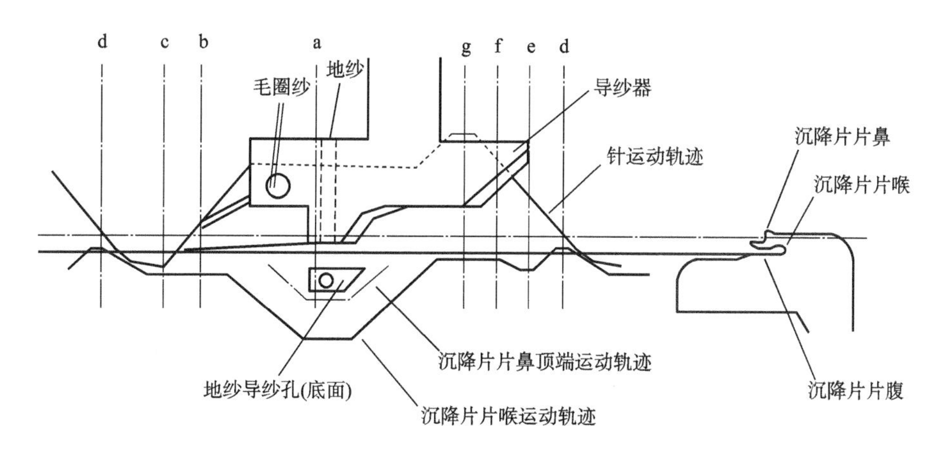

图 6-33　毛圈组织编织用针和沉降片轨迹图

图中 a~g 各个阶段的形成线圈过程的状况如下：导纱器的纵向导纱孔位于沉降片最后退地点并靠近织针和沉降片片腹，从纵向导纱孔垫入纱线；沉降片在推进过程中，地纱进入沉降片片喉内，向织针喂纱；地纱向沉降片片喉垫入的同时，毛圈纱从沉降片片鼻上垫入，从而 2 根纱同时垫入到织针；地纱和毛圈纱的 2 根纱在弯纱阶段时，旧线圈开始脱圈并形成地线圈和毛圈；线圈形成后，为将旧线圈确实移到织针后背，沉降片向内侧推进，用片喉将旧线圈推到内侧；随着织针上升，毛圈倒向内侧；此时沉降片后退，使毛圈移到片鼻上的台阶部；再次推进沉降片，利用片鼻上的台阶部进行固紧毛圈纱的圈干，使毛圈高度均匀一致，并且织针下降时能够防止针舌进入线圈而产生的“积圈”现象；织针上升到最高点时，旧线圈从针舌脱离。

2. 正包毛圈织物

这种织法是由地纱和毛圈纱构成的平针组织。地纱将毛圈线圈全部盖住，在面料的正面只露出地纱。编织这种面料时，使用专用针、带折型片鼻的沉降片专用沉降片三角。

3. 反包毛圈织物

反包毛圈组织是指毛圈纱将地纱全部盖住，面料正面只露出毛圈纱。因此，面料表面地纱与毛圈纱的位置与正包毛圈组织正好相反。编织这种面料时，需要使用反包编织用针（针钩内偏后椭圆形）、带折型片鼻沉降片、反包用沉降片三角。

4. 正反包毛圈织物

正反包毛圈组织是指介于上述两种面料之间的一种地纱与毛圈纱的覆盖程度各为一半，正面既露出地纱也露出毛圈纱。编织时使用针钩内圆形状针、带折型片鼻沉降片及正反包用沉降片三角。

六、无缝内衣圆机

无缝针织的概念始于 20 世纪 80 年代，当时的生产设备主要用于袜子及针织衣物的工业化生产。如今无缝工艺已经取得了极大发展，并越来越多地应用于服装领域的各个方面。无缝针织技术的一个显著特点是不需要或只需很少的缝合工序。所谓无缝内衣就是采用专用设备生产出的无侧缝针织服装。它运用生产高弹性针织外衣、内衣和高弹性运动装的高新科技，使颈、腰、臀等部位无需接缝。无缝针织技术集舒适、贴体、时尚、变化于一身，不仅令消费者爱不释手，同时也成了许多国际知名品牌设计师的灵感来源。无缝内衣以其优良的服用性能迅速风靡全球。

1. 无缝内衣圆机的主要机构

无缝内衣圆机分单面和双面两类，可分别生产单面和双面无缝针织内衣产品。目前使用较多的是单面无缝内衣机。单面无缝内衣圆机针筒上的一个针槽里从上到下依次为舌针、选针片，它们和三角装置的配置关系如图 6-34 所示。其中 1~9 为织针三角，10 和 11 为中间片三角，12 和 13 是选针片三角，14 和 15 为选针装置。图中的黑色三角为可动三角，即可以由程序控制，根据编织要求处于不同的工作位置，其他三角为固定三角。

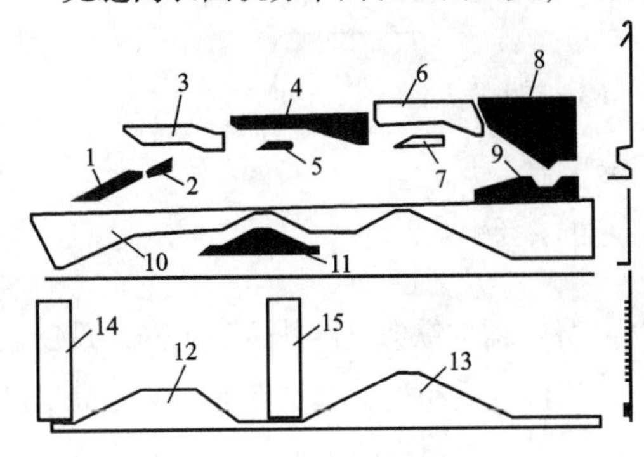

图 6-34　成圈机件与三角装置的配置关系

集圈三角 1 和退圈三角 2 可以沿径向进出运动，当它们退出工作时，针织的工作状态是由选针装置控制的。由选针片三角 12 选上的织针上升的高度是集圈高度，对应的选针区称为第一选针区；由选针片三角 13 选上的织针上升的高度是退圈高度，对应的是第二选针区。中间片三角 11 可以将第一选针区选上的织针推向退圈高度。

2. 添纱组织织物的编织原理

单面无缝内衣机的产品结构以添纱组织为主，包括平纹添纱织物、浮线添纱织物、添纱网眼织物、提花添纱织物、集圈添纱织物和添纱毛圈织物等。编织的组织结构除与三角的工作状态、选针有关以外，还与穿纱方式有关。下面以平纹添纱织物和浮线添纱织物为例进行介绍。

（1）平纹添纱织物。在平纹添纱时，所有织针在两个选针区都选上成圈，在 1 或 2 号纱嘴处织针钩取包芯纱做底纱，在 4 或 5 号纱嘴处织针钩取其他纱线做面纱。其织物结构如图 6-35 所示。

（2）浮线添纱织物。在做添纱组织时，底纱始终编织，而面纱根据结构和花纹需要，只是有选择地在某些地方进行编织，在不编织的地方以浮线的形式存在就形成了浮线添纱组织，如图 6-36 所示。当底纱较细时可以形成网眼效果，而当底纱和面纱都较粗时，可以形成绣纹效果。在编织时，在第一选针区被选上的织针经收针三角 4 后下降，如果在第二选针区不被选上，就沿三角 7 的下方通过，此时它就不会钩取到 4、5 号纱嘴的纱线，使其以浮线的形式存在于织物反面，只能钩到 1 或 2 号纱嘴的纱线，形成单纱线圈；而在第二选针区又被选上的织针，将会沿三角 7 的上方通过，可以钩到 4、5 号纱嘴的纱线，形成面纱，再钩取底纱与面纱一起形成添纱，如图 6-37 所示。

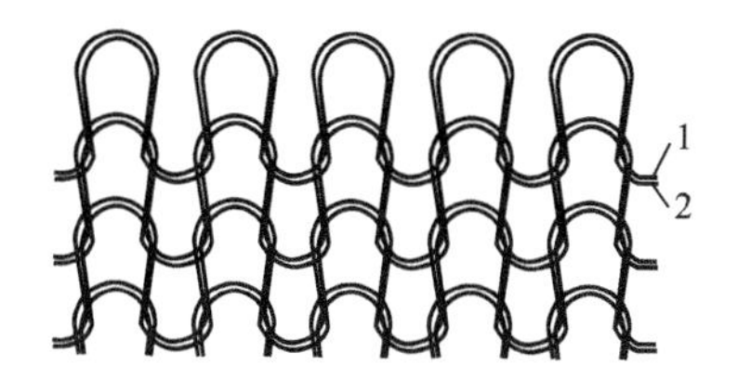

图 6-35 平纹添纱组织

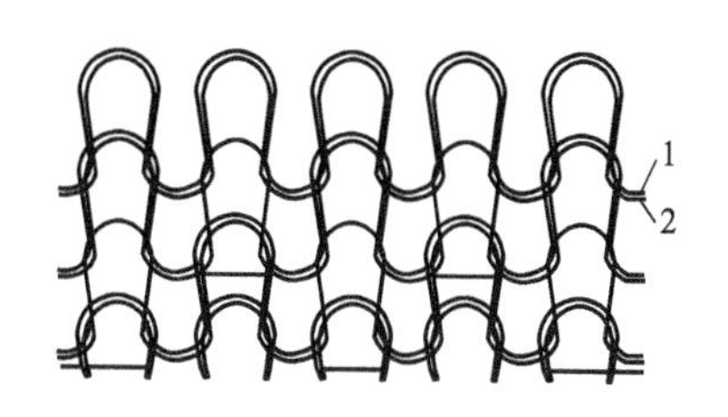

图 6-36 浮线添纱组织

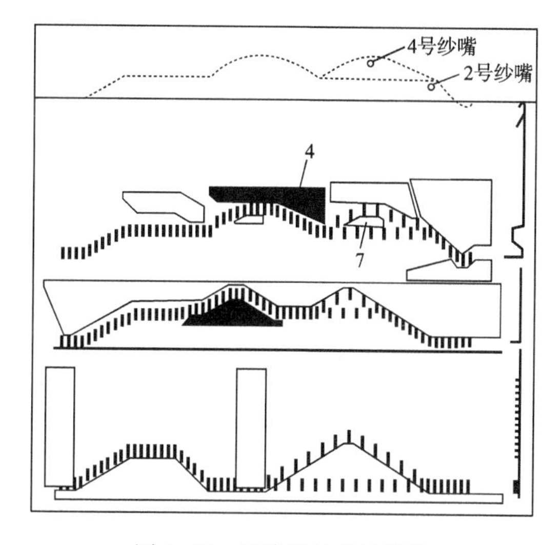

图 3-37 浮线添纱走针轨迹

第三节 横机加工技术

随着毛衫产业和自动化信息技术的发展，横机作为生产毛衫的主要机械设备经历了从全人工的手摇横机到全自动的电脑横机，从只能生产衣片的横机到一线成衣、天衣无缝的全成型电脑横机的巨大变迁。技术的发展使得针织横机自动化程度提高，纱线品种适用性增强，横机产品种类增多。

一、横机技术发展史

横机最早是由德国 STOLL 公司发明，该公司于 1873 年成立，在公司成立几年后 Heinrich Stoll 先生就发明了第一台双反面横编机，成为针织技术史上重要的里程碑，并由此开始了横编机的生产革命。在随后的几年里 STOLL 公司对产品进行不断的创新，从提花选针装置到第一台电脑横机，到世界上第一个专业的花型设计系统。在这 130 多年的发展史中 STOLL 成功地成为世界一流的横机生产厂家。

日本岛精公司成立于 1962 年，在成立时还是一家制造横编机的小工厂。从 1964 年起，开始制造电脑横编机时已是处于针织技术领先的位置，但是还是在一直寻求更佳的编制方法。从1964年，成功开发全制动手套机，到1967年的FKC横编机，到1970年的全自动无缝手套编制机，到1978年的ENC系列横编机，到1982年SDS-500设计系统，到1995年的世界首台全自动成型无缝合电脑横编机，到2007年的可立体表现的全成型SDS-ONE APEX设计系统，到2011年，开发世界第一台可编织成型的电脑横编机。

瑞士STEIGER公司成立于1949年，从1963年开始生产提花机，从1980年开始生产电脑横编机，在巴黎举行的1999年国际纺织机械展览会（ITMA）上，该公司展出了第一台多机头设备，该设备取消了传统的三角机头，采用了前针床和后针床三角机头分离设计，可同步驱动两个三角机头，在横机设计领域引起了极大的关注。通过该先进技术，可以直接从上部向导纱器喂纱，并且该设备所配备的每把电动导纱器均由各自的电动机独立驱动。2008年，在Gemini理念的基础上，公司推出了Libra系列，该设备配有3个系统和16把电动导纱器，嵌花品质大大提升。2010年，对参照设备Aries型号进行了革新，并在亚洲展览会上展出了新Aries系列设备，并于当年被宁波慈星收购。

意大利PROTTI公司成立于1955年，在1957年该公司生产了第一台P457系列自动横编机，在1971年，PROTTI发明了世界上第一台PDE系列带电子控制选针器的横编机，并被世界其他生产商引用；时至今日，该技术仍为PROTTI的核心技术，这是第一次横编机与电子编程相结合，它亮相于1971年在巴黎举行的ITMA展览上，它只需要将花型输入在电子模板上就可以让机器执行动作。在随后的几年PROTTI又生产了P900、PT22、P500等横编机，该公司的机器在中国占有比例很少，一般分布在南美、欧洲、中东等地区。

1910年横机传入我国，1921年我国开始制造这种横机。从此，针织横机作为替代手工编织毛衣产品的机械，成为我国针织行业的主要编织设备，在此后的若干年间，虽然出现了半自动和机械全自动横机，但是因为这些横机机构复杂，花型受限，特别是没有能够真正解决自动收放针的问题，都不能够完全取代手摇横机，直到电脑横机问世。

二、横机的分类及其基本结构

根据传动和控制方式的不同，一般可将横机分为手摇横机、机械半自动横机、机械全自动横机和电脑横机。随着科学技术的发展，电脑横机已成为市场上的主流机型。下面以手摇横机和电脑横机为代表进行介绍。

1. 手摇横机

手摇横机适合棉、毛、麻、丝、羊绒及各种化纤、混纺纱线的编织。产品能够随意编织平纹、罗纹、间色、坑条、三平、四平、挑孔等花式的内外服装、手套、帽子、围巾等；能够作为提花编织机、电脑提花编织机的织后片、罗纹的辅助设备，经济实惠；也能够作为纺织服装、大圆机针织服装的织领、袋、罗纹口的辅助设备。在针织服装创作过程中，手摇横机比电脑横机更为灵活与方便。

如图6-38所示，手摇横机全机由130多个零件装配而成，主要构成部件有机架、针板、导轨、龙头、花板。

（1）机架。有两个山头，两根横梁将山头连接成一个整体，是一个铸造件。机架上安装

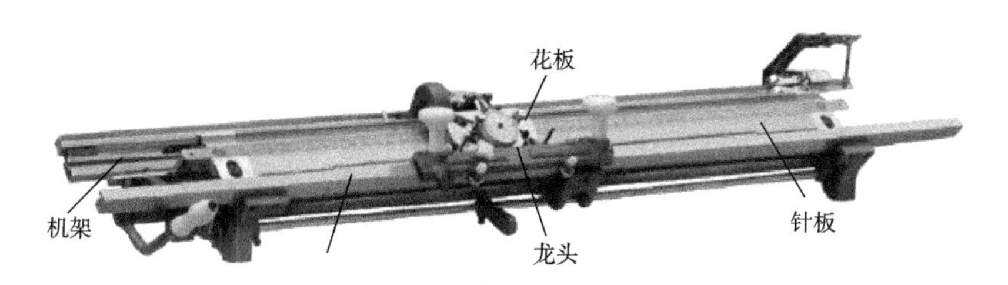

图 6-38　手摇横机示意图

有扳手、扳手固定螺丝、托针板螺丝、托针板螺丝压簧。

（2）针板。钢板选用优良钢材精制热处理获得，具有优异的耐磨和防锈能力，铣出槽孔，有大压条、小压条、机针、豆腐块及固定螺丝。

（3）导轨。导轨是铸件或特殊钢材加工而成的，它用固定螺丝拴紧在机架上，一般分前后两支，为机头行走的轨道，后导轨的上方还有一根纱嘴导轨，主要供喂纱嘴随机头左右平稳移动或更换纱嘴时用。

（4）龙头。横机的心脏，整个机头的零部件都安装其上，它的零件有前后推子、推手焦木球及螺丝、推手滑块，滑块上装着轴承。龙头上前边部分装着三眼盖板，通过三眼的螺杆是起针三角拉杆，中心眼里的螺杆叫活鸡心拉杆螺丝，拉杆井圈和起针三角小扳手、活鸡心小扳手、机头表面有刻度的叫刻度板，刻度板上装青小压板，刻度板中心的螺杆叫两头螺丝。两头螺丝下端部拴紧在大三角上，两头螺丝中心装着指针，指针上面装着元宝螺丝。龙头后边安装着摆梭架，摆梭架上装有摆杆、梭杆，机头后边部还装着插销开关，机头上面的主要机件是花板。

（5）花板。花板是横机的中枢，它有底板座、镶片结构，所有三角都安装在底板座上，花板上的三角有起针三角、鸡心三角、人字三角、大三角。

2. 电脑横机

图 6-39 显示了电脑横机的外形。纱筒 1 安放在机器上方，纱线经纱架 2 和给纱装置 3 输送到编织机构。编织机构包括插有舌针的针床 4 和往复移动的机头 5，其中机头内配有三角、导纱器等机件。机头沿针床往复移动编织出的衣片被牵拉机构 6 向下牵引。7 是电脑操作面板。整台电脑横机还包括针床横移机构、传动机构、机架、电气控制箱和辅助装置等部分。

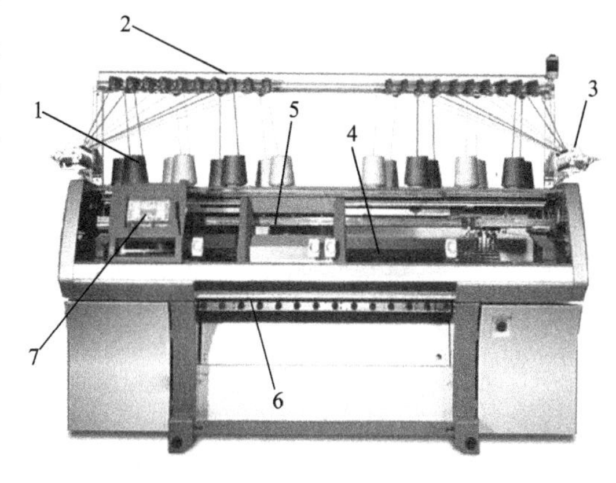

图 6-39　电脑横机外形

三、电脑横机编织原理

电脑横机其实是一种双针板舌针纬编织机，它的三角装置犹如一组平面凸轮，织针的针脚可进入凸轮的槽道内，移动三角，迫使织针在针板的针槽内做有规律的升降运动，并通过针勾和针舌的动作，就能将纱线编织成针织物。织针在上升过程中，线圈逐步退出针勾，打开针舌，并退出针舌挂在针杆上；织针在下降过程中，针勾勾住新垫放的纱线，并将其牵拉弯曲成线圈，同时原有的线圈则脱出针勾，新线圈从旧线圈中穿过，与旧线圈串联起来，众多的织针织成的线圈串互相联结形成针织物。

下面以国产龙星电脑横机为例说明电脑横机的编织原理。

龙星电脑横机是江苏金龙科技股份有限公司生产的一种多级选针式电脑横机（图6-40）。该机采用超大规模集成电路和CMOS芯片结合PWM技术的计算机控制系统和先进的伺服控制技术、步进驱动技术、机械传动技术、光电、脉冲电磁铁技术相结合实现对机器的自动控制和操作。

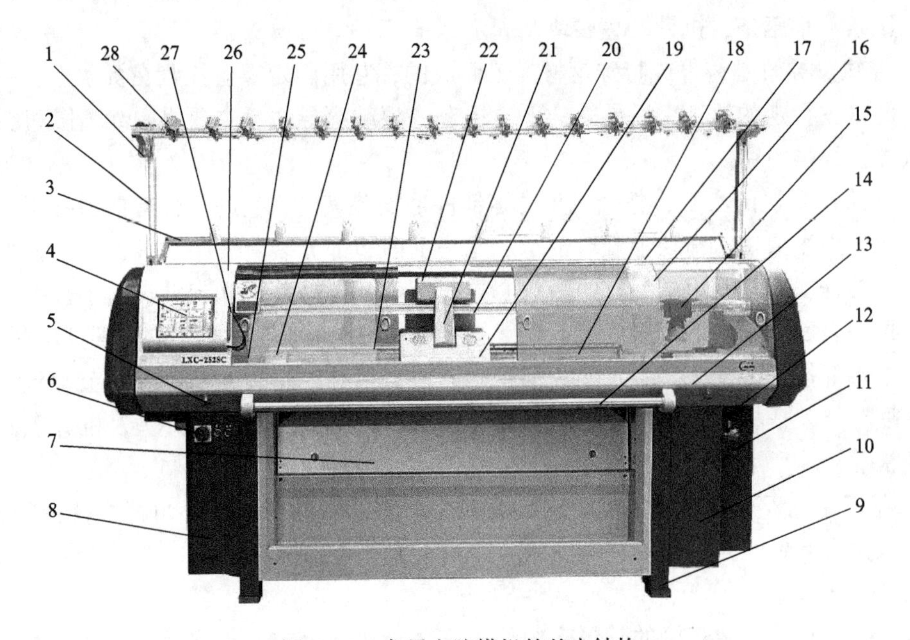

图6-40 龙星电脑横机的基本结构

1—指示灯 2—上输纱装置（天线）支臂 3—辅助纱架 4—操作面板 5—急停开关 6—电源开关 7—起底板系统 8—左侧电器箱 9—机架 10—装饰箱 11—供油润滑系统 12—主、副电动机 13—前护板 14—操纵杆 15—导纱器（纱嘴、乌斯）组合 16—有机玻璃护罩 17—置纱板 18—针床（针板） 19—机头（三角底板系统）机头护盖 20—导纱器轨道（天杠）组合 21—机头桥臂（天桥） 22—换梭系统 23—沉降片（信克片）床 24—剪刀系统 25—针床基座 26—显示器护罩 27—触摸笔 28—上送纱控制装置（电子天线台）

除上述组件外，此电脑横机还包括副牵拉（拉布）系统、摇床组合、侧送纱张力装置、主传动系统、辅助送纱器、配电盘组合等。

龙星电脑横机三角系统的平面结构如图6-41所示，每个针床的三角由两个编织系统S1和S2、两个移圈系统T1和T2、四个选针系统C1、C2、C3和C4组成。

以前三角系统为例，图6-41中各部件的名称及作用如下：

（1）推针三角。它活嵌于三角底板的凹槽内，可垂直于三角底板运动。作用于选针片片踵，选针片沿其上升时可将推片推往A位（图6-42）。

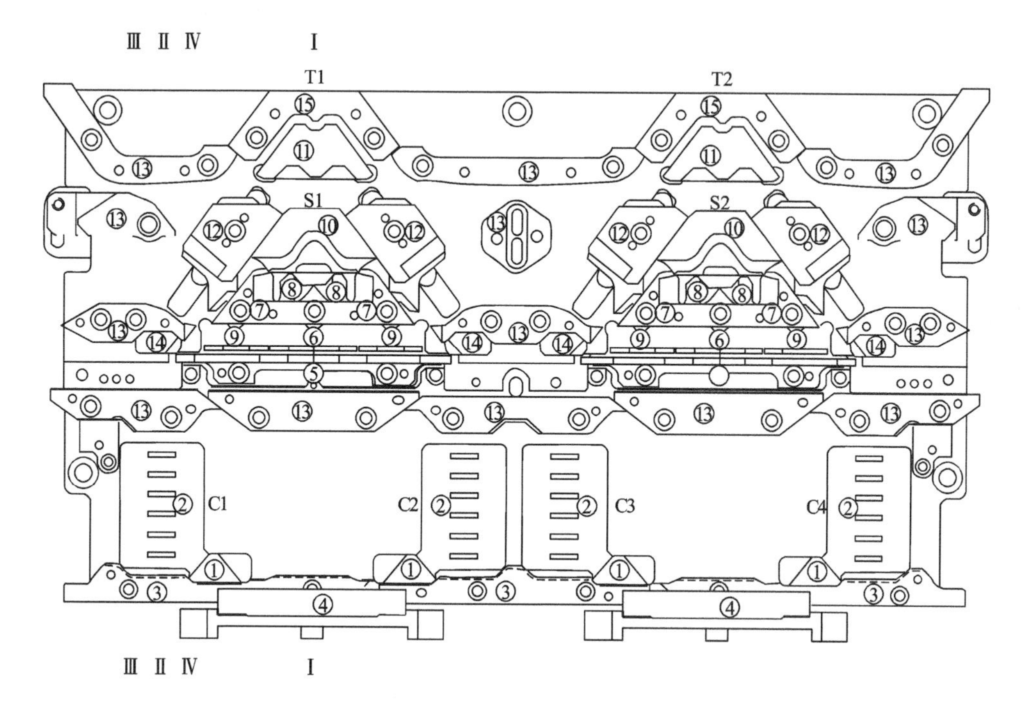

图 6-41 三角系统平面图

1—推针三角 2—选针器 3—预选针三角 4—选针片复位三角 5—不织压片 6—集圈压片 7—起针三角 8—接圈三角 9—接圈压片 10—挺针三角 11—移圈三角 12—压针（弯纱、密度、度目）三角 13—导针三角 14—推片清针三角 15—翻针导针三角

（2）选针片。它有六挡选针摆片，每挡对应一挡选针齿，每挡选针摆片分别由相应的电磁铁控制上下摆动。上摆时，不压造针片，选针片可沿三角上升进行选针；下摆时，压选针片，被压入的选针片不能沿三角上升选针。

（3）预选针三角。它固定在选针母板上，其作用是使经选针器选出的选针片沿其上升并将推片推至 H 位（图 6-42）。

（4）选针片复位三角。使那些被选针器压进去的选针片抬起回到待选位置。

（5）不织压片。它固定在压针脚固定座上，作用于 B 位置（图 6-42）的推片，其上的织针不工作。

（6）集圈压片。它安装在压针脚固定座上，可前后摆动，它固定在压针脚固定座上，作用于 H 位置（图 6-42）的推片。集圈压片工作相对应的织针参加集圈。

（7）起针三角。它固定在三角底板上，被选上的挺针片可沿其上升到集圈高度。

（8）接圈三角。与起针三角联体，翻针时其上的织针被推至接圈高度。

（9）接圈压片。它安装在压针脚固定座上，可垂直于三角底板运动。作用于 H 位置的推片。接圈压片工作时相对应的织针参加接圈。

（10）挺针三角。活嵌于三角底板上的凹槽内，可垂直于三角底板运动，作用于挺针片将织针推到最大挺针高度，起退圈作用。

（11）移圈三角。活嵌于三角底板上的凹槽内，可垂直于三角底板运动，与挺针三角形成跷跷板式的运动，移圈织针沿其上平面上升到移圈高度，同时接圈织针沿其下平面导向向下。

(12) 压针（弯纱、密度、度目）三角。活嵌于三角底板上，由步进电动机控制，可上下移动以调整弯纱深度，改变织物密度。

(13) 导针三角。固定于三角底板上，起导针、护针作用。

(14) 推片清针三角。活嵌于三角底板凹槽上，可垂直于三角底板运动，将处于H位置的推片推至B位置。

(15) 翻针导针三角。它固定于三角底板上，与移圈三角11同时使用，使上升到移圈位置的针下降。

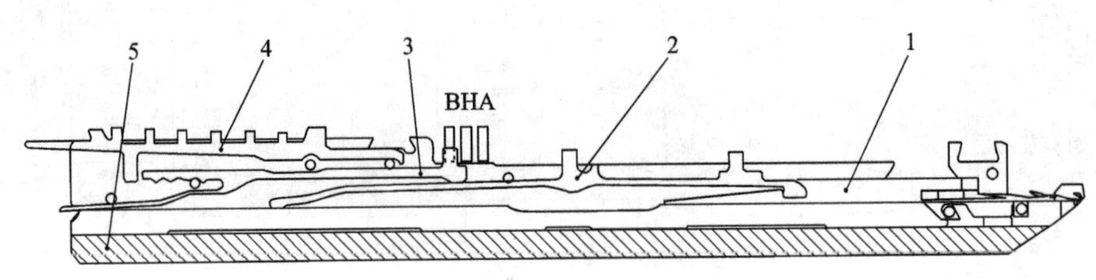

图6-42　成圈与选针机件配置图

1—织针　2—挺针片　3—推片　4—选针片　5—针床

龙星电脑横机能使织针在一个横列内达到编织、集圈和不编织三种工作状态。这三种工作状态是根据每枚织针对应的推片所处的位置（A、H、B），与不织压片、接针压片、集圈压片的运动位置配合而达到的。在编织过程中，未被选上的选针片所对应的推片处于B位置，相应的织针不参加编织；只经过一次选针（预选）的选针片所对应的推片处于H位置，相对应的织针参加集圈或接圈；经过两次选针的选针片所对应的推片处于A位置，相应的织针参加编织或移圈。

四、全成型电脑横机

用普通针织机来织一件衣服，需要把袖子、前后片一一织出，再缝合起来，成为一件完整的衣服。在全成型电脑横机面前，只要一根纱线进去就能织出一件完整的衣服，就像3D打印。全成型电脑横机技术堪称电脑横机技术中的高尖端技术，与普通电脑横机相比，全成型电脑横机机构具有配置复杂、价格昂贵、产品附加值高等特点，同时，全成型电脑横机的全成形编织原理和方法以及对应的花型设计系统的操作相当复杂。

全成型电脑横机适用于全成形产品的生产，其具备普通两针床电脑横机上的功能，同时，为了适应全成形编织，四针床电脑横机上也相应配置了四针床电脑横机独有的装置，如辅助针床、拉布装置、滑动织针等。研究四针床电脑横机上独有的这些装置的工作原理，可以帮助研究者更深入地理解四针床电脑横机的全成形原理和方法，对机构原理的精通也可以帮助产品开发者设计出实际可行的全成形产品。

以岛精公司最新的全成形电脑横机MACH2X系列介绍全成型电脑的横机的工作原理。电脑横机上配置了四个编织针床和一个纱环压脚针板。从机前看，四个编织针床分别为前上针床、前下针床、后上针床、后下针床。纱环压片针板配置在后上针床上，主要功能为喂纱时纱环压片可压低纱嘴上的纱线，使织针更易于钩取纱线，四针床的配置侧视图如图 6-43 所示。

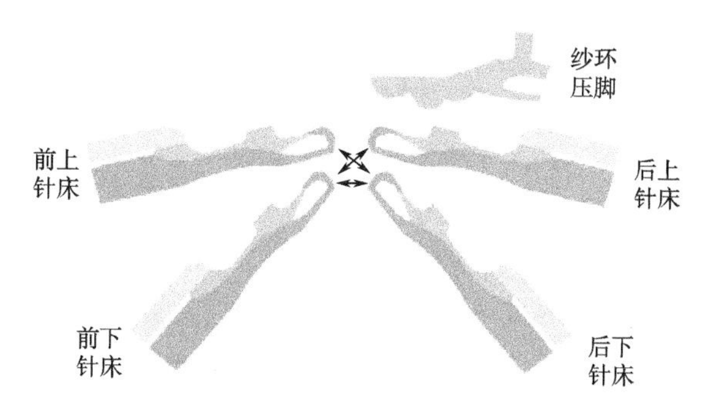

图 6-43 岛精全成型电脑横机的针床配置

1. 针床

后上针床和后下针床可以左右横移，而前上针床和前下针床是固定不动的。四针床电脑横机上的翻针情况包括：前下针床和后下针床之间可互相翻针、前下针床和后上针床之间可互相翻针、后下针床和前上针床之间可互相翻针，因此，翻针可能性增加为 6 种。后上针床和后下针床可以左右横移，而前上针床和前下针床是固定不动的。全成形编织 CAD 设计时每一行都需要对针床的使用情况进行定义，通常，针床的使用都是成对的，即指定使用前下和后上这一对针床、指定使用后下和前上这一对针床、指定使用前下和后下这一对针床。换句话说，某一行上指定好了使用的工作针床，剩下未被指定的一对针床不会工作。

全成形编织中，利用前下和后上针床形成毛衫的前片、利用后下和前上针床形成毛衫的后片，这里的上针床都是为了形成对应衣片的反面线圈或者辅助翻针。具体地，前片的正面线圈由前下针床形成，前片的反面线圈由后上针床形成且形成之后会被翻回到前下针床，前片线圈若需要进行移圈，则需要先翻到后上针床上，后上针床横移之后，再翻回到前下针床完成移圈；后片的正面线圈由后下针床形成，后片的反面线圈由前上针床形成且形成之后会被翻回到后下针床，后片线圈若需要进行移圈，则需要先翻到前上针床上，后下针床横移之后，再翻回到后下针床完成移圈。全成形编织时，永远保证前后片分开进行，当进行前片的编织或移圈时，使用前下针床和后上针床，一行编织动作结束后，线圈都将位于前下针床上，再进行后片的编织或移圈，使用后下针床和前上针床，一行编织动作结束后，线圈都将位于后下针床。若某行指定了前下和后下针床工作，则前上针床和后上针床不会参与工作。这样的方式来规定针床工作方式，保证了全成形编织过程不会出现撞针等意外情况，也降低了工艺设计师进行全成形产品设计时的难度。

2. 机头

四针床电脑横机的机头有三个三角系统，其中，中间的三角系统 S2 是编织系统，其余两个系统 S1 和 S3 是翻针系统，S1 和 S3 的定义是根据机头前进方向来命名，先行的翻针系统为 S1、后行的翻针系统为 S3，例如，当机头从左向右行时，右边的翻针系统为 S1、左边的翻针系统为S3；相反，当机头从右向左行时，左边的翻针系统为S1、右边的翻针系统为S3。四针床电脑横机因为只有一个编织系统，因此属于单系统，故进行外部加针时需要考虑编织方向，需保证编入加针，因为机头编入时在边针上挂1针，到下一行编织才能形成完整的线圈，如果在机头编出时加1针，该针上的线圈会脱落。四针床的每一个针床均可进行三功位编织（成圈、集圈、浮线）。机头三角可以控制下面的两个针床上进行两段度目编织（同一行上，相邻的两根织针形成的线圈密度不同，一个是设定的线圈密度，另一个是在设定线圈密度上增减过的密度）。

3. 电子式送纱装置

由于编织过程中，纱线种类不同、纱筒大小变化、机头急速回转、车间温湿度等因素会影响纱线的张力大小，因此会导致每一行的送纱量不同，引起每行线圈的不均匀，最终导致布面品质变差，为了改善这一客观事实，可以通过测定每一行的送纱量，通过不断地比较该送纱量与设定送纱量额差异值，从而在下一次送纱时增加或者减少送纱量，保证最终的整件织物的送纱量恒定，从而保证生产品质。在MACH2机器上配备了电子式送纱装置：数控纱环控制系统DSCS（digital stitch control system）和智能型数控纱环系统+能动张力控制装置i-DSCS+DTC（intelligent-digital stitch control system+ digital tension control）送纱装置，DSCS可以实现一边测定纱线使用量，一边调整送纱量，i-DSCS+DTC可以根据需要以电子自动控制进行送纱及纱线相反方向送纱，适合羊绒等脆弱易断的难编织纱线的送纱，保证整件产品的线圈大小均匀。事实上，DSCS属于被动式送纱系统，而i-DSCS+DTC则是根据纱线张力变化的多少来进行主动式送纱。

4. 成形原理

四针床电脑横机编织的全成形毛衫可以抽象为带有开口的筒状结构，因此，其成形编织以圆筒编织和开口编织为基础，圆筒编织用于形成身筒、袖筒等，开口编织用于形成V领形状以及开衫形状。

形成圆筒状平针结构的前后片比较简单，机头右行时，编织系统（S2）带纱嘴，后下针床编织一行，形成后片的第一个编织行；左行时，编织系统（S2）带着纱嘴，前下针床编织一行，形成前片的第一个编织行，如图6-44所示。这样，便得到了高度为一行的圆筒。重复

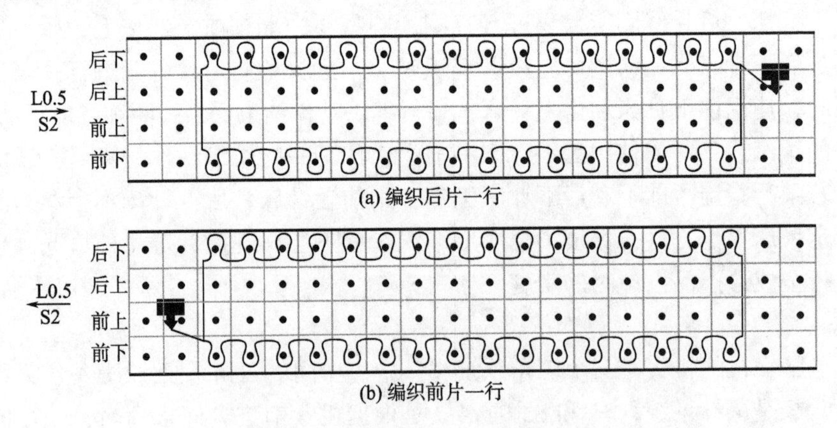

图6-44 圆筒平针结构的编织原理

上述过程，便可得到高度不一的圆筒。通常，四针床电脑横机上，前下和后上这对针床用于编织全成形毛衫的前片，而后下和前上针床用于编织全成形毛衫的后片，再加上四针床电脑横机只有一个编织系统，故机头从左向右行时通常编织后片一行，机头从右向左行时编织前片一行。

四针床电脑横机上利用 C 形编织方法在圆筒基础上形成开口，利用 C 形编织方法可以形成开衫、V 领等结构。以 V 领的形成说明 C 形编织的基本原理。V 领编织的初始状态时机头和纱嘴都在左边。机头从左向右行，编织后片上的一行；机头从右向左行，编织右边 V 领一行；机头从左向右行，编织右边 V 领的第二行；机头从右向左行，编织后片上的第一行；机头从左向右行，编织左边 V 领一行；机头从右向左行，编织左边 V 领的第二行；不断重复以上过程，且过程中同时进行 V 领线处的收针，可得到带 V 领的圆筒。由于以上纱嘴带纱编织过程类似于形成 C 字，所以称为 C 形编织。

参考文献

[1] 蒋高明. 针织学 [M]. 北京：中国纺织出版社，2012.
[2] 宋广礼，杨昆. 针织物组织与产品设计 [M]. 3 版. 北京：中国纺织出版社，2016.
[3] 宋广礼. 电脑横机实用手册 [M]. 2 版. 北京：中国纺织出版社，2013.
[4] 蒋高明. 纬编针织物生产技术. 江南大学教育部针织技术工程研究中心，2017.
[5] 王敏，丛洪莲，蒋高明，等. 四针床电脑横机的全成型工艺 [J]. 纺织学报，2017 (4)：61-67.

第七章　新型经编针织技术

第一节　经编针织物概述

经编是采用一组或几组平行排列的纱线于经向喂入机器的所有工作针上同时成圈形成针织物的方法，所形成的织物称为经编织物。经编工业发展至今已有200多年的历史，已成为战略新兴产业的主要组成部分。经编作为纺织行业的重要支柱，其产品技术含量高，应用范围广，市场潜力巨大，是高端服装、家纺、产业用纺织品的重要来源。

一、经编机结构与分类

经编机的种类很多，通常由主要机构和辅助机构组成。

(一) 主要机构

经编机的主要机构如图7-1所示。

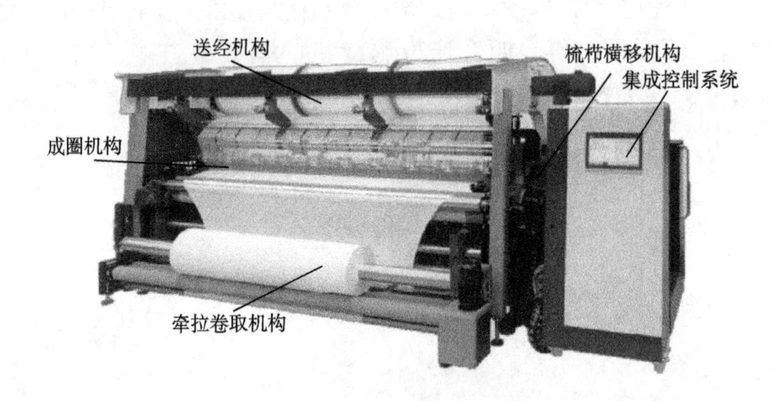

图7-1　经编机的主要机构

1. 成圈机构

成圈机构是将经纱形成相互串套的线圈而形成经编织物的机构。主要的成圈机件有织针、沉降片及导纱针等。它们从主轴经各自的机构传动，互相配合做成圈运动。

2. 送经机构

送经机构将经轴上的纱线输送给成圈机构进行编织。送经机构通常有两大类：一类是以机械和电气传动装置主动输送经纱的积极式送经机构；另一类是靠经纱编织过程中产生的张力拉动经轴退绕的消极式送经机构。

3. 横移机构

横移机构是控制导纱梳栉按照组织结构的要求做针前和针后横向垫纱的机构。由于不同经编机所需的起花特性和能力不同，梳栉横移机构的类型有多种。

4. 牵拉卷取机构

牵拉卷取机构是在一定的张力和速度的控制下，将织物从成圈区域引出，并卷成布卷的机构。

5. 集成控制系统

集成控制系统由工控机和触摸屏等部件组成，控制经编机的送经、横移、成圈和牵拉卷取等运动。

（二）辅助机构

1. 扩展产品花色品种的机构。

扩展产品花色品种的机构有匹艾州（Piezo）贾卡机构（图 7-2）、毛圈机构（图 7-3）、压纱板（图 7-4）等。

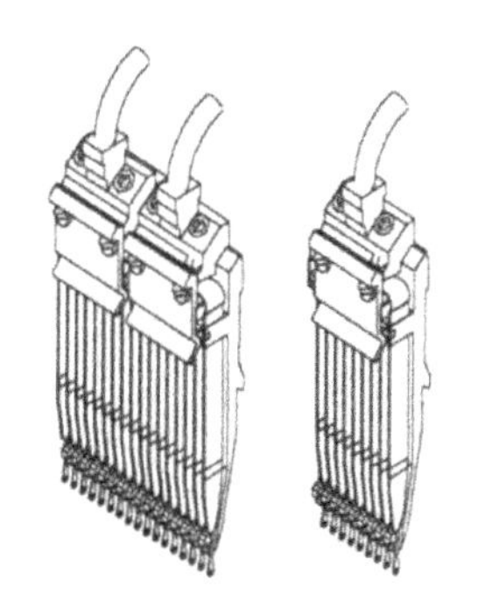

图 7-2　匹艾州贾卡导纱针

图 7-3　毛圈沉降片

图 7-4　压纱板

2. 使机器便于调整和看管的机构

为方便调整机器，保证机器慢速转动的慢速传动装置；经纱张力过大导致纱线断头时，使机器停机的断纱自停装置；坯布出现疵点时使机器停机的疵点检测装置；检查机器转速和产量的电气装置等。

二、经编织物组织及结构

经编组织及其织物结构的表示方法有垫纱运动图、垫纱数码、穿经图、线圈结构图与意匠图等。

（一）垫纱运动图

垫纱运动图是在点纹纸或者方格纸上根据导纱针的垫纱运动规律自下而上逐个横列画出其垫纱运动轨迹，如图 7-5 所示。点纹纸上的每个点或者方格纸上直线的交点均代表一枚织针的针头，点的上方代表针前，点的下方代表针背。横向的一排点表示经编针织物的一个线圈横列，纵向的一列点表示经编针织物的一个线圈纵行。垫纱运动图可清晰直观地表示经编针织物组织，而且图中导纱针的运动与实际情况完全一致。图 7-6 是某种织物在点纹纸上的垫纱运动图。

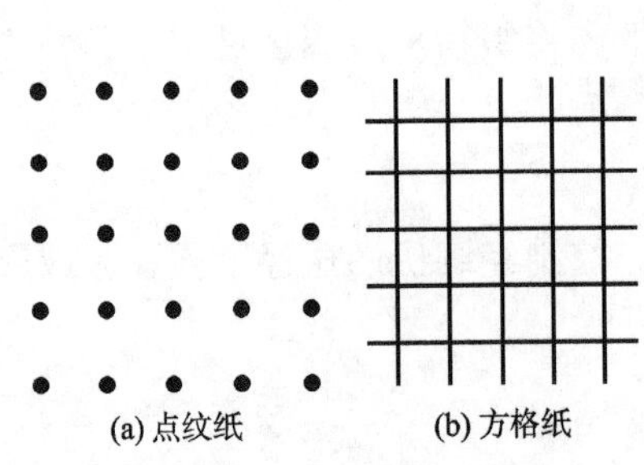
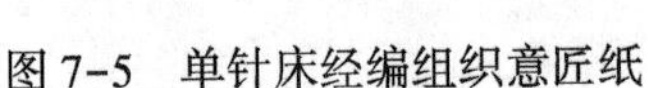

图 7-5　单针床经编组织意匠纸

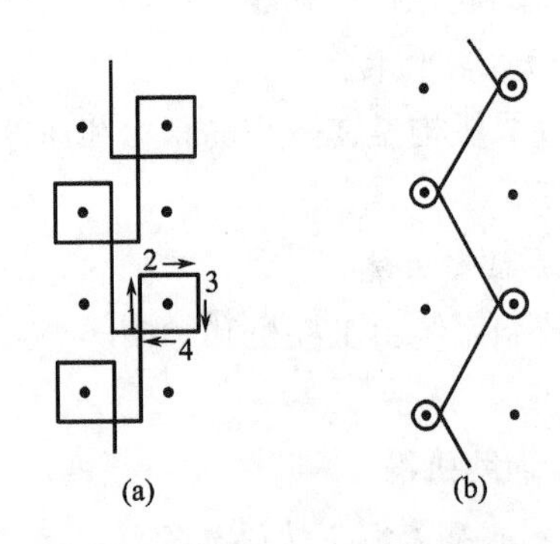

图 7-6　点纹纸上的垫纱运动图

双针床经编组织垫纱运动图所用的意匠纸表示方法有 3 种，如图 7-7 所示。图 7-7（a）用“·”表示后针床上各织针针头，用“×”表示前针床上各织针针头。其余的含义与单针床组织的点纹意匠纸相同。图 7-7（b）都用黑点表示针头，标注在旁边的字母 F 和 B 分别表示前、后针床的织针针头。图 7-7（c）以两行距较小的黑点表示在同一编织循环中的前、后针床的织针针头。

需要注意的是，在双针床的垫纱运动图中，前后针床的针头上方都代表针前，下方都代表针后。但在实际双针床经编机上，前后针床的织针是背靠背排列的；在编织过程中，前后针床不同是编织，但所编织的线圈横列在同一水平位置上，而在意匠图中，同一编织循环中前后针床的垫纱运动是分上下两排画的。因此，要在充分理解双针床经编组织结构及其特点的基础上分析及设计双针床经编织物的垫纱运动图。

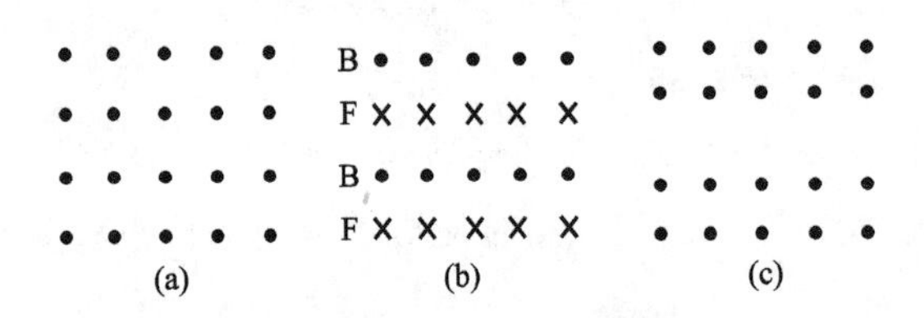

图 7-7　双针床经编组织意匠纸

（二）垫纱数码

垫纱数码是以数字顺序标注针间间隙的方法来表示经编组织，数字排列的方向与导纱梳栉横移机构的位置有关，横移机构在左，数字从左向右标注；横移机构在右，数字从右向左标注。拉舍尔经编机的针间序号一般采用偶数，如 0，2，4，…，而特里科经编机多采用自然数标注，如 0，1，2，…，如图 7-8 所示。

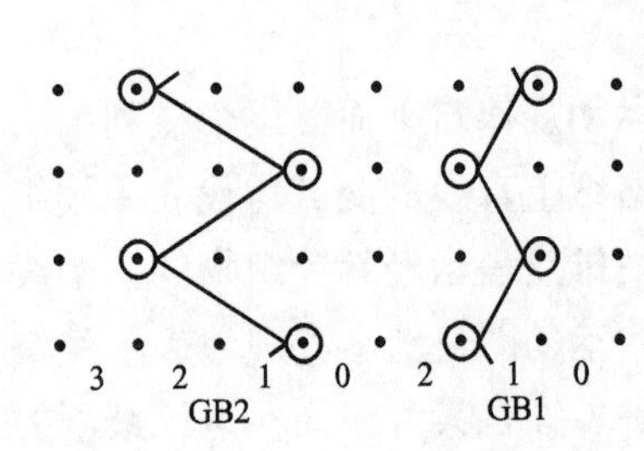

图 7-8　垫纱数码法

垫纱数码法就是由下向上按顺序记下各横列导纱针在针钩前的垫纱情况。图 7-8 是单梳经编织物，其对应的垫纱数码为：1-2/1-0//；图 7-9 是双梳经编织物，在分析垫纱数码时将所对应的梳栉号写在垫纱数码前面，即 GB1：1-

2/1-0//；GB2：1-0/2-3//。其中，“/”表示两个横列之间的隔离符号，“//”表示花型循环的结束符号。横线连接的一组数字表示导纱针在针前的横移方向和横移的针距，以图7-8中GB1的垫纱数码为例，第一横列的垫纱数码为1-2，表示导纱针在针前从右向左横移一个针距。在相邻的两组数字中，第一组的最后一个数字与第二组的起始数字表示梳栉在针后的横移方向和横移的针距，以图7-8中GB1的垫纱数码为例，花纹循环的第一横列的最后一个数字为2，第二横列第一个数字为1，表示导纱针在第二个横列编织前导纱针在针背从右向左横移了一个针距。

对于双针床而言，针间序号一般采用自然数，如0，1，2，3，…，例如，图7-9中两个组织的垫纱数码分别为：1-0-2-3//和1-2-1-0//。第一个和第二个数字间的差值为梳栉在前针床的针前横移，第三个和第四个数字间的差值为梳栉在后针床的针前横移，剩下两个数字的差值为针背横移。

（三）穿经表示方法

一般经编针织物的组织均由几把导纱梳栉形成，因此，需要分别画出每一把梳栉的垫纱运动图，并且在垫纱运动图下方画出各梳栉的穿纱对纱图，以表示各梳栉穿纱及对应关系。如图7-10所示，通常用“｜”表示穿纱，“·”表示空穿。

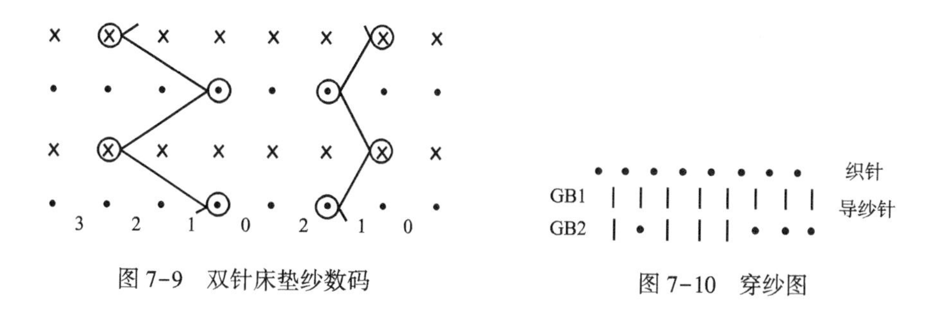

图7-9　双针床垫纱数码

图7-10　穿纱图

不同原料、颜色、粗细的纱线，可以用各种符号或字母来表示。加入梳栉使用原料如下：

A：150D/48f 涤纶 DTY；

B：100D/36f 涤纶 DTY。

则以上穿经用文字可表示为：

GB1：8A；

GB2：3＊，3B，1＊，1B。符号“＊”表示空穿。

三、经编针织物应用

使用不同组织和原料，配合相应的后整理可生产出风格各异的经编针织物，可广泛应用于服装、装饰和产业用三大领域。下面将按类别介绍经编产品在各个领域中的开发和应用。

（一）服装用经编针织物

经编针织物广泛应用于服装领域，如图7-11所示。为丰富产品的种类，提高产品的质量和档次，其使用原料由起初的化纤逐渐向棉、麻、丝转换。下面从少梳、多梳、贾卡和双针床四个方面介绍服装用经编针织物的开发和应用。

图 7-11　服用经编针织物

少梳经编服用面料主要以弹性织物为主，在拉舍尔经编机上编织，其织物主要应用在内衣、各类运动衣、紧身外衣等，可通过原料或组织结构获得弹性；通过使用棉、麻或丝在少梳经编机上编织得到纯色或带有图案的经编织物，可应用于休闲类 T 恤、西装等领域；使用海岛型超细纤维搭配锦纶或涤纶，使用 3~4 把梳栉，开发出的经编织物经后整理得到麂皮绒面料，可用于制作休闲外套、裙装等。

多梳经编针织物可用于制作外衣、衬衫、连衣裙、内衣等，常用细节精美的六角网眼作为底组织，多梳花型复杂、富于层次和立体感，粗支人造丝绣纹光亮凸出，十分华丽，是高档女装面料的首选，多梳织物经机绣等加工后常制作成晚礼服、婚礼服等。

贾卡经编织物可用来制作衬衫、裙装等，在拉舍尔贾卡经编机上编织而成，可通过印花等后整理方式达到更好的装饰效果。目前的窗帘型贾卡经编织物，大多以网孔为地，再以厚薄组织形成花纹。另外，可考虑用满地组织，由网眼形成花纹，更适合用于时装，其后整理工艺不再追求花边、窗帘的硬挺效果，而是更注重良好的手感和悬垂性。

普通双针床经编机可生产童袜和女士长裤。我国已试制成功的贾卡双针床经编机可生产连裤袜、手套、围巾等产品，也可考虑开发紧身内衣等产品。

在开发经编服用面料时，首先要重视多种原料的搭配使用，没有新原料，便谈不上新产品的开发。当前，要特别重视各种差别化纤维的应用，如细旦、异形仿真丝、仿毛、仿棉、高收缩、高弹、高吸湿等纤维的应用，使织物具备特有的性能和效应。特种后整理也是开发新产品的主要手段，一些企业在采用某些特种后整理设备和工艺后，在新产品的开发上取得了显著的效果，如起圈、轧花、复合等。因此，经编服用面料的设计和开发涉及原料、组织和后整理等多方面，相关研发人员需紧密配合，开发出外观、性能符合要求的经编服用面料。

（二）装饰用经编针织物

在装饰用方面，经编针织物特别受人们青睐，如图 7-12 所示。它的风格即可以粗犷，也可以细腻。经编装饰织物具有良好的热传导性、耐日晒性和阻燃性。另外，经编针织物还具有抗静电、隔音、质感柔和、舒适、豪华等特点，主要应用于窗纱、窗帘、帷幔、缨穗、床罩、沙发布、台布、地毯、墙布等。

贾卡提花经编针织物的特点是易于生产宽幅或全幅的整体花型，网眼、厚薄组织按提花需要配置，具有一定层次，可制成半透明、透明或者遮光窗帘、帷幕。为使贾卡经编织物更

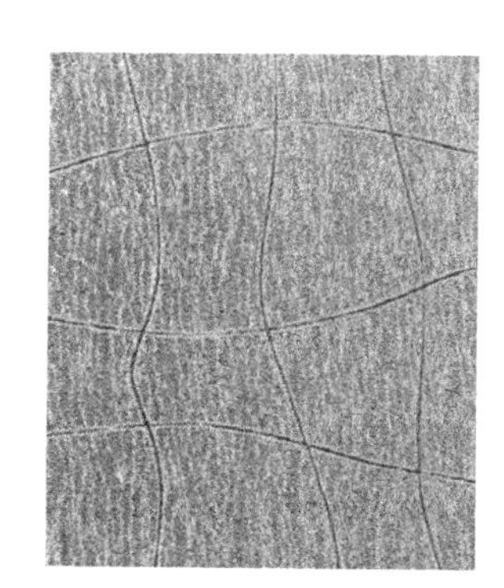

图 7-12 装饰用经编针织物

具特色和扩大使用范围，可在多方面进行深加工，一般经编厂可进行印花、机绣、阻燃整理等，还可以贾卡经编织物为原料，进行拼、镶、嵌、绣，制作成高端时尚的窗帘、挂毯、桌布、沙发靠垫、床上用品等。

经编装饰用针织物的另一重要类型是沙发织物，目前的双针床经编短绒类产品已取代用高速经编机生产的直条花型沙发布。双针床经编短绒织物的生产方式与丝织立绒、乔其绒相比是一种高效经济的生产手段。丝绒的一切后整理加工方法均可用于经编短绒织物，目前正在使用的后整理方法有印花法和压花法，也可采用喷花法。

经编床上用品已在我国逐渐得到应用，席梦思面料是众多经编企业的主要产品，采用印花较多。蚊帐也是重要的经编产品，为增加装饰效果，也较多使用贾卡或多梳经编蚊帐。

（三）产业用经编针织物

目前在工业发达国家，产业用纺织品已涉及国民经济的各个领域，其潜在市场巨大。根据全球形势分析，在产业用纺织品中，非织造布约占 40%，但增长缓慢；机织物约占 35%，但发展停滞不前；针织物约占 16%，且趋于增长；其他约占 9%，包括编织物等。目前针织物应用较少的原因是相关企业既没有对针织物各种结构的特性和优点进行深入研究和市场推广，也没有机器和技术来生产这类针织物。在产业用针织物中，经编针织物大约占 85%，剩下的 15%主要是横编和圆纬编针织物。经编工艺由于其变化范围广，生产效率高，从而使生产更经济，同时由于工艺上的各种优点，使最终产品具有更优异的性能，已在水利工程中的护堤织物、土工布、交通运输用织物、篷盖布、灯箱布、包装材料、多种网类织物、医疗卫生织物、低压管道、新型复合材料、汽车防弹材料、防弹服、导弹和航空航天器具中的某些部件和宇航服等领域中得到应用。

1. 产业用经编针织物分类

产业用经编针织物可分为平纹类、网眼类、毛绒类、间隔类、取向类、圆筒状类和纤网类经编针织物。

平纹类产业用经编针织物以结构紧密的单面经编织物为主，多用于涂层或制作医疗用品等。

网眼类产业用经编针织物主要在拉舍尔单针床或双针床经编机上编织，该类经编机生产的网眼类织物从平型网到圆柱形网结，从薄到厚都能生产，织物的网孔可以是方形、长方形、长菱形或近似圆形。单针床或双针床拉舍尔经编机可配备 2~8 把梳栉，选用合适的纱线和织物结构就能生产各种产业用网眼织物。

毛绒类产业用经编针织物在双针床经编机上编织，前后针床的距离决定了前后片织物的延展线的长度，将延展线割断，成为两片绒织物。国内现有机型的机号大多为 E16、E22，产品常用于沙发布或外套类面料。在现有设备上，利用缺垫工艺，可以制得多种花纹图案，为进一步拓展花型，目前已有 4 把毛绒梳栉，甚至有贾卡提花绒纱梳的设备，为花型的多样化开发提供基础。

间隔类产业用经编针织物由于其复杂的三维结构，在产业用领域具有很大的发展潜力和应用空间。近年来，特别是在医疗领域已表现出很强劲的发展势头。在双针床经编机上编织而成，其隔距从 2~250mm 不等，应用范围十分广泛。

取向类产业用经编针织物是在带有纬纱和经纱衬入系统的经编机上生产的一类独特的经编织物，在织物的横向、纵向及斜向都可衬入纱线，并且这些纱线都能按照要求平行伸直地衬在需要的方向上。利用高性能纤维材料，制作取向经编针织物，经过复合后可用于飞机、航天、汽车等领域，在高强度骨架材料方面有很好的应用前景。

圆筒状产业用经编针织物在双针床拉舍尔经编机上编织而成，其织物的筒径可任意变化或同时编织不同筒径的分离织物或叉状织物，生产出来的成型产品只需很少或完全不需缝制，而且生产效率高，特别是近几年来电子计算机控制技术在经编设备上的应用，使织物组织花型和密度的变化控制十分简便。因此，双针床筒状经编织物的加工技术及其产品将有更新更快的发展。

纤网类产业用经编针织物主要通过缝边机编织而成，通过经编线圈结构对纺织材料（如纤维网、纱线层）、非纺织材料（如泡沫塑料、塑料薄膜、金属箔等）或其组合缝制成织物，或在机织布等基底材料上加入经编线圈结构，使其产生毛圈效应。该类产品具有纺织品的手感和悬垂性，并有较高的蓬松度。

2. 产业用经编针织物的应用

近年来发展较快的是产业用经编针织物，如图 7-13 所示，尤其是在轻质、高强复合材料上的应用。

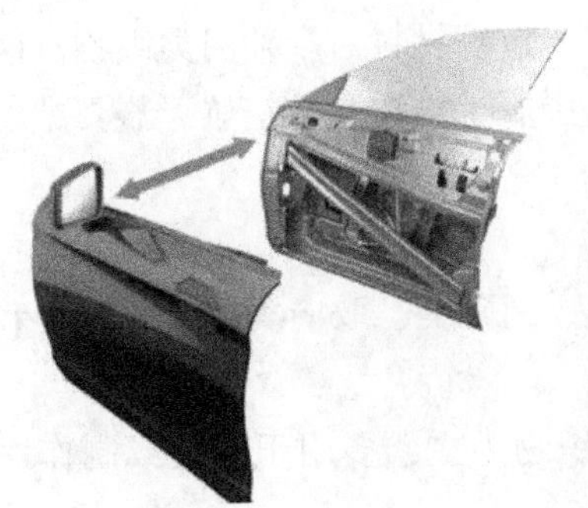

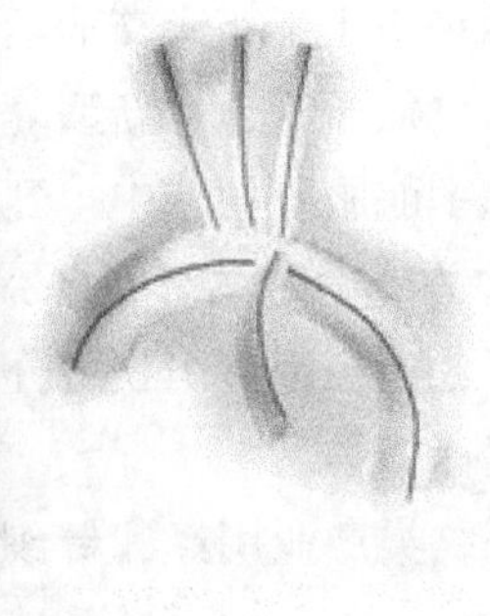

图 7-13　产业用经编针织物

汽车用经编针织物：座椅外套、车顶篷、车门护壁、地毯、轮胎、过滤材料、皮带、软管、安全气囊、消声器和隔热材料等。

农业用经编针织物：包装用网袋、网眼条带等。

渔业用经编针织物：渔网。

医疗用经编针织物：褥垫、手巾、手术服、敷料、人造血管、疝气修补网、血浆过滤器等。

土工用经编针织物：土工布、格栅、土工膜、土工管材等。

建筑用经编针织物：室内装潢、隔声材料、隔帘、覆盖物、窗帘等。

体育用经编针织物：体育用网、滑雪板、冲浪板等。

航天航空用经编针织物：采用经编多轴向织物作为复合材料的骨架材料，大大提高了复合材料的性能和经济效益，并减轻了材料的重量。

第二节 少梳栉经编产品及加工方式

少梳栉经编产品主要在特里科和拉舍尔经编机上编织完成。其中，特里科经编机具有机号高、梳栉少和编织速度快的特点，可从平纹结构、网眼结构和绒面结构着手，生产各种平纹、网眼、绣纹和毛绒类经编产品。拉舍尔经编机主要生产各类弹性经编织物，梳栉数一般为 4 把，根据使用的织针动程可分为高速型（短动程）和通用型（中动程）弹性拉舍尔经编机。

一、经编平纹织物

经编平纹织物是表面单调一致，无任何花型、网眼的织物，坯布表面形成平纹效应。平纹织物一般采用两把或三把满穿梳栉，做基本组织垫纱运动，极少用单梳编织，平纹织物一般纵向完全组织为两个横列，某些有编链结构的衬纬组织其纵向完全组织为一个横列，其他平纹织物可为几个横列。根据是否配置色纱，可分为素色经编平纹织物和花色平纹织物。平纹织物可通过印花、烂花、起绒或仿麂皮处理性能不同的花色和图案，丰富其产品。

实例 1：旗帜面料

该织物采用经平绒组织，如图 7-14 所示，前梳采用经平组织，后梳采用经绒组织。在机号为 E28 的 HKS2 高速经编机上编织，原料为 A：75D/34f 涤纶，织物纵密为 24.8 横列/cm，工作幅宽为 4320mm（170 英寸），机器速度为 2300r/min，克重为 123g/m^2，产量为 55.6m/h，下机后坯布进行水洗、增白及定型。其组织与穿经如下：

GB1：1-2/1-0//，满穿 A；

GB2：1-0/2-3//，满穿 A。

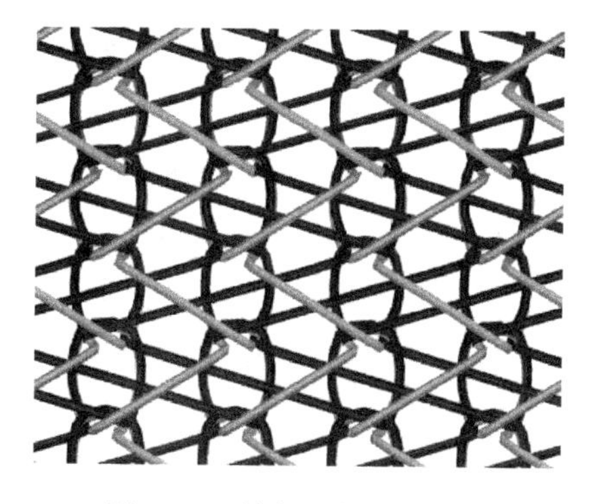

图 7-14 旗帜面料织物结构

实例2：鞋材面料

该织物前梳采用经平组织，后梳采用经斜组织，如图7-15所示。该组织将具有较长延展线的组织放在后梳，利用前梳的短延展线将其包裹，使坯布的结构稳定紧密，同时起到抗起毛起球的作用。该织物在机号为E28的HKS2高速经编机上编织，原料A：75D/34f涤纶，织物纵密为27.0横列/cm，工作幅宽为4320mm（170英寸），机器速度为2300r/min，克重为178g/m²，产量为51.1m/h，下机后坯布进行水洗、定型、染色及定型。其组织与穿经如下：

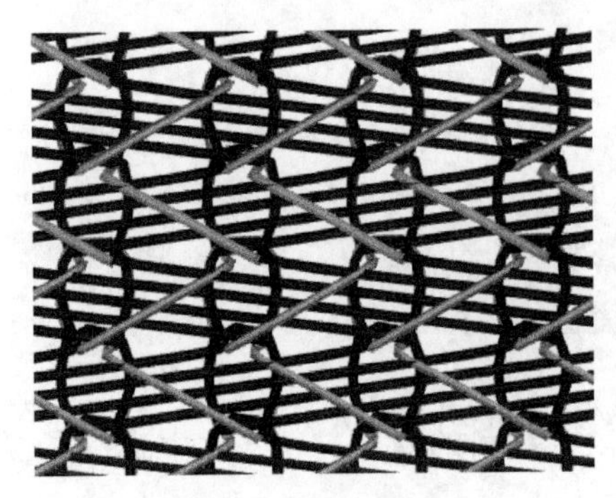

图7-15　鞋材面料

GB1：1-2/1-0//，满穿A；

GB2：1-0/4-5//，满穿A。

二、经编网眼织物

经编网眼织物的组织结构在相邻的线圈纵行在局部失去联系，从而在经编坯布上形成一定形状不同大小的网眼。经编网眼是经编的一大特色，形成方法多种多样，梳栉既可以空穿也可以满穿。网眼大小可通过控制失去联系的线圈横列数决定，从两个线圈横列到十几个线圈横列不等，网眼的形状多种多样，有三角形、正方形、长方形、菱形、六角形、柱形等。通过网眼的分布，织物可形成直条、横条、方格、菱形、链节、波纹等花纹效应。网眼织物有结构不对称、左右对称或左右和上下均对称之分，也有素色和花色之分。左右对称与左右、上下均对称的网眼织物一般由2把梳栉、2把梳栉、6把梳栉或8把梳栉编织而成，编织时，每两把梳栉之间进行相同的穿纱和对称垫纱。花色的网眼织物或使用色纱编织形成，或在素色的地组织基础上增加衬纬梳栉、压纱梳栉进行起花编织形成。网眼织物具有一定的延伸性和弹性，且透气性和透光性较好，被广泛应用于蚊帐、窗帘、种植网、捕鱼网和伪装网等，还可用于缝制外衣、内衣、运动服和袜子等。经编网眼织物可分为以下三类。

1. 变化经平类网眼织物

如图7-16所示，采用经平与变化经平相结合的组织，在经平垫纱处形成较大的孔眼，变化经平用来封闭网眼。其垫纱数码如下：

GB1：1-0/1-2/1-0/2-3/2-1/2-3//；

GB2：2-3/2-1/2-3/1-0/1-2/1-0//。

2. 经缎组织类网眼织物

以经缎垫纱方式结合两梳部分穿纱形成带网眼的经编坯布，能形成的网眼形状和配置方式也较多，常用为两把梳均为一穿一空的情形，做对称的四列经缎垫纱运动，形成菱形网眼。如将经缎和经平组合，可利用一穿一空的穿纱方式，得到较大的网眼结构，常用的经编蚊帐就是一例，其结构如图7-17所示。其垫纱数码如下：

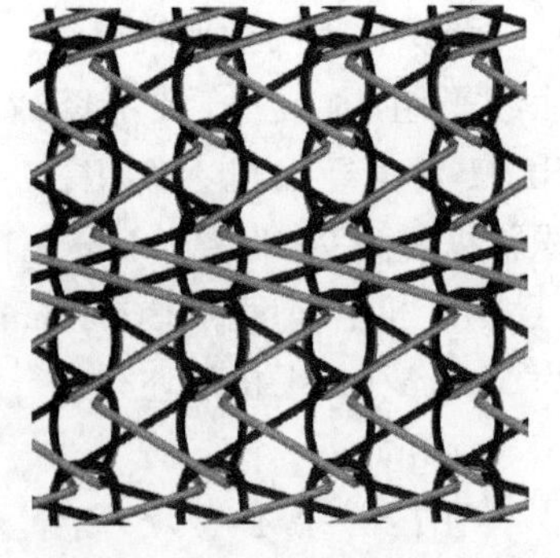

图7-16　变化经平类网眼织物

GB1：1-0/1-2/1-0/1-2/2-3/2-1/2-3/2-1//；

GB2：2-3/2-1/2-3/2-1/1-0/1-2/1-0/1-2//。

3. 编链衬纬类网眼织物

编链加衬纬组织形成网眼是经编中最常用的一种方法，可形成方格、六角等多种网眼形状。使用较为广泛的为六横列的六角网眼组织，其织物结构如图 7-18 所示。垫纱数码如下：

GB1：1-0/0-1/1-0/1-2/2-1/1-2//；

GB2：0-0/1-1/0-0/2-2/1-1/2-2//。

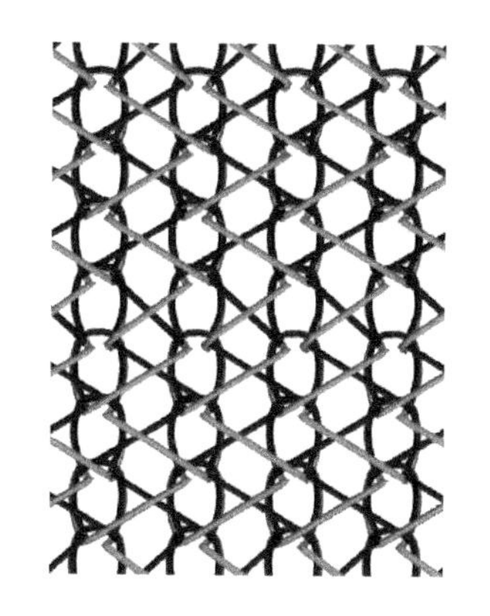

图 7-17　经缎组织类网眼织物

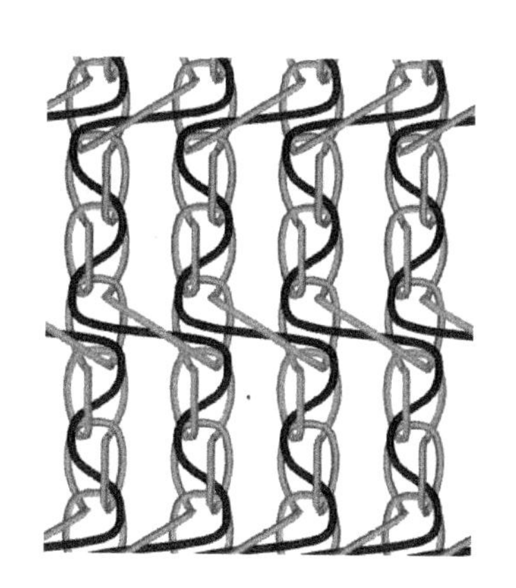

图 7-18　编链衬纬类网眼织物

这种网眼织物可直接用于发网、面网领域，但更多的是再增加几把花梳，形成花边织物。若将前梳的编链长度增大，可形成 10 横列、14 横列的六角网眼组织。当后梳使用弹性纱线时，被广泛应用于腰带、女士内裤等领域。

实例 1：服装网眼面料

该织物在机号为 E20 的 KS3 型高速经编机上编织完成，如图 7-19 所示，机器幅宽为 3300mm（130 英寸），采用 2 把梳栉，机器速度为 1500r/min，产量为 67.2m/h，织物的纵密为 13.4 横列/cm，克重为 90g/m^2，缩率为 77%。原料为 A：20tex 本色棉转杯纱，B：20tex 本色棉转杯纱。组织与穿经如下：

GB1：(1-0/2-3)×3/1-0/2-3/(4-5/3-2)×3/4-5/3-2//，1A，2*，1A；

GB2：(4-5/3-2)×3/4-5/3-2/(1-0/2-3)×3/1-0/2-3//，2B，2*。

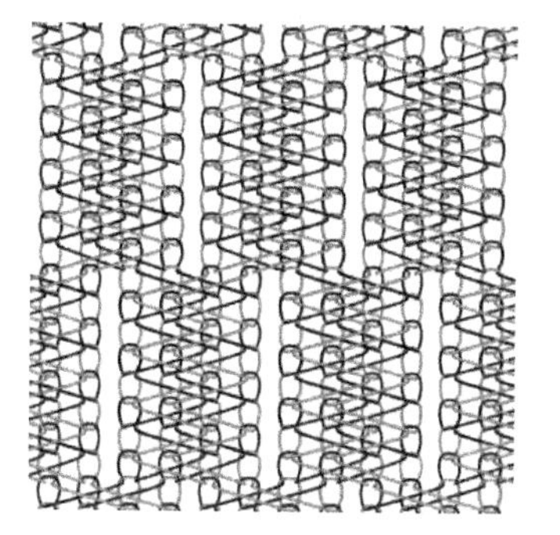

图 7-19　服装网眼面料

实例 2：经编衬里织物

该织物在机号为 E28 的 HKS2-3 型高速经编机上编织完成，如图 7-20 所示，机器幅宽为 3300mm（130 英寸），采用 2 把梳栉，机器速度为 2600r/min，产量为 60.0m/h，织物的纵密为 26 横列/cm，克重为 92g/m^2。原料为 A：45D/22f 涤纶有光丝，B：45D/22f 涤纶有光丝。组织与穿经如下：

GB1：(1-0/1-2)×3/3-4/5-6/(7-8/7-6)×3/5-4/3-2//，11A，1＊；

GB2：(7-8/7-6)×3/5-4/3-2/(1-0/1-2)×3/3-4/5-6//，11B，1＊。

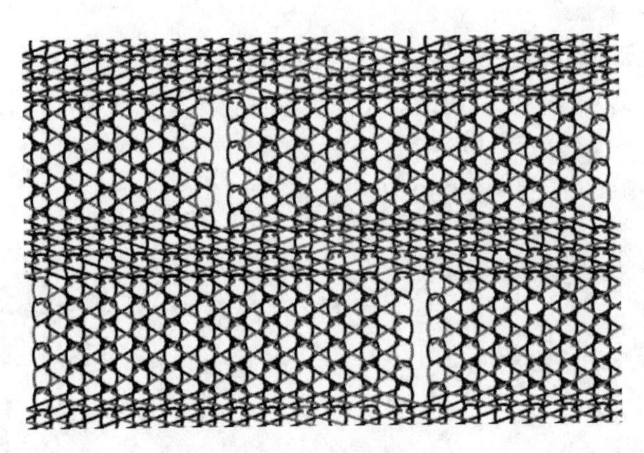

图 7-20　经编衬里织物

三、经编绣纹织物

经编绣纹织物一般采用 3～4 把梳栉，后两把梳栉形成底布，该底布为平布或者网眼织物，前面一把或者两把梳栉做成圈或者衬纬编织，配合空穿，形成立体或平面的花纹，这种方法类似绣花，因此称其为经编绣纹织物。由此可见，如使两把花梳（GB1 和 GB2）做对称垫纱，再配以合适的穿经，将形成封闭的几何图案。三梳和四梳的组织除了在坯布的表面形成不同形状的绣纹以外，还可用较粗的纱线在织物表面形成凹凸效应。

经编绣纹织物主要应用于沙发面料和窗帘布等。以四梳对称为好，二梳用涤纶丝织底布，二梳用锦纶丝织绣纹，染色后显示彩色效应，如果底布为网眼布，加绣纹后可用作窗帘布。

实例 1：鞋材织物

该织物外观呈现网眼结构，使用 3 把梳栉编织底布，在底布的基础上使用 2 把梳栉形成网眼结构，形成三维立体效果。另外，可使用 3 种不同类型的原料，采用交染来增加花纹效果。该织物在机号为 E28 的 HKS5 EL 型高速经编机上编织完成，机器幅宽为 3450mm（136 英寸），采用 5 把梳栉，机器速度为 750r/min，产量为 21.9m/h，织物的纵密为 20.5 横列/cm，克重为 194.4g/m^2。原料为 A：80D/24f 涤纶半消光丝，B：50D/18f 锦纶 6，C：50D/18f 锦纶 6，D：2×90D/20f 涤纶变形丝，黑色，E：2×90D/20f 涤纶变形丝，黑色。组织与穿经如下：

GB1：4-5/6-7/5-4/6-7/5-4/4-3/3-2/1-0/2-3/1-0/2-3/3-4//，7＊，1E；

GB2：3-2/1-0/2-3/1-0/2-3/3-4/4-5/6-7/5-4/6-7/5-4/4-3//，4＊，1D，3＊；

GB3：1-0/1-2/2-3/2-1/1-0/1-2/2-3/2-1/1-0/1-2/2-3/2-1//，1＊，1C；

GB4：2-3/2-1/1-0/1-2/2-3/2-1/1-0/1-2/2-3/2-1/1-0/1-2//，1＊，1B；

GB5：1-0/4-5/1-0/4-5/1-0/4-5/1-0/4-5/1-0/4-5/1-0/4-5//，满穿。

实例 2：蚊帐织物

该织物在机号为 E28 的 HKS4 型高速经编机上编织完成，机器幅宽为 2130mm（84 英寸），采用 4 把梳栉，机器速度为 600r/min，织物的纵密为 32.0 横列/cm。原料为 A：20D 锦纶长丝，B：20D 锦纶长丝，C：100D 涤纶低弹丝，D：100D 涤纶低弹丝。组织与穿经如下：

GB1：1-0/1-2/1-0/1-2/2-3/2-1/2-3/2-1//，1A，1*；

GB2：2-3/2-1/2-3/2-1/1-0/1-2/1-0/1-2//，1*，1B；

GB3：14-15/12-11/12-13/10-9/10-11/8-7/8-9/6-5/7-8/5-4/6-7/4-3/5-6/3-2/4-5/1-0/4-5/3-2/5-6/4-3/6-7/5-4/7-8/6-5/8-9/8-7/10-11/10-9/12-13/12-11/14-15/13-12/14-15/13-12/14-15/13-12//，40*，1C，12*，1C，40*；

GB4：1-0/3-4/3-2/5-6/5-4/7-8/7-6/9-10/8-7/10-11/9-8/11-12/10-9/12-13/11-10/14-15/11-10/12-13/10-9/11-12/9-8/10-11/8-7/9-10/7-6/7-8/5-4/5-6/3-2/3-4/1-0/2-3/1-0/2-3/1-0/2-3//，40*，1D，12*，1D，40*。

四、经编缺垫织物

一把或几把梳栉在某些横列不参加编织的经编组织称经编缺垫组织。在单针床和双针床经编机上都有较多的应用。可利用缺垫组织所固有的在某些横列不垫纱的特点，使色纱在某些横列不垫纱，而在某些横列垫纱，从而形成色纱时隐时现的效应。缺垫组织可使经编织物外观上形成斜纹、点纹等效果，从而改变经编织物的传统风格。其产品的用途比较广泛，如用于沙发面料、装饰织物、服装面料等。本节将经编缺垫织物分为以下三类。

1. 褶裥织物

涤纶褶裥织物采用 3 把梳栉编织完成，利用 GB2 和 GB3 空穿，使后面两把梳栉形成几个纵行为循环的纵跳，借助 GB1 的组织结构，周期性地在某些横列上进行缺垫，从而形成类似棒针编织的花纹褶裥布。此类织物较多地应用在裙装或装饰用料。

实例 1：褶裥织物

该织物在机号为 E28 的 HKS3-M 型高速经编机上编织完成，如图 7-21 所示，机器幅宽为 4320mm（170 英寸），采用 3 把梳栉，机器速度为 2200r/min，产量为 32m/h，织物的纵密为 50.0 横列/cm，克重为 168g/m^2。原料为 A：45D/36f 涤纶消光变形丝，B：45D/36f 涤纶消光变形丝，C：75D/72f 涤纶半消光丝。组织与穿经如下：

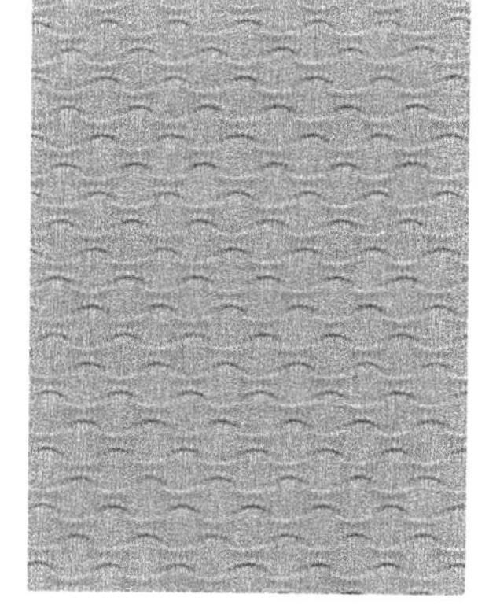

图 7-21 褶裥织物

GB1：(1-0/1-2)×9(1-1)×14//，4A，10*；

GB2：1-0/1-2/(1-1)×14(1-0/1-2)×8//，7*，4B，3*；

GB3：2-3/1-0//，满穿 C。

实例 2：弹性褶裥织物

如图 7-22 所示，弹性褶裥织物是在带有 4 把梳栉和 EL 导纱梳控制的 HKS4-1EL 高性能经编机上编织而成。编织该类弹性织物时，机器的 3 把梳栉满穿配置，GB1 只穿布边纱，使用可改善布边脱散情况的旋转式边撑器来提高布边质量。褶裥是由于穿弹性纱的GB4和GB2共同做缺垫运动而产生的。合理选用材料，织物还将具有其他的花型效果。机器速度为1950r/min，产量为20m/h，织物的纵密为58.5横列/cm，克重为272g/m²。原料为A：布边纱，B：20D/9f锦纶6，闪光，三叶形，C：40D/10f锦纶6，半消光；D：40D弹性纱。组织与穿经如下：

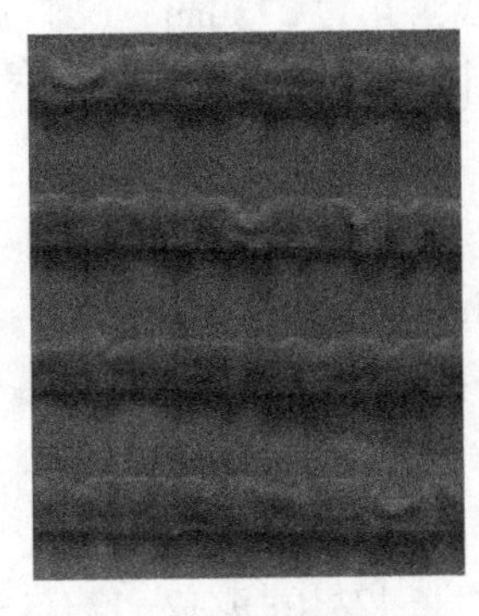

图7-22 弹性褶裥织物

GB1：(1-0/1-2)×45//，满穿布边纱；

GB2：(1-0/2-3)×30/(2-2)×10/(1-1)×10/(0-0)×10//，满穿B；

GB3：(1-2/1-0)×30/(2-3/1-0)×15//，满穿C；

GB4：(1-0/1-2)×31/(2-2/0-0)×13/1-0/1-2//，满穿D。

2. 图案类缺垫织物

利用缺垫的纱线在工艺反面显示的关系，可以形成一定的几何图案花纹，如斜纹、方格等。

实例：汽车用织物

该织物表面具有斜纹效应，该织物在机号为E28的KS4型高速经编机上编织完成，机器幅宽为3300mm（130英寸），采用4把梳栉，机器速度为850r/min，产量为35.9m/h，织物的纵密为14.2横列/cm，克重为254g/m²。原料为A：70D/34f涤纶长丝，白色，B：30D/14f涤纶长丝，白色，C：150D/64f涤纶长丝，深棕色，D：150D/64f涤纶长丝，深棕色，E：150D/64f涤纶长丝，深棕色。组织与穿经如下：

GB1：2-3/2-2/1-0/1-1//，1D，1E，2C；

GB2：1-1/1-0/2-2/2-3//，2C，1D，1E；

GB3：1-0/2-3/4-5/3-2//，满穿B；

GB4：0-0/3-3/0-0/3-3//，满穿A。

3. 具有机织物外观的经编织物

该类织物具有机织物的外观，织物尺寸稳定，前面两把梳轮流缺垫，从而形成特殊的线圈结构。该类织物可用于涂层底布、鞋子面料、旗帜面料、室内装饰和汽车用品等。

实例：仿机织经编织物

该织物在机号为E28的HKS3-M型高速经编机上编织完成，机器幅宽为3300mm（130英寸），采用3把梳栉，机器速度为2100r/min，产量为64.3m/h，织物的纵密为19.5横列/cm，克重为254.7g/m²。原料为A：167dtex/30f涤纶长丝，B：100dtex/40f涤纶长丝，组织与穿经如下：

GB1：1-0/1-1//，满穿A；

GB2：0-0/0-1//，满穿A；

GB3：1-0/3-4//，满穿B。

五、经编全幅衬纬织物

全幅衬纬经编织物因衬入不同结构和性能的纬纱而各具特色。可利用拉伸性很小的纬纱来增加织物结构和尺寸的稳定性，这种织物与机织物相似；也可利用拉伸性和弹性很大的纬纱来编织双向拉伸的弹性织物。在使用有色纬纱和选择性全幅衬纬时极易编织寻常经编（特别是织物工艺反面）难以编织的清晰横条。另外，使用质量较差的纱线、不均匀的短纤纱、结子纱等花式纱线和很粗的寻常经编机难以编织的纱线作为纬纱，再配置以间隔性或选择变换式衬纬，可获得独特风格和效果的织物，因而多年来颇受消费者欢迎，被广泛用于床单、烂花装饰织物、结构窗帘、衬里布、男女外衣面料和工业用布等。

两把梳栉的经编机可以编织多种两梳组织作为地组织。织物组织的选择将直接影响产品的风格，在编织时，由于衬纬纱的长度等于坯布幅宽的长度，夹持在线圈主干与延展线之间，容易产生纬纱滑动问题，实验证明防滑性最好的组织是编链组织。梳栉可选用一把或两把。一般情况下，做轻薄型的衬布，可用一把梳栉，采用编链组织即可。而做厚织物的衬布，则可选用两把梳栉来完成编织，一般后梳采用经平组织，前梳采用编链组织，另外，还可用两把梳栉编织四角网眼组织。

在编织时经纱往往使用较细的纱线，而纬纱使用较粗的纱线，这样纬纱显得比较突出，起绒加工时主要使纬纱产生绒毛效应。衬布生产与外衣面料要求不同，主要考虑强度和稳定性，经纱主要形成地组织，试验选用涤纶长丝较好。而纬纱必须易于起绒，易于涂层，以保证其黏合性，58tex 棉纱强度稍差，捻度亦不匀，在衬纬过程中断头较多，影响产品质量，36tex 涤/棉纱做衬纬原料，效果较好，为进一步降低平方米克重，亦用 5.6tex 涤纶低弹丝做过试验，效果颇佳，但最后究竟用什么原料，还要考虑成本、客户要求等因素，一般以涤/棉做衬纬原料占较大的比重。生产衬纬外衣面料可选用花式纱，如竹节纱、包芯纱等，但这类纱线不能用来生产黏合衬布，衬布所选用的衬纬纱条件要求较高，竹节、棉结的存在都会影响黏合效果。

实例 1：窗帘织物

该织物在机号为 E24 的 HKS 2 MSU 经编机上编织而成，工作幅宽为 3300mm（130 英寸），采用 2 把梳栉，机器速度为 600r/min，产量为 40.0m/h，织物的纵密为 13.3 横列/cm，克重为 123.0g/m^2。原料为 A：29%，55dtex/20f，涤纶长丝，B：71%，34/2 公支，涤纶短纤纱。组织与穿经如下：

GB1：1-0/1-2/2-3/2-1//，1A，1*；

GB2：2-3/2-1/1-0/1-2//，1A，1*；

全幅衬纬：满穿 B。

实例 2：服装里衬织物

该织物在机号为 E32 的 HKS 2 MSU 经编机上编织而成，工作幅宽为 5334mm（210 英寸），采用 2 把梳栉，机器速度为 600r/min，产量为 18.95m/h，织物的纵密为 19 横列/cm，克重为 76.0g/m^2。原料为 A：55dtex/18f，涤纶长丝，灰色，B：110dtex/36f，涤纶变形丝。组织与穿经如下：

GB1：0-1/0-1//，满穿 A；

全幅衬纬：满穿 B。

六、经编起绒类织物

经编起绒类织物范围很广，如单针床经编机生产的起绒产品、毛圈绒类产品、毛巾类产品、提花毛圈绒类产品和双针床经编机生产的剖绒产品等，起绒织物不仅具有机织丝绒的外观，而且结构稳定，脱散性小，有一定的弹性、悬垂性、贴身性，有良好的保暖性、防风性和丰润舒适的外观。化纤长丝经编起绒织物，不仅具有化纤针织物色泽鲜艳、耐磨经穿、洗涤方便的优点，并且具有短纤维织物的表面特性；既克服了一般化纤经编织物光亮、滑溜透明的缺点，又在抗起毛起球、钩丝、折皱等性能上有所改善。起绒织物用于缝制各种女式服装、家庭装饰用品等。

对于高速经编机而言，用于生产绒类产品的多为各种型号的特里科型高速经编机，如可用于起绒织物地布生产的 HKS 2 型、HKS 3-M 型、HKS 4（P）型等。变化经平组织的起绒织物是目前使用最多的一种经编起绒织物。它利用前梳做较大移距的针背垫纱，使在织物的工艺反面形成有较长的几乎平直的并且极其紧密地排列在一起的延展线。在起绒时，由于延展线较长并且平直地分布于织物表面，故可以方便地被起毛机起绒罗拉上的针刺扎到，而这些延展线又极其紧密地排列在一起，故能够使织物的绒面厚实、丰满。

实例 1：汽车车顶装饰面料

该织物在机号为 E28 的 HKS 2 经编机上编织而成，工作幅宽为 3300mm（130 英寸），采用 2 把梳栉，机器速度为 2300r/min，产量为 50.2m/h，织物的纵密为 27.5 横列/cm，克重为 136.6g/m^2。原料为 A：55dtex/36f，涤纶长丝。组织与穿经如下：

GB1：1-0/2-3//，满穿 A；

GB2：1-0/1-2//，满穿 A。

实例 2：沙发座椅面料

该织物两把梳栉采用同向垫纱，前梳大针距针背垫纱，然后对织物进行拉毛整理。在机号为 E28 的 HKS 2 经编机上编织而成，工作幅宽为 3300mm（130 英寸），采用 2 把梳栉，机器速度为 2300r/min，产量为 48.4m/h，织物的纵密为 28.5 横列/cm，克重为 348g/m^2。原料为 A：76dtex/24f，涤纶长丝。组织与穿经如下：

GB1：1-0/6-7//，满穿 A；

GB2：1-0/1-2//，满穿 A。

要求地梳和绒梳采用反向的针前垫纱和针后垫纱。后整理时，要求热定形安排在拉绒以前进行，要求拉毛机针布上的针具有一定的形状和角度。

七、经编毛圈织物

经编起绒类织物范围很广，如单针床经编机生产的起绒产品、毛圈绒类产品、毛巾类产品、提花毛圈绒类产品和双针床经编机生产的剖绒产品等，这些产品广泛地用于服用、装饰用和产业用等各个方面，如经编运动面料、便服、窗帘、车内装饰织物和家具包覆布等方面。本节主要对高速经编机生产的经编绒类织物进行初步的讨论。

1. 利用毛圈沉降片装置起毛圈

HKS P 型高速少梳经编机装有特殊的毛圈沉降片装置，如图 7-23（a）中 4 所示，能在织物表面产生毛圈。这类机上编织的细密圈绒和绒头（丝绒）布，经整理在其织物上印花，独具风格。充分利用印花技术，使相同原料和相同组织结构的织物呈现出不同的花色效应。也可利用刷花、轧花技术形成凹凸分明的各种花纹图案。若刷花、轧花与印花相结合，在花纹图案凹凸不平的立体效果里加入色彩的变化，效果更佳。高档、华丽的丝绒窗帘、沙发罩等是现代轿车和室内的高级装饰用布。带毛圈沉降片装置的经编机，它能在每一枚针上每一个横列都形成毛圈。地布一般采用 1~2 把梳栉织经平组织（1-0/1-2//），其移向与毛圈沉降片做同方向同针距横移；毛圈梳采用编链组织（1-0/0-1//），或其他与毛圈沉降片横移差异一针距的组织。若将两把或三把毛圈梳交替编织和采用不同原料穿纱，使其织物绒面产生不同的光泽和风格，可获得格子效应的丝绒织物。

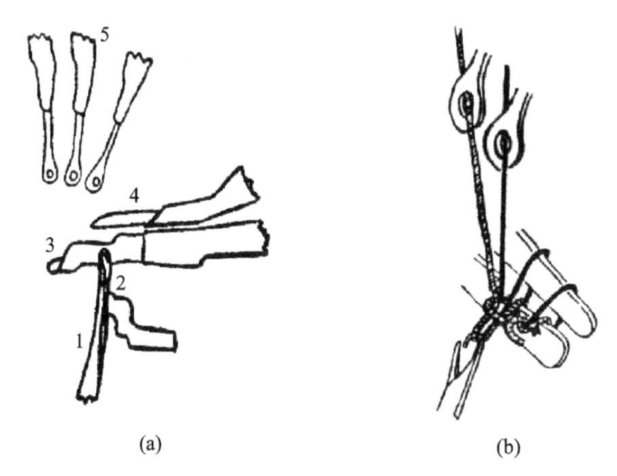

图 7-23 HKS P 型毛圈沉降片装置

1—槽针 2—针芯 3—沉降片 4—毛圈沉降片

实例：航空用坐垫面料

该织物在机号为 E28 的 HKS 4 P-EL-EBC 经编机上编织而成，工作幅宽为 3300mm（130 英寸），采用 4 把梳栉，机器速度为 750r/min，产量为 25.0m/h，织物的纵密为 18.1 横列/cm，克重为 447g/m^2。原料为 A：70D/24f 涤纶长丝，中等灰色，B：150D/48f 涤纶变形丝，深灰色，C：100D/36f 涤纶变形丝，橘黄色，D：100D/36f 涤纶变形丝，紫色，E：100D/36f 涤纶变形丝，蓝色，F：100D/36f 涤纶变形丝，绿色。组织与穿经如下：

GB1：15-14/13-14/14-13/12-13/13-12/11-12/12-11/10-11/11-10/9-10/10-9/8-9/9-8/7-8/8-7/6-7/7-6/5-6/6-5/4-5/5-4/3-4/4-3/2-3/3-2/1-2/2-1/0-1/1-0/3-3/5-5/8-8/10-9/9-10/11-10/10-11/12-11/13-12/12-13/14-13/13-14/13-13/11-11/9-9/7-7/6-6/6-7/7-6/5-6/6-5/4-5/5-4/3-4/4-3/2-3/3-2/3-3/6-6/9-9/12-12/15-16/16-15/14-15//，13＊，3F，29＊，3E，16＊；

GB2：10-9/9-10/11-10/10-11/12-11/11-12/13-12/12-13/14-13/13-14/13-13/11-11/9-9/7-7/6-6/6-7/7-6/5-6/6-5/4-5/5-4/3-4/4-3/2-3/3-2/3-3/6-6/9-9/12-12/15-

16/16-15/14-15/15-14/13-14/14-13/12-13/13-12/11-12/12-11/10-11/11-10/9-10/10-9/8-9/9-8/7-8/8-7/6-7/7-6/5-6/6-5/4-5/5-4/3-4/4-3/2-3/3-2/1-2/2-1/0-1/1-0/3-3/5-5/8-8//，29＊，3D，29＊，3C；

GB3：（1-0/0-1）×32//，满穿 B；

GB4：（1-0/0-1）×32//，满穿 A；

POL：（0-0/1-1）×32//。

2. 利用氨纶弹性起毛圈

编织弹性织物时，由于氨纶是在较大的牵伸状况下编织，坯布下机后，利用氨纶的高回弹性使地布收缩，非弹性纤维构成的长延展线弯曲，形成毛圈表面。经整理剪毛后，形成丝绒弹性织物。这种绒毛织物类似立绒织物，织物光泽极好，富有弹性，手感柔软。

3. 其他形成毛圈的方法介绍

经编毛圈织物是经编织物中的一种特殊织物，有单面毛圈和双面毛圈两种。经编毛圈织物由于具有柔软、手感丰满、吸湿性好等特点，因此，市场对经编毛圈布的需要量日益增加。毛圈织物既可做服装，又可做装饰用品。

随着技术的进步，毛圈织物已由普通经编机依靠经编组织编织发展到了由专门的毛圈经编机编织。众所周知，生产经编毛圈织物的传统方法是利用经编组织，而不是采用编织毛圈的机构，因此织物在毛圈高度、密度、均匀度等方面都不能达到理想的要求。常用的传统编织方法有脱圈法、脱纬法和超喂法。

脱圈法是每一个横列只能在间隔的线圈圈弧上形成一个毛圈，如果编织毛圈织物的密度不够紧密，将影响毛圈的丰满程度。

纬跨越针距数和经纱张力。在跨越针数多，纱线张力松弛时，将造成编织困难。所以，在实际上难以用这种方法形成高毛圈织物。

超喂法一般采用加大前梳送经量，使线圈松弛来形成毛圈。经纱张力控制的恰当与否，决定了能否产生毛圈。因此，用这种方法形成的毛圈，难以保持均匀和达到一定的毛圈高度。

用这些方法得到的单面或双面毛圈织物虽可获得一定高度的毛圈效应，但都有毛圈密度和高度难以调节、达不到要求的缺陷。因此，在对毛圈高度、丰满度和均匀性要求越来越高的情况下，仅仅采用传统方法，依靠经编组织形成毛圈织物已不能满足要求了。技术的发展使经编毛圈织物的生产水平进一步提高。

八、经编拉舍尔弹性织物

多年来，少梳栉拉舍尔型高速经编机一直是经编弹性网眼织物生产的主力机型，这类经编机的织针运动方向与织物牵拉方向的夹角在140°以上，梳栉一般为4~7把，机器速度最高可达3000r/min。本部分将逐一介绍现代高速弹性拉舍尔经编机的结构及其产品。

1. RSE4N 型弹性拉舍尔经编机

该类经编机经历了从 RSE4N-1、RSE4N-2 到 RSE4N-3 再至 RS（E）4N-4 的更新升级，其效率逐渐提高，消耗逐渐减少，RSE4N-3 为第三代弹性拉舍尔经编机，是在 RSE4N-2 经编机基础上的进一步开发，较前一机型多了 350 个部件。RSE4N-3 是高性能经编机，RS

（E）4N-4 主要用于生产短纤维弹性织物，要在较低速度下编织。高性能型和通用型机器均能以较高的速度生产范围广泛的服用织物。RSE4-1 是第四代弹性拉舍尔经编机，在世界范围内具有很好的市场。它的新机器名称表示它是一个高速型的拉舍尔经编机，它多用于生产弹性织物，也可用于生产非弹性织物。该机通过多项改进和新材料的使用使机器性能大大提高。RSE4-1 采用了已取得专利的针床和针芯独立控制系统，控制机器工作温度以达到完善控制成圈机件，进而保证了编织机件隔距的精确性。RSE4-1 主要用于生产妇女内衣、女式紧身衣、绣花绢网、弹性网眼织物等。

实例 1：弹性绷带

该织物在机号为 E14 的 RSE 4N-1 经编机上编织而成，工作幅宽为 3300mm（130 英寸），采用 4 把梳栉，机器速度为 1300r/min，产量为 42. 0m/h，织物的纵密为 18. 6 横列/cm，克重为 12. 2g/m^2。原料为 A：60/1 公支棉，B：60/1 公支棉，C：140D 氨纶。组织与穿经如下：

GB1：1-0/0-1/1-0/0-1/1-0/0-1//，满穿 A；

GB2：0-0/3-3/0-0/1-1/0-0/3-3//，41B，3 *；

GB3：0-1/1-0/0-1/1-0/0-1/1-0//，满穿 C。

实例 2：印花的妇女内衣和泳衣

该织物在机号为 E32 的 RSE 4N-2 经编机上编织而成，工作幅宽为 3300mm（130 英寸），采用 2 把梳栉，机器速度为 1900r/min，产量为 71. 1m/h，织物的纵密为 30. 7 横列/cm，克重为 264g/m^2。原料为 A：40D/12f 锦纶 6 长丝，有光，B：40D 氨纶。组织与穿经如下：

GB1：2-0/3-5//，满穿 A；

GB2：1-2/1-0//，满穿 B。

实例 3：高机号弹性网眼织物

该织物在机号为 E40 的 RSE 4-1 经编机上编织而成，工作幅宽为 3300mm（130 英寸），采用 4 把梳栉，机器速度为 2100r/min，产量为 14. 2m/h，织物的纵密为 36. 4 横列/cm，克重为 34g/m^2。原料为 A：30D/12f 锦纶 6 长丝，有光，三叶形，B：30D/12f 锦纶 6 长丝，有光，三叶形，C：80D 氨纶，收缩率为 65%，D：80D 氨纶，收缩率为 65%。组织与穿经如下：

GB1：1-0/1-2/2-1/2-3/2-1/1-2//，1 *，1A；

GB2：2-3/2-1/1-2/1-0/1-2/2-1//，1 *，1B；

GB3：0-0/1-1//，1C，1 *；

GB4：1-1/0-0//，1D，1 *。

2. RS（E）4 型弹性拉舍尔经编机

RS 和 RS（E）经编机设计非常灵活，例如，根据产品类型的需要，可以选择不同的机器宽度、机号、纱线类型。中心针织部件运动有序，精确且过渡平滑，不会损伤纱线；同时还可以对所有针织部件进行扩展调整。RS4 经编机有四把可以使用的梳栉，标准的 RS（E）有三把成圈梳栉。不过通过调整机器的运动，RS（E）成圈梳栉也可以调整为两把和四把。这种机器现在的速度已经可以达到 1900r/min 以上，当然这与机器的宽度也有关系。

RS4 和 RS（E）4 理所当然使用变速齿轮传动。这使各种类型的地组织和网眼组织可以在不同的垫纱循环生产，如 10、12 或 18 横列的循环可以仅使用花盘以合适的速度生产。带有 EBC 送经机构的改良电子 EL 导纱梳栉控制机构是一个特殊的机构，它可以进行任何开发工作，在实际生产中也逐步使用。这种机器的效率被充分利用，使用新一代的控制机构，其速度可以到达 1400r/min，开发新花型、生产新织物的时间得到减少。专利机构 EBC 送经系统使得机器运行可靠。

这种机器主要生产以下类型的织物：棉或非棉的弹性内衣和妇女内衣，弹性和非弹性的游泳衣、运动服，弹性和非弹性的绣花网眼，家庭用装饰织物，鞋子面料和衬里，产业用布，轻型网眼和花边结构，服装衬底。

实例：弹性内衣织物

该织物在机号为 E28 的 RS（E）4 经编机上编织而成，工作幅宽为 4310mm（170 英寸），采用 3 把梳栉，机器速度为 1250r/min，产量为 41.7m/h，织物的纵密为 18 横列/cm，克重为 28g/m^2。原料为 A：40D/34f 锦纶 6.6，长丝，消光，B：140 旦氨纶，收缩率为 65%，C：85/1 公支，棉。组织与穿经如下：

GB1：1-0/2-3//，满穿 A；

GB3：1-2/1-0//，满穿 B；

GB4：2-2/0-0//，满穿 C。

3. RSE 5 （EL）型弹性拉舍尔经编机

RSE 5（EL）采用卡尔迈耶公司最新的 KAMCOS 系统控制，设有 5 把导纱梳，其中 GB1～GB4 可以成圈，GB5 作衬纬。采用 EL 型电子梳栉横移装置，导纱梳的最大横移可达 50mm（E32 时可达 64 针）以上；采用了 EBC 电子送经、EAC 电子牵拉和电子卷取。由于优化了电子横移控制系统，该机生产速度可高达 1750r/min。生产时，产品花型可采用花型设计软件设计，花型数据可通过软盘或网络输入机器的控制计算机中。RSE 5（EL）增加了花型编织的灵活性和多样性。

RSE 5（EL）高速弹性拉舍尔经编机所生产的拉舍尔弹性内衣面料能形成柔软、细密的薄纱网眼结构，将肌肤衬托得更美，在掩蔽身体的同时尽显女性的曲线美，展示女性典雅、迷人的气质。而且拉舍尔经编机上编织的织物具有特里科经编产品所达不到的性能：织物具有更大的弹性；可用粗旦氨纶弹性纱编织，从而降低织物的成本。该机型是在 RSE 4-1 型经编机基础上发展起来的，它不仅具有 RSE 4-1 机型的功能，更是具备了 5 把梳栉，并采用电子横移控制，使其具有高效的花型变化能力，可用于开发丰富的内衣面料。

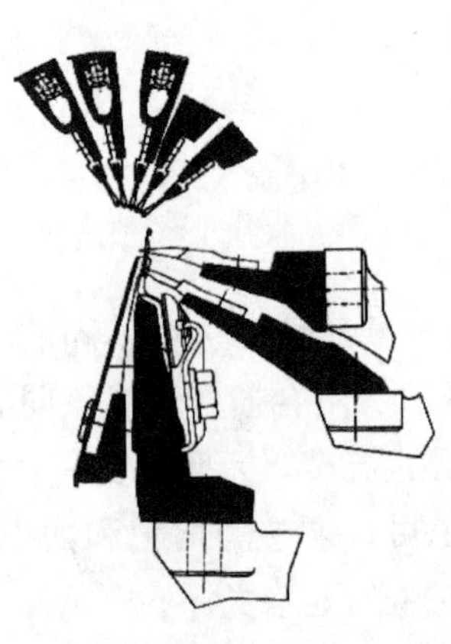

图 7-24　RSE 5（EL）型经编机成圈机件配置

RSE 5（EL）弹性拉舍尔经编机是一种用于生产内衣面料、外衣面料、无缝织物、带有花纹的网眼的机器。它的成圈机件配置如图 7-24 所示。速度能够达到 1750r/min。RSE 5（EL）导纱梳的电子控制保证了小批量的生产，缩短了新产品的开发时间，装备了这种导纱梳控制后，可以生产完全组织长度几乎没有限制的弹性拉舍尔织物。利用导纱梳电子控制（EL）艺术级的驱动技术，RSE 5（EL）系列机器可以达到与采用花盘驱动同样的生产速度。RSE 5（EL）弹性拉舍尔经编机一个更重要的应用领域是生产条块状的织物以及有着不同设计区域的纺织品，这类机型可以极大地减少缝制工作并大大地提高内衣和外衣产品的功能性。

实例：线性花型面料

该织物在机号为E32的RSE 5（EL）的经编机上编织而成，如图7-25所示，工作幅宽为4310mm（170英寸），采用5把梳栉，机器速度为1250r/min，产量为41.7m/h，织物的纵密为58横列/cm，克重为84g/m²。原料为A：20D/7f锦纶半光丝，B：50D/36f低温涤纶，C：105D氨纶。组织与穿经如下：

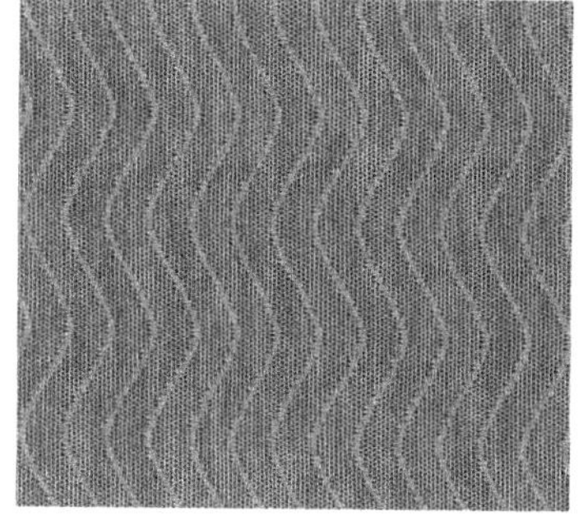

图7-25　线形花型面料

GB1：1-0/1-2/2-1/2-3/2-1/1-2//，1*，1A；

GB2：2-3/2-1/1-2/1-0/1-2/2-1//，1*，1A；

GB3：(0-0/2-2/3-3)×8/(1-1/3-3/4-4)×5/(2-2/4-4/5-5)×3/(3-3/5-5/6-6)×4/(4-4/6-6/7-7)×3/(5-5/7-7/8-8)×3/(6-6/8-8/9-9)×3/(7-7/9-9/10-10)×3/(8-8/10-10/11-11)×4/(9-9/11-11/12-12)×4/(10-10/12-12/13-13)×5/(11-11/13-13/14-14/)×7/11-11/12-12/13-13/(10-10/12-12/13-13)×4/10-10/11-11/12-12/(9-9/11-11/12-12)×3/9-9/10-10/11-11/(8-8/10-10/11-11)3/8-8/9-9/10-10/(7-7/9-9/10-10)×2/7-7/8-8/9-9/(6-6/8-8/9-9)×2/6-6/7-7/8-8/(5-5/7-7/8-8)×2/5-5/6-6/7-7/(4-4/6-6/7-7)×2/4-4/5-5/6-6/(3-3/5-5/6-6)×2/3-3/5-5/2-2/(4-4/5-5/2-2)×2/(3-3/4-4/1-1)×3/(2-2/3-3/0-0)×5//,1B，9*；

GB4：0-0/1-1//，1*，1C；

GB5：1-1/0-0//，1*，1C。

其中GB3为花梳，其原料采用低温涤纶，利用RSE 5（EL）经编机几乎不受限制的花型完全组织的高度，在地布上形成曲线，其线条柔和、均匀，而且利用低温涤纶与锦纶不同的染色性能，在地布上形成不同颜色效应的曲线，简洁大方而又不失个性。

4. RSE 6 （EL）型弹性拉舍尔经编机

RSE 6（EL）经编机是采用电子横移系统控制梳栉横移的六梳拉舍尔型经编机，可用于加工四梳弹性网眼经编织物基础上做对称花型的经编起花织物。该机是在成熟的RSE系列机器的基础上开发的。采用电子或机械方式控制导纱梳栉。RSE 6（EL）的速度达到了一个新的水平。采用6个导纱梳，速度可达1400r/min，比原有机型提高70%。这种高速机器最适合加工金银丝提花、弹性或非弹性内衣织物，还适合于加工有“文身”效果的图案、提花弹性和非弹性刺绣底布、光滑的织物嵌条和半技术纺织品。RSE 6（EL）高速弹性拉舍尔经编机所生产的拉舍尔弹性内衣面料能形成四梳稳定的弹性网眼结构，具备6把梳栉，并采用电子横移控制，使其具有高效的花型变化能力，可用于开发丰富的内衣面料。

RSE 6（EL）弹性拉舍尔经编机是一种用于生产内衣面料、外衣面料、无缝织物、带有花纹的网眼的机器。速度能够达到1400r/min。RSE 6（EL）导纱梳的电子控制保证了小批量的生产，缩短了新产品的开发时间，装备了这种导纱梳控制后，可以生产完全组织长度几乎没有限制的弹性拉舍尔织物。利用导纱梳电子控制（EL）艺术级的驱动技术，RSE 6（EL）系列机器可以达到与采用花盘驱动同样的生产速度。RSE 6（EL）弹性拉舍尔经编机一个更重要的应用领域是生产条块状的织物以及有着不同设计区域的纺织品，这类机型可以极大地减少缝制工作并大大地提高内衣和外衣产品的功能性。

在 RSE 6（EL）型经编机上可使用 GB3、GB4、GB5、GB6 四把为地梳，GB1 和 GB2 为花梳，编织成圈型起花织物；也可使用 GB1、GB2、GB5、GB6 四把为地梳，GB3 和 GB4 为花梳，编织衬纬型起花织物。由于采用四把地梳编织，可加工结构稳定的四梳弹性网眼底布，其余两把梳栉作花梳在地布上形成对称或非对称的花型。

实例：提花内衣面料

该织物在机号为 E24 的 RSE 6（EL）经编机上编织而成，工作幅宽为 3300mm（130 英寸），采用 6 把梳栉，机器速度为 1250r/min，产量为 41.7m/h，织物的纵密为 58 横列/cm，克重为 84g/m^2。原料为 A：20D/7f 锦纶半光丝，B：50D/36f 涤纶 DTY 丝，C：105D 氨纶。组织与穿经如下：

GB1：1-0/1-2/2-1/2-3/2-1/1-2//，1*，1A；

GB2：2-3/2-1/1-2/1-0/1-2/2-1//，1*，1A；

GB3+GB4：带空穿作对称垫纱，在 GB1/GB2 网眼基础上作衬纬起花；

GB5：0-0/1-1//，1*，1C；

GB6：1-1/0-0//，1*，1C。

第三节　贾卡经编产品及加工方式

一、衬纬型贾卡经编织物

这类织物利用衬纬提花原理生产，我们把生产这类织物的经编机称为衬纬型贾卡拉舍尔经编机。衬纬型贾卡经编机有早先的 RJ4/1 经编机，现在这种类型的贾卡经编机一般不再单独使用。衬纬贾卡原理还应用在 MRPJ25/1、MRPJ43/1、MRPJ73/1、MRPJF59/1/24 多梳经编机和 RDPJ6/2 双针床贾卡经编机中。另外，浮纹型贾卡经编机中后面的贾卡梳也是采用衬纬原理。现在，衬纬贾卡梳栉一般用来形成花式底布。

RJ4/1 是一种旧贾卡机型，为衬纬型的贾卡经编机。RJ4/1 型经编机可以利用化纤长丝、涤/棉混纺纱等原料，采用提花衬纬工艺，编织具有大提花风格、多种层次厚薄、多种孔眼花型的窗帘、台布、窗罩等室内装饰织物，也可采用偏置技术，使一把贾卡提花梳栉具有两条横移工作线，使用两种不同颜色的提花纱线生产双色提花织物。

RJ4/1 贾卡经编机成圈机件的配置如图 7-26 所示，舌针床 1 经摆臂和主轴箱中的共轭齿轮机构连接，由主轴传动做上下升降运动，并随着脱圈针槽板 2 做前后摆动。沉降片床 3 由主轴上的共轭凸轮经摆臂传动，在舌针上升之前进入针平面握住旧线圈。地梳 GB1 为编链梳栉，GB2、GB3 为地组织衬纬梳栉，JB4 为贾卡提花梳栉。移位针 6 受贾卡装置上纹板指令

（有孔或无孔）的控制，可在移位针床中分别做上下运动。低位置的移位针插入提花导纱针片间，以控制提花导纱针做不同针距的提花衬纬。

RJ4/1 经编机的成圈机件有：舌针、栅状脱圈板、握持沉降片、防针舌反拨钢丝、地梳导纱针、贾卡导纱针、移位针。机前配置三把地梳栉，由经轴供纱，其后配置一把贾卡梳栉和相应的移位针床。贾卡梳栉通常作衬纬偏移变化垫纱，因此所构成的织物花纹结构是“纬花”。因各贾卡导纱针按花纹需求垫纱，耗量不一，故用筒子架供纱。此种机器车速较高，结构较简单，价格较低廉，但织物花纹的层次较少、平坦、无立体感。

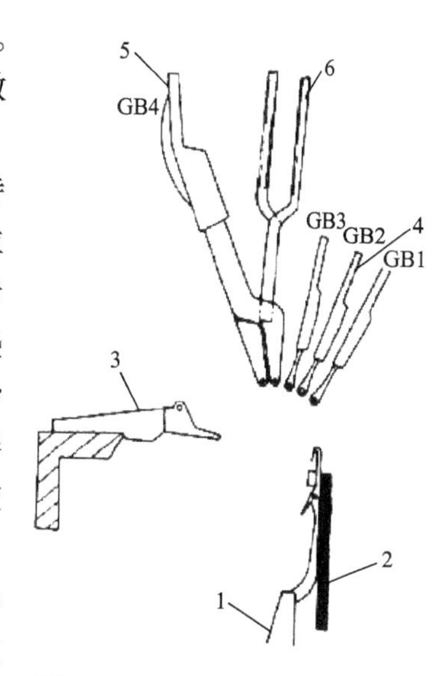

图 7-26 RJ4/1 成圈机件配置图

RJ4/1 系列经编机由于贾卡导纱针的垫纱运动既受机器右侧横移机构花盘凸轮的控制，又受机器上方贾卡装置的控制，从而使贾卡拉舍尔经编机的成圈运动具有许多明显的特点，具体如下。

（1）贾卡导纱针除做编织基本组织需要的针前、针背横移外，还需要在移位针的配合下做偏移变化组织的横移，此种作用称为贾卡导纱针“偏移”。

（2）在偏移变化组织垫纱时或垫纱完成后，被移位针偏移的贾卡导纱针必须回复到垂直的、不受移位针作用的自由状态，以使移位针按织物花纹要求在贾卡导纱针针间上下选针，为编织下一横列的偏移组织做好准备。这就需要贾卡梳栉和相应的移位针床做适当的相对横移来实现。此种作用称为使偏移的贾卡导纱针“释放”。显然，在贾卡导纱针呈偏移的状况下，移位针是不能在贾卡导纱针间进行下落（称为“复位”）和上提（称为“选针”）的。反之，只有在移位针复位和选针后，贾卡导纱针才可按设计花纹的要求产生偏移。

（3）由于在成圈过程中增加了“偏移”“释放”等横移动作，应用在一般经编机中的“两行程”“三行程”等传动横移方式已不能适应要求，通常在贾卡拉舍尔经编机中应用六行程横移传动。即每完成一个横列的成圈循环，在花纹横移机构上分为六个工作阶段，相当于行进六块链块，但各阶段进行的时间不一定相等。

二、成圈型贾卡经编织物

这类织物利用成圈提花原理生产，我们把生产这类织物的经编机称为成圈型贾卡经编机，又称为拉舍尔簇尼克（Rascheltronic）。这类机器主要有 RSJ4/1 和 RSJ5/1 两个机型，它们替代了早先的 KSJ3/1 特里科簇尼克经编机（Tricottronic）。成圈型经编织物在妇女内衣、泳衣和海滩服中有很广泛的应用。

RSJ4/1 型经编机属于成圈型贾卡经编机，它采用最新的 Piezo 贾卡系统控制，所以能很快地、任意地、不受限制地进行花型设计，机器速度提高到过去难以达到的 1100r/min。为了进一步提高机器速度，机器可以配置成 3 把梳栉（RSJ3/1），这样机器速度可以达到 1300r/min。另外，机器的机号最高可达 E32。目前 Piezo 贾卡机的速度和机号对于传统的贾卡技术都是难以达到的。该机能高速生产弹性或非弹性、地组织可以是紧密的或网眼状的、具有立体或平面的贾卡提花织物，可用于妇女内衣、泳衣、运动衣、海滩服。

实例 1：运动衣面料 1

该织物在机号为 E28 的 RSJ4/1 经编机上编织而成，如图 7-27 所示，工作幅宽为 3300mm（130 英寸），机器速度为 1100r/min，产量为 36.7m/h，织物的纵密为 18 横列/cm，克重为 105g/m^2。原料为 A：100D/88f 涤纶长丝，B：70D/72f 涤纶变形丝。组织与穿经如下：

JB1：1-0/1-2//，满穿 A；

GB2：1-2/1-0//，满穿 B。

实例 2：运动衣面料 2

该织物在机号为 E28 的 RSJ4/1 经编机上编织而成，如图 7-28 所示，工作幅宽为 3300mm（130 英寸），机器速度为 1100r/min，产量为 36.7m/h，织物的纵密为 18 横列/cm，克重为 108g/m^2。原料为 A：100D/88f 涤纶长丝，B：70D/72f 涤纶变形丝，C：70D/72f 涤纶变形丝。组织与穿经如下：

JB1：1-0/1-2//，满穿 A；

GB2：2-3/2-1/1-0/1-2//，1B，1*；

GB3：1-0/1-2/2-3/2-1//，1C，1*。

图 7-27 运动衣面料 1

图 7-28 运动衣面料 2

RSJ4/1 拉舍尔经编机成功面市很久后，RSJ5/1 才加入这个队伍中来。改进后的拉舍尔簇尼克装置以提高可操作性和几乎无限的花型能力以及机速高达 1100r/min 而著称。结合机器运转的最优化设计和梳栉吊架的重新定位，增加的一把梳栉（图 7-29）更进一步增强了地组织的花型设计能力。该机还有一个技术亮点：原先采用整体式的贾卡梳栉及其送经机构现采用了一种新型的配置形式，即配成两片分离的分离贾卡梳。采用这一形式的原理很简单，即使用一把贾卡梳即可形成两个完全独立的花型部分。分离式的碳纤维纱线张力弹簧片装置使得对分离贾卡梳可以分别地从前侧与后侧单独穿纱，这样两片分离的贾卡梳就能分别生产出相同或不同的花型结构，并能以不同的垫纱方向进行垫纱。当然也可以仅从贾卡梳前侧穿纱。采用 Piezo 装置的单针控制的贾卡提花技术使花型设计人员在设计时能够自由自在。由于以上的这些配置，新型的 RSJ5/1 型拉舍尔簇尼克经编机与 RSJ4/1 型机相比功能更多。例如，像提花型的弹性网眼之类的功能性结构可很方便地用四把地梳在该机上进行生产。分离式的穿纱系统使得用贾卡梳来生产完整的弹性网眼结构并在其上进行提花成为可能。RSJ5/1 成圈机件配置如图 7-30 所示。由氨纶梳 1、地梳 2、贾卡梳 3、分离贾卡梳 4 和 5、脱圈板 6、织针 7、针芯 8、沉降片 9 组成。

图 7-29　RSJ5/1 成圈机件

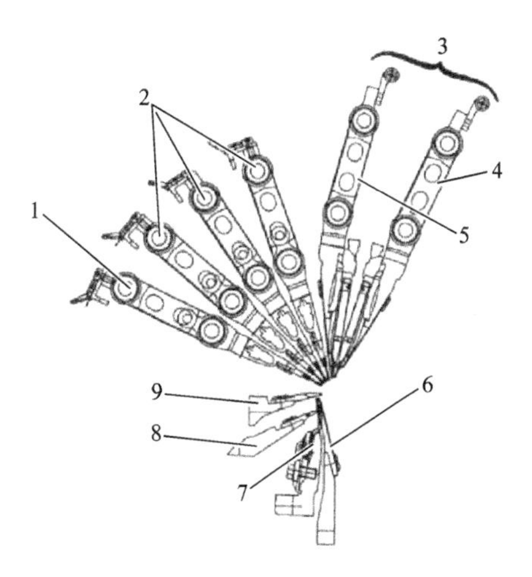

图 7-30　RSJ5/1 成圈机件配置图

实例 1：内衣面料

该织物在机号为 E28 的 RSJ5/1 经编机上编织而成，如图 7-31 所示，工作幅宽为 3300mm（130 英寸），机器速度为 1100r/min，产量为 36.7m/h，织物的纵密为 18.3 横列/cm，克重为 221g/m^2。原料为 A：40D/10f 锦纶 6 长丝，B：30D/10f 锦纶 6 长丝，C：40 旦氨纶，收缩率为 40%。组织与穿经如下：

JB1.1：1-0/2-3//，满穿 A；

JB1.2：1-0/2-3//，满穿 A；

GB4：1-2/1-0//，满穿 B；

GB5：1-0/1-2//，满穿 C。

实例 2：网眼内衣面料

该织物在机号为E28的RSJ5/1经编机上编织而成，如图7-32所示，工作幅宽为3300mm

图 7-31　内衣面料

图 7-32　网眼内衣面料

(130 英寸)，机器速度为 1100r/min，产量为 23.2m/h，织物的纵密为 28.5 横列/cm，克重为 124g/m^2。原料为 A：30D/10f 锦纶 66 长丝，B：30D/10f 锦纶 66 长丝，C：20D/9f 锦纶 6 长丝，D：20D/9f 锦纶 6 长丝，E：150D 氨纶，收缩率为 65%。组织与穿经如下：

JB1.1：1-0/1-2//，满穿 A；

JB1.2：1-2/1-0//，满穿 B；

GB2：2-3/2-1/1-2/1-0/1-2/2-1//，1C，1 *；

GB3：1-0/1-2/2-1/2-3/2-1/1-2//，1D，1 *；

GB4：1-1/0-0//，1 *，1E；

GB5：0-0/1-1//，1 *，1E。

三、压纱型贾卡经编织物

这类织物利用压纱提花原理生产，把生产这类织物的经编机称为压纱型贾卡经编机。这一类机器有典型的 RJPC4F-NE，旧机型有 RJG5F-NE、RJG5/2F-NE 和 RJSC4F-NE。RJPC4F-NE 贾卡经编机的显著特点是很大的生产可能性、速度快，并能迅速和方便地更换花型，因此能很经济地生产各种各样的网眼窗帘、台布、床罩、围巾和披肩等。贾卡梳栉设计成分离式（半机号），两个互相组合可以变成一个满机号的贾卡梳栉。该机器可以满机号和半机号，并有压纱效果，地组织最高机号为 E24，半机号为 E12。另外，可以实现立体的毛圈效应，这时地组织为半机号配置。

RJPC4F-NE 成圈机件配置如图 7-33 所示。RJPC4F 由地梳 1、压纱板 2、分离的贾卡梳 JB1.2 3、分离的贾卡梳 JB1.1 4、Piezo 贾卡梳 JB 5、织针 6、脱圈梳 7 和针芯 8 组成。RJPC4-NE 贾卡经编机采用复合针，并且单针插放。针芯采用 1/2 英寸宽度的针块。采用组合式贾卡梳栉，由两个分离的贾卡梳 JB1.1 和 JB1.2 组合而成，一块压纱板和脱圈板。所有成圈机件都由封闭油箱中凸轮或者曲柄控制。该机贾卡梳仅做横移，不做摆动。压纱板做上下运动。三把地梳既摆动又横移。RJPC4-NE 贾卡经编机，门幅 130 英寸采用 3×533mm（21 英寸）的盘头。而 230 英寸的机器上配置了 2×762mm（30 英寸）地梳纱线由 EBA 控制，贾卡梳栉的纱线由机前的纱架供给。

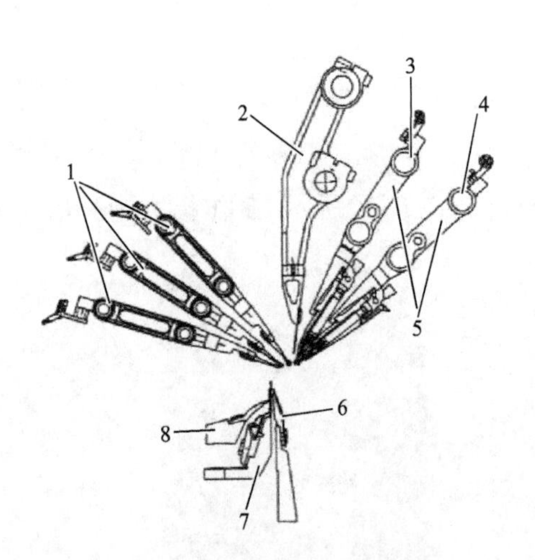

图 7-33　RJPC4F 成圈机件配置图

地梳和贾卡梳栉的横移由机器右边的 N 型或者 E 型（采用曲线链块）横移机构控制。N 型花纹机构 12 行程，E 型横移机构采用 2 行程。在 RJPC4F-NE 贾卡经编机上，以前的花型仍然可以编织。因为现在机器速度提高了，所以采用可以互换的曲线链块。花盘不需要重新配置，只要贾卡梳栉控制杆侧向移动即可。

实例1：网眼提花窗帘

该织物在机号为E14的RJPC4F经编机上编织而成，如图7-34所示，工作幅宽为3300mm（130英寸），机器速度为650r/min，产量为25.0m/h，织物的纵密为15.6横列/cm，克重为72g/m^2。原料为A：150D/48f×2涤纶变形丝，B：70D/24f涤纶长丝，C：45D/18f涤纶长丝。组织与穿经如下：

JB1.1：0-1-1-1-2-2/2-1-1-1-0-0//，满穿A，形成花纹；

JB1.2：0-1-1-1-2-2/2-1-1-1-0-0//，满穿A，形成花纹；

GB2：0-0-1-1-1-1/1-1-0-0-0-0//，满穿B，形成方格底布；

GB3：0-0/2-2/1-1/2-2/0-0/1-1//，满穿C，形成方格底布；

GB4：3-3/0-0/1-1/0-0/3-3/2-2//，满穿C，形成方格底布。

实例2：网眼窗帘

该织物在机号为E18的RJPC4F的经编机上编织而成，如图7-35所示，工作幅宽为3300mm（130英寸），机器速度为720r/min，产量为26.2m/h，织物的纵密为16.5横列/cm，克重为105g/m^2。原料为A：150D/144f×2涤纶变形丝，B：70D/24f涤纶变形丝。组织与穿经如下：

JB1.1：0-1-1-1-2-2/2-1-1-1-0-0//，满穿A，形成花纹；

JB1.2：0-1-1-1-2-2/2-1-1-1-0-0//，满穿A，形成花纹；

GB2：0-0-1-1-1-1/1-1-0-0-0-0//，满穿B，形成方格底布。

图7-34 网眼提花窗帘

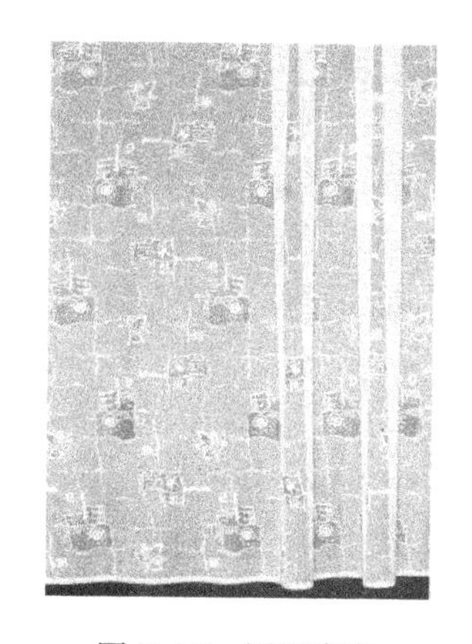

图7-35 网眼窗帘

四、浮纹型贾卡经编织物

这类织物利用浮纹提花原理生产，机器上带有单纱选择装置。我们把生产这类织物的经编机称为浮纹型贾卡经编机，又称为克里拍簇尼克（Cliptronic）经编机，主要机型有RJWB3/2F、RJWB4/2F、RJWB8/2F（6/2F）、RJWBS4/2F（5/1F）等。浮纹型经编机的成功开发，使得贾卡原理又有了进一步的发展，现在不但可以控制贾卡针的横向偏移，而且在纵向上可以控制贾卡纱线进入和退出工作，从而形成独立的浮纹效应。浮纹经编产品的应用不局限于传统的网眼窗帘、台布等，已成功地渗透到花边领域，另外还可以用作妇女内衣、紧身衣和外衣面料。

RJWB3/2F 是一个采用了 Piezo 贾卡梳栉和单纱选择装置（EFS）的贾卡经编机，又称为克里拍簇尼克（Cliptronic）经编机，主要生产网眼窗帘和台布等。在纯洁半透明的地组织上形成三维独立的花纹图案，我们称其为经编浮纹（即机型中的 WB）。RJWB3/2F 成圈机件配置如图 7-36 所示。另外，在 RJWB3/2F 型窗帘经编机上配置了单纱选择装置（EFS）。Piezo 贾卡梳（第 3 把梳栉）是根据机器满机号来设计的，它以衬纬的形式来工作，基本垫纱为二针衬纬（0-0/2-2）。分离的第一把贾卡梳和单选针机构（EFS）互相并列，半机号配置。并以压纱形式来工作，基本垫纱为 0-2/6-4//。花纹主要由分离的第一把贾卡梳形成，并且富有浮纹效应。如果使用单纱选择装置（EFS）取出形成花纹的纱线，它们将由剪割梳自动剪断，且断纱头由吸风装置吸走。两把贾卡梳栉和一个单纱选择装置都是由 Piezo 元件作用。它靠电子脉冲来控制横移运动。三个分离贾卡梳都由 Piezo 元件控制。单个贾卡导纱针（偏移到左边或者偏移到右边），在成圈过程针背垫纱和针前垫纱中控制导纱针的偏移。使用单纱选择装置就能对钩针进行选择。

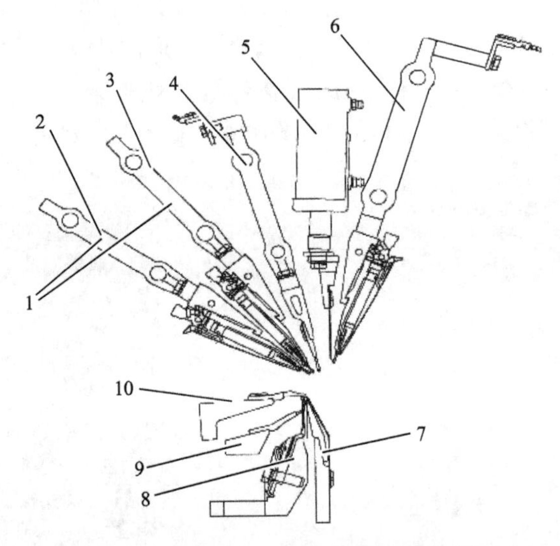

图 7-36　RJWB3/2 型成圈机件配置图

1—Piezo 贾卡梳（JB）　2—分离的贾卡梳 JB3. 2　3—分离的贾卡梳 JB3. 1　4—地梳
5—压纱板　6—分离的贾卡梳 JB1. 1　7—脱圈梳　8—织针　9—针芯　10—沉降片

实例 1：网眼窗帘 1

该织物在机号为 E18/9 的 RJWB3/2F 经编机上编织而成，如图 7-37 所示，工作幅宽为 3300mm（130 英寸），机器速度为 320r/min，产量为 10. 5m/h，织物的纵密为 18. 2 横列/cm，克重为 70g/m^2。原料为 A：400D 涤纶变形丝，B：70D/24f 涤纶变形丝，C：100D/36f 涤纶变形丝。组织与穿经如下：

JB1. 1：0-1/3-2//，满穿 A，形成浮纹；

GB2：1-0/0-1//，满穿 B，编织编链；

JB3.1：0-0/2-2//，满穿 C，在 PJS 系统控制下作变化衬纬，形成花式底布；

JB3.2：0-0/2-2//，满穿 C，在 PJS 系统控制下作变化衬纬，形成花式底布。

实例 2：网眼窗帘 2

该织物在机号为 E18/9 的 RJWB3/2F 经编机上编织而成，如图 7-38 所示，工作幅宽为 3300mm（130 英寸），机器速度为 320r/min，产量为 10.4m/h，织物的纵密为 18.5 横列/cm，克重为 69g/m^2。原料为 A：400D 涤纶变形丝，B：70D/24f 涤纶变形丝，C：100D/36f 涤纶变形丝。组织与穿经如下：

JB1.1：0-1/3-2//，满穿 A，形成立体花纹；

GB2：1-0/0-1//，满穿 B，编织编链；

JB3.1：0-0/2-2//，满穿 C，在 PJS 系统控制下作变化衬纬，形成花式底布；

JB3.2：0-0/2-2//，满穿 C，在 PJS 系统控制下作变化衬纬，形成花式底布。

图 7-37 网眼窗帘 1

图 7-38 网眼窗帘 2

RJWB4/2F 贾卡经编机在 RJWB3/2F 贾卡经编机的基础上添加一把地梳，用于加工氨纶纱线，另外，机号提高到 E24，它可充分满足服装业的需求。由于 RJWB4/2F 贾卡经编机编织的新颖织物在轻薄的组织上起凹凸花纹，显示出类似绣纹的外观。由于花纹没有重复，这种面料花纹可以自由设计。由于花纹之间、花纹与底布之间清晰而不受限制的浮雕式花纹，因而可获得清晰持久的花纹。RJWB4/2F 主要生产弹性和非弹性的妇女紧身衣和外衣。

图 7-39 为 RJWB4/2F 成圈机件配置。RJWB4/2F 机采用复合针，针床和针芯床分开控制，机号为 E24。四把导纱梳栉由一个一半针距（E12）的压电贾卡分段梳栉（JB1），一个以 E24 配置的压电贾卡梳栉（JB3），和两把地梳栉（GB2 编链线圈和 GB4 衬纬）组成。在导纱梳 JB1 和 GB2 之间配置了一压纱板。该机还配有一个可移动的握持沉降片床和一个静止的脱圈针槽板。另外，RJWB4/2ENE 机有一独立的选纱系统（EFS），它用于选择起花的纱线。这也是由压电系统所控制的。它由选纱装置、钩针、一个割纱杆和一个带有飞花去除系统的吸风装置（用来去除切割的废纱）所构成。第一把贾卡梳和单选针机构（EFS）互相并列，且以半机号来配置并以压纱偏移来工作，基本垫纱为 0-1/3-2//。

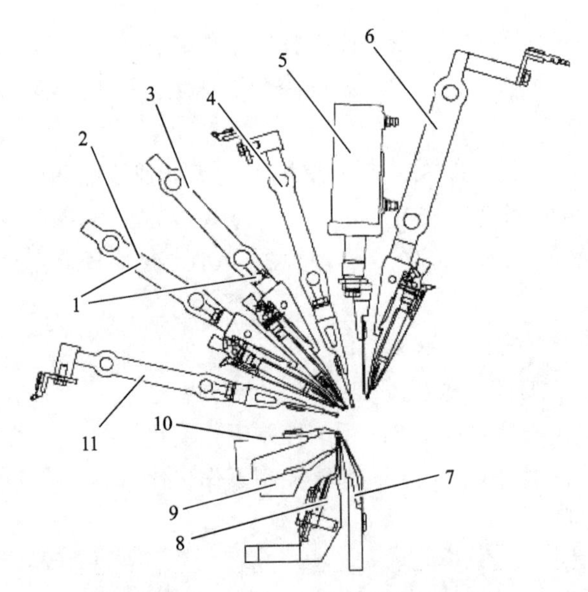

图 7-39　RJWB4/2 型成圈机件配置图

1—Piczo 贾卡梳（JB）　2—分离贾卡梳 JB3.2　3—分离贾卡梳 JB3.1　4—地梳　5—压纱板　6—分离贾卡梳 JB1.1　7—脱圈板　8—织针　9—针芯　10—沉降片　11—弹性梳

实例 3：女士内衣

该织物在机号为 E24/12 的 RJWB4/2F 经编机上编织而成，如图 7-40 所示，工作幅宽为 3350mm（132 英寸），机器速度为 350r/min，产量为 10.6m/h，织物的纵密为 19.8 横列/cm，克重为 115g/m²。原料为 A：100D/51f×2 锦纶变形丝，B：40D/13f 锦纶 66，C：40D/34f 锦纶变形丝，D：70 旦氨纶。组织与穿经如下：

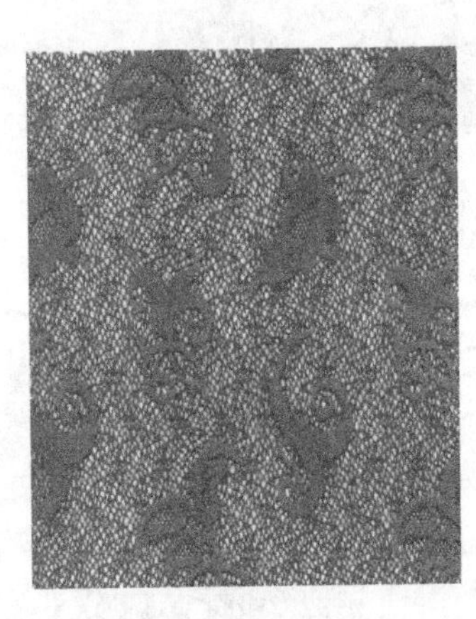

图 7-40　女士内衣

JB1.1：0-1/3-2//，满穿 A，形成立体花纹；

GB2：1-0/0-1//，满穿 B，编织编链；

JB3.1：0-0/2-2//，满穿 C，形成平面花纹；

JB3.2：0-0/2-2//，满穿 C，形成平面花纹；

GB4：0-0/1-1//，满穿 D，编织氨纶。

RJWB8/2F 型是由 RJWB4/2F 型贾卡经编机发展而来，梳栉数增多，从而拓宽了其产品生产范围，其成圈机件配置如图 7-41 所示。RJWB8/2F 由于梳栉数增加到 8 把，这样可生产多品种的产品，它能生产弹性和非弹性的花边（带花环或不带花环）以及满花的紧身衣或者外衣面料。RJWB8/2F 型的花梳和贾卡梳可以互换，这样地梳可以达到 4 把，用于生产弹性网眼底布、六角网眼或者其他地组织结构。例如，生产带花环的六角或者弹性网眼地组织的条形花边时，使用生产花环的花梳。因此，RJWB8/2F 型使用附加的梳栉可以很好地生产每一类产品，如妇女内衣和花边外衣等。RJWB8/2F 主要生产具有立体效应的弹性或者非弹性的妇女内衣和花边，它能生产的品种范围更广。

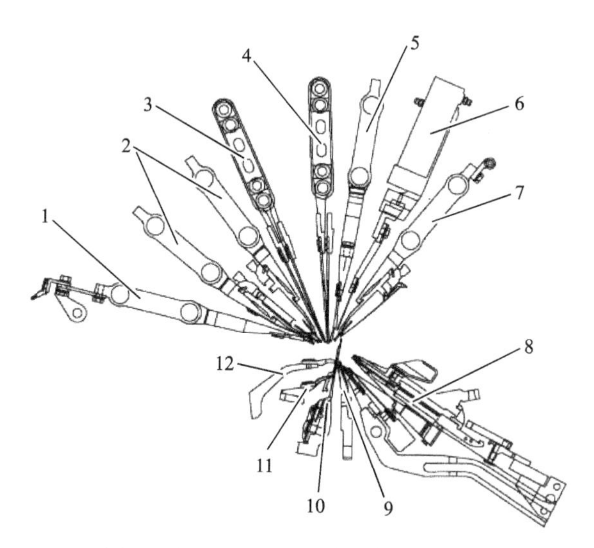

图 7-41 RJWB8/2 型成圈机件配置图

1—弹性梳栉 2—Piezo 贾卡梳（JB） 3—2 把花梳在一条横移线上 4—2 把花梳在一条横移线上 5—地梳 6—压纱板 7—分离的贾卡梳 JB1.1 8—单纱选择装置（EFS） 9—脱圈梳 10—织针 11—针芯 12—成圈梳

实例 4：弹性花边

该织物在机号为 E24/12 的 RJWB8/2F 经编机上编织而成，如图 7-42 所示，工作幅宽为 3350mm（132 英寸），机器速度为 320r/min，产量为 10.7m/h，织物的纵密为 18 横列/cm，克重为 26g/m^2。原料为 A：100D/51f×2 锦纶变形丝，B：40D/13f 锦纶 66，C：40D/34f 锦纶变形丝，D：70D×2×3 锦纶，E：40D/34f 锦纶变形丝，F：150D 氨纶。组织与穿经如下：

JB1.1：0-1/3-2//，满穿 A，形成立体花纹；

GB2：1-0/0-1//，满穿 B，编织编链；

PB3+4：0-1/1-0//，根据需要（C），加固花环；

PB5+6：0-0/1-1//，根据需要（C），加固花环；

JB7.1：0-0/2-2//，满穿 E，形成平面花纹；

JB7.2：0-0/2-2//，满穿 E，形成平面花纹；

GB8：0-0/1-1//，满穿 F，编织氨纶。

图 7-42 弹性花边

RJWBS4/2F 经编机是在 RJWB4/2F 的基础上发展变化而来的，新机型中的“S”代表花边，主要生产用于紧身衣和内衣的、弹性或者非弹性的满花织物和不带花环装饰的条带花边，另外，也用于生产弹性和非弹性的成形衣片。图 7-43 为 RJWBS4/2F 成圈机件配置图，在 RJWBS4/2F 贾卡经编机上第二把地梳编织编链组织，织物在使用过程中开口编链会逆编织方向脱散，所以使用一个附加的控制系统用于控制第二把梳栉的针背横移，另外还可以使用这种横移生产其他组织结构。这套系统相当于微型花边（SU）装置。但是为了达到这一目的，在花纹数据中需要使用多梳的数据。

实例5：贾卡弹性花边

该织物在机号为E24/12的RJWB8/2F经编机上编织而成，如图7-44所示，工作幅宽为3300mm（130英寸），机器速度为380r/min，产量为12.3m/h，织物的纵密为18.6横列/cm，克重为23g/m^2。原料为A：100D/51f×2锦纶变形丝，B：40D/13f锦纶66，C：40D/34f锦纶变形丝，D：150D氨纶。组织与穿经如下：

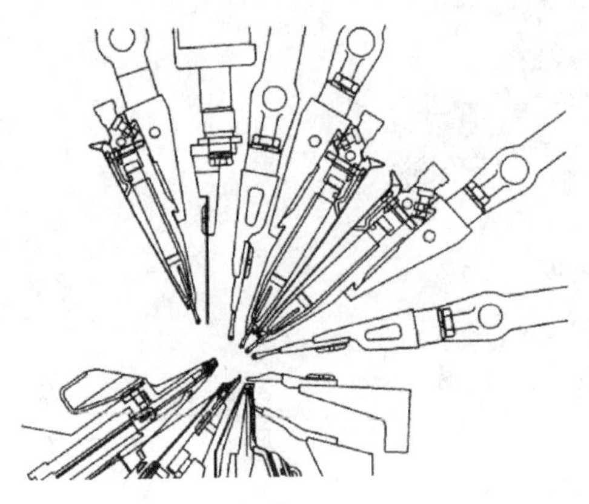

图7-43 RJWBS4/2F成圈机件配置图

图7-44 贾卡弹性花边

JB1.1：0-2/6-4//，满穿A，形成立体花纹；

GB2：2-0/0-2//，满穿B，编织编链；

JB3.1：0-0/4-4//，满穿C，形成平面花纹；

JB3.2：0-0/4-4//，满穿C，形成平面花纹；

GB4：0-0/2-2//，满穿D，编织氨纶。

RJWBS5/1F经编机是RJWBS4/2F的变形机种（后面的贾卡梳被两把地梳替代），因此，该机压纱板后面具有四把满穿的地梳，其中两把可以成圈。这样就可以生产不同结构的地组织，如六角网眼和弹性网眼等。使用Piezo贾卡和单纱选择装置就可以在这些地组织上形成独立的立体效应的花纹。花纹的尺寸和形状不受限制，设计者不需要考虑地组织循环，可以任意设计花纹。以这种方法生产的织物具有全新的功能和外观效应，可以用于生产功能性内衣和紧身衣，其中最重要的两个特性是其外观和透明度。图7-45为RJWBS5/1F成圈机件的配置图，在RJWBS5/1F贾卡经编机上第二把地梳编织编链组织，织物在使用过程中开口编链会逆编织方向脱散，所以使用一个附加的控制系统用于控制第二把梳栉的针背横移，另外还可以使用这种横移生产其他组织结构。这套系统相当于微型SU装置。

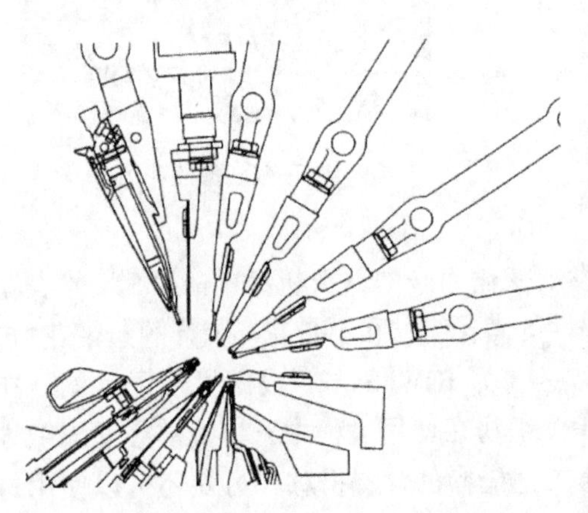

图7-45 RJWBS5/2F成圈机件配置图

但是为了达到这一目的，在花纹数据中需要使用多梳的数据。

实例6：女士外衣面料

该织物在机号为E24/12的RJWB8/2F经编机上编织而成，如图7-46所示，工作幅宽为3350mm（132英寸），机器速度为380r/min，产量为9.3m/h，织物的纵密为24.3横列/cm，克重为233g/m²。原料为A：270旦/96f涤纶变形丝，B：30旦锦纶66，C：150旦氨纶。组织与穿经如下：

JB1.1：0-1/3-2//，满穿A，形成立体花纹；

GB2：1-0/1-2/2-1/2-3/2-1/1-2//，1B，1*，弹性网眼底布；

GB3：2-3/2-1/1-2/1-0/1-2/2-1//，1B，1*，弹性网眼底布；

GB4：1-1/0-0//，1*，1C，弹性网眼底布。

GB5：0-0/1-1//，1*，1C，弹性网眼底布。

图7-46　女士外衣面料

五、双针床型贾卡经编织物

这一类贾卡经编机同时又属于双针床经编机，主要机型有RDPJ6/2、RJPJ7/1，旧机型中还有HDRJ6/2NE型经编机。双针床型贾卡经编机主要用于生产经编成型织物，如连裤袜、成型内衣等，也有一些提花间隔织物用于文胸、鞋面料的生产。

RDPJ6/2装备了Piezo贾卡系统，专门生产无缝内衣，它是生产管状织物特别是连裤袜的理想机器。标准的RDPJ6/2有两个针床，六把梳栉。四把地梳分别为GB1、GB2、GB5、GB6，两把Piezo控制的贾卡梳JB3、JB4。GB1、GB2、JB3、JB4在前针床成圈，JB3、JB4、GB5、GB6在后针床相应成圈。所有六把梳栉的横移运动有N型花盘传动。两个针床安装有各自独立的舌针和成圈梳，它们由在油浴中的凸轮和曲轴进行传动。Piezo控制的贾卡机构根据需要进行调整，扩大了花型的生产能力。

RDPJ6/2可生产丝袜以及其他一些展示身材的漂亮衣服，如袜口饰套、各种长度的裙子以及服装等，所有均具有复杂、塑体与无缝的结构。

无缝经编织物发展势头良好。用于服装，它们可以塑体、有效增强体型美，是多层结构织物理想的基础材料，轻柔地贴近皮肤、没有任何使人不舒服的接缝。RDPJ6/2双针床拉舍尔经编机上生产的产品除了具有视觉效果和舒适特点之外，还有其他更多的优点。用于制成时尚运动服时，它们为运动员的活动和运力过程提供支持，具有定制的功能性特点。

RDPJ7/1以300r/min（每分钟编织600个线圈横列）的转速使其不仅功能多样而且效率很高。如果人工对其进行一些调整，它的速度还可以再提高。例如，把RDPJ7/1机器的两把梳栉拿掉，即成为RDPJ5/1，这时它的速度可以达到350r/min，也即每分钟编织700个线圈横列，这使其生产技术能够更有效地适应不同的用途。机器为顺序操作而设的多速配置，脱圈沉降片床之间的距离可在2～8mm之间进行调节，从而使机器更灵活。卡尔迈耶为新机器订单加工的经编机都将配置创新的卡尔迈耶控制系统（KAMCOS），这将确保所有机器的计算机做到最佳配合，而且还可以和其他网络进行联结。此外，RDPJ7/1 拥有友好的用户界面以及有利于提高工作效率的人/机界面。

RDPJ7/1 可生产三维织物，这种织物有 4mm 厚，厚度可以改变，隔距变化范围为 2~8mm，由涤纶制成，具有经编间隔织物的典型优点，因为它既实用又富有吸引力。空气作为一种介质，赋予织物功能性和结构上的蓬松，它在两个面层之间流通，产生了舒适、可气候调节的效应以满足各种需要，并确保服装冬暖夏凉。间隔纱和空气的组合创造了一个完美的湿度调节系统，因为间隔单丝的结合方式不仅能使线圈结构稳定，还为汗液的蒸发提供了巨大的表面积。此外，还可以通过芯吸效应使湿气沿着单丝排放到纺织品外表面和周围空气中。交换的过程可以通过对表层结构参数设定来人为控制，以满足特殊的用途。间隔结构不仅仅能保证服装合体，在用作汽车内部、飞机、办公室、家庭座椅套或座椅构件时也很理想。通过对织物一面或双面提花，间隔织物既可以作为一种柔性家具用织物，又可以作为有着高度透气性的抗压材料。值得一提的是，这些特性同时也使得在 RDPJ7/1N 上生产的三维织物可以用于箱包的生产，特别是用于由于重载造成压力和大量汗液的区域。

第四节　多梳栉经编产品及加工方式

在拉舍尔经编机上，配置的梳栉数在 18 把以上的，一般称为多梳拉舍尔经编机，简称多梳经编机，它是经编机中起花能力最强的一类机器。主要用于生产网眼类提花织物，如网眼窗帘、网眼台布、弹性和非弹性的网眼服装以及花边织物。多梳与压纱板、多梳与贾卡经编技术的复合代表多梳拉舍尔经编机发展上的一个巨大进步，SU 电子梳栉横移机构、Piezo 贾卡提花系统和新一代钢丝花梳的使用，使得多梳经编技术更趋完善，其产品更加精致和完美。

一、衬纬型多梳经编织物

这一类织物在衬纬型多梳经编机上生产，这一类机器一般用前面 2~3 把梳栉形成网眼底布，后面的衬纬花梳一般采用 2 把、4 把或 6 把集聚成一条横移线。花纹主要靠作衬纬的花梳形成，因此花纹效应比较平坦。机械控制机型主要有 MRES33EH 和 MRES39EH。电子控制的机型主要有 MRES 33SU、MRES43SU 和 ML41、ML46 等，该类机器主要生产条形花边、满花网眼织物和网眼窗帘等（图 7-47）。

二、成圈型多梳经编织物

这一类织物在成圈型多梳经编机上生产。由于成圈型多梳经编机花梳放在地梳的前面，并做成圈编织，因此可以利用长延展线形成具有立体效应的织物。典型的机型有 MRE29/24SU 和 MRE32/24SU，所有梳栉都采用 SU 电子梳栉横移机构控制，另外此类机器的机号可达 E28。因为该机花梳做成圈运动，因此花梳纱线的使用，就没有带压纱板的多梳机器那么

图 7-47　ML 型多梳经编机及其产品

广泛，受到一定的限制，其织物如图 7-48 所示。

三、压纱型多梳经编织物

这一类织物在压纱型多梳经编机上生产。这一类机器有机械控制的 MRGSF31/16EH 和电子控制的 MRGSF31/16SU 两种。花梳分成两种，一种放在压纱板前面，可以形成立体效应；另一种放在地梳后面，做衬纬运动，主要形成平坦的花纹，来衬托主体花型，其织物如图 7-49 所示。

图 7-48　成圈型多梳织物

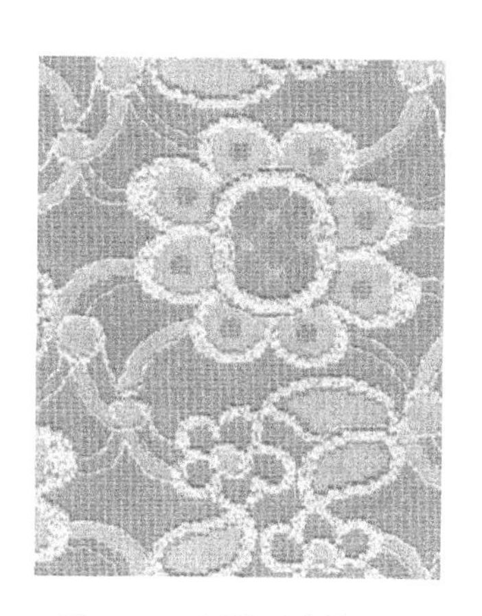

图 7-49　压纱型多梳织物

四、贾卡簇尼克多梳经编织物

这一类织物在贾卡簇尼克经编机上生产。在多梳经编机上加上贾卡系统，用于生产花边，称为贾卡簇尼克经编机。其中采用电磁式贾卡控制的有 MRESJ43/1 和 MRESSJ78/1；采用 Piezo 贾卡控制的有 MRPJ25/1、MRPJ43/1、MRPJ73/1 和 MREPJ 73/1 等。最新的机型为 JL36/1、JL42/1、JL65/1 和 JL95/1 等。这一类机器可以生产弹性或非弹性的花边织物（图 7-50）。

图 7-50　JL 型多梳经编机及其产品

五、特克斯簇尼克多梳经编织物

这一类织物在特克斯簇尼克多梳经编机上生产。特克斯簇尼克多梳经编机是一种带有贾卡和压纱板的多梳经编机，属于高档的花边生产机器，专门用来生产高质量的精美花边织物，很像传统的列韦斯花边。主要机型有 MRPJF59/1/24 以及其变化机型 MRPJF54/1/24。旧的机型还有 MRSEJF31/1/24 和 MRSEJF53/1/24，最新的机型为 TL71/1/36、TL83/1/24（图 7-51）。

图 7-51　TL71/1/36 多梳经编机及其产品

第五节　双针床经编产品及加工方式

配置两列相对面又相互平行的针床的经编机，一般称为双针床经编机。它可以在各个针床上单独编织成圈，然后用局部或全部连接的方式生产出具有与单针床不同风格和不同花纹效应的织物，在双针床经编机上生产的主要产品有：辛普勒克斯（simplex）织物、围巾和条带织物、短毛绒、长毛绒织物、间隔织物、筒型织物以及成形产品等，这些产品在服装、装饰以及各种产业方面都有着广泛的应用。

一、平纹型双针床间隔织物

此类织物在少梳栉的双针床拉舍尔经编机如 RD2N、RD4N 机型上生产，全部或部分导纱梳栉在前、后针床上均作针前横移，形成前后连成一片的双面平纹织物，以辛普勒克斯（simplex）织物为主，还包括围巾、条带等产品。使用适当的原料和组织，可以获得两面完全不同的性能和外观的织物；如使用细密的织针，则可获得既有细致外观又有一定身骨的织物，如在中间梳栉使用松软的衬纬纱，就可获得外观良好而又保暖的织物。

实例：女士内衣面料

该织物在机号为 E30 的 RD2N 经编机上编织而成，如图 7-52 所示，工作幅宽为 3505mm（138 英寸），机器速度为 1000r/min，间隔距离为 1mm，产量为 14.6m/h，织物的纵密为 20.5 横列/cm，克重为 112.3g/m^2。原料为 A：40D/34f 锦纶 66（图 7-53）。组织与穿经如下：

GB1：1-0-1-2/1-0-1-2/1-0-2-3/2-1-2-3/2-1-3-4/3-2-3-4/3-2-4-5/4-3-4-5/4-3-5-6/5-4-5-6/5-4-6-7/6-5-6-7/6-5-7-8/7-6-7-8/7-6-8-9/8-7-8-9/8-7-9-10/9-8-9-10/9-8-9-10/8-7-8-9/8-7-8-9/7-6-7-8/7-6-7-8/6-5-6-7/6-5-6-7/5-4-5-6/5-4-5-6/4-3-4-5/4-3-4-5/3-2-3-4/3-2-3-4/2-1-2-3/2-1-2-3//，4A，（1A，1＊）×5，6A；

GB2：9-10-9-8/9-10-9-8/9-10-9-8/9-10-8-7/8-9-8-7/8-9-7-6/7-8-7-6/7-8-6-5/6-7-6-5/6-7-5-4/5-6-5-4/5-6-4-3/4-5-4-3/4-5-3-2/3-4-3-2/3-4-2-1/2-3-2-1/2-3-1-0/1-2-1-0/1-2-1-0/2-3-2-1/2-3-2-1/3-4-3-2/3-4-3-2/4-5-4-3/4-5-4-3/5-6-5-4/5-6-5-4/6-7-6-5/6-7-6-5/7-8-7-6/7-8-7-6/8-9-8-7/8-9-8-7//，4B，（1B，1＊）×5，6B。

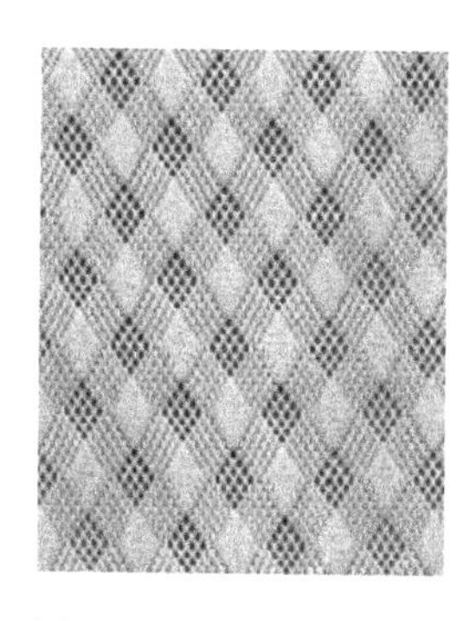

图 7-52　女士内衣面料

图 7-53　女士内衣衬垫面料

二、间隔型双针床间隔织物

增大两针床脱圈板间距，最前和最后的几把梳栉分别在前、后针床上编织单片织物，中间的几把梳栉轮流在两针床上垫纱成圈，将两片织物连接成一体，则形成的织物中间夹有连接线。如果连接纱采用刚性较大的纱线，则可形成具有三维结构的间隔织物，又称三明治织物（图7-54）。间隔织物的间隔距离由两针床脱圈板之间的距离决定，这类机型有RD4N和RD6N。

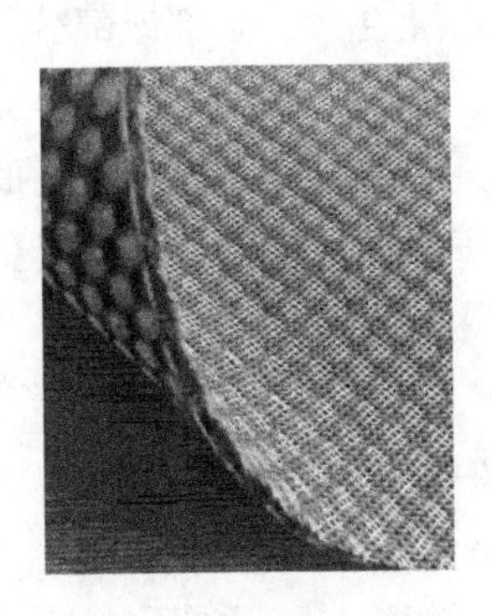

图7-54　经编间隔织物

由于经编间隔织物具有透气、导湿、缓冲、过滤、抗压和可成形等性能，使得这类织物可以开发出很多新的用途。再加上设计和编织时易于变换原料、门幅、间隔高度和结构，后加工中可以进行树脂浸渍、涂层、层合等，而且经编工艺的高生产率、优越的劳动条件以及电子计算机起花设备的发展，为经编间隔织物的广泛应用提供了优越的条件。现在，经编间隔织物除了常规的服用以外，已经进入了汽车、建筑、航空航天、医疗等诸多特殊领域，新的应用领域也在继续开发之中，经编间隔织物无疑是一种具有广阔发展前景的经编产品。

三、毛绒型双针床间隔织物

双针床毛绒织物一般在具有5~8把梳栉的双针床经编机上编织。毛绒织物的毛绒高度由两针床脱圈板之间的距离决定。两针床相隔一定的距离，各自对应的梳栉编织地组织，中间一般采用1~2把毛绒梳，也有采用2~4把毛绒梳通过色纱排列及穿纱配合，轮流在前后针床上编织成圈，然后使用专门的剖幅机从中间剖开，可得两片素色或带有花纹的毛绒织物。随着双针床拉舍尔经编机技术的发展，电子送经和电子横移机构、多绒纱梳栉甚至于控制绒梳垫纱的贾卡装置的采用，双针床绒类产品的设计手段多样化，花型更加丰富多彩，这些为提高双针床毛绒织物在绒类产品市场中的竞争力创造了良好的条件。根据生产的织物毛绒高度的范围，可以分为短绒型织物（毛绒高度为1.5~6mm）和长绒型织物（毛绒高度为8~30mm）。生产短毛绒织物的机型有RD6DPLM12-3、RD7DPLM-EL和RD8DPLM-EL；生产长毛绒、毛毯织物的机型有RD6DPLM/22、RD6DPLM/30和HDR6DPLM/60。双针床拉舍尔经编机是高效生产各类绒织物的一种重要手段，利用色纱可以生产出花纹色彩丰富的图案。一般采用四把地梳（前后针床各两把）和两把毛绒梳栉编织，但现在已出现了多至四把毛绒梳栉的机器。此外，为了增加绒面的花色效应，利用贾卡装置来控制绒梳的垫纱，可以得到有突出绒面的花纹。

实例：汽车座椅面料

该织物在机号为E28的RD6DPLM经编机上编织而成，工作幅宽为1900mm（75英寸），机器速度为600r/min，间隔距离为5mm，产量为11.4m/h，织物的纵密为15.8横列/cm，克重为938g/m^2。原料为A：70D/22f涤纶变形丝，B：70D/24f涤纶变形丝，C：200D/72f涤纶变形丝。组织与穿经如下：

GB1：5-5-5-0/0-0-0-5//，2A；

GB2：0-1-1-1/1-0-0-0//，2B；

GB3：0-1-0-1/1-0-1-0//，1C，1*；

GB4：0-1-0-1/1-0-1-0//，1*，1C；

GB5：0-0-0-1/1-1-1-0//，2B；

GB6：0-5-5-5/5-0-0-0//，2A。

四、圆筒型双针床间隔织物

在梳栉数较多的双针床拉舍尔经编机上可以生产筒型织物，如果机前的几把梳栉仅在前针床上编织，机后的几把梳栉仅在后针床上编织，则可形成前后分离的两片单面织物。在此基础上，再有几把梳栉在两边缘处的前、后针床织针上进行垫纱编织，则可把单面织物连接成圆筒形的织物，同时，如果巧妙地利用梳栉穿纱和垫纱运动的变化，可在针床编织宽度中任意编织各种直径的圆筒形织物及圆筒形分枝织物。因此，可以生产成型产品，如塑形内衣、连裤袜、人造血管基布等。这类机型有带Piezo贾卡梳生产妇女紧身衣的RDPJ6/2；生产成形产品的HDR12EEC和HDR14EEC等。

实例：包装袋

该织物在机号为E6的HDR10EHW双针床经编机上编织而成，织物的纵密为1横列/cm，克重为3.5g/m^2。原料为聚乙烯扁丝。组织与穿经如下：

GB1：3-0-3-3/3-6-3-3/3-6-6-6/6-9-6-6/6-3-6-6/6-3-6-6//，5*，（1穿2*）×13，4*；

GB2：0-0-0-3/0-3-0-0/0-3-3-3/3-6-3-3/3-0-3-3/3-0-0-0//，2*，1穿，45*；

GB3：3-0-3-3/3-6-3-3/3-6-6-6/6-6-6-3/6-3-6-6/6-3-3-3//，44*，1穿，3*；

GB4：3-3-3-6/3-3-3-0/3-3-3-0/0-3-0-0/0-3-0-3/0-0-0-3//，5*，1穿，42*；

GB5：6-3-6-6/6-6-6-3/6-6-6-3/3-3-3-0/3-3-3-6/3-3-3-6//，47*，1穿；

GB6：6-6-6-9/6-6-6-3/6-6-6-3/3-3-3-0/3-3-3-6/3-3-3-6//，8*，（1穿2*）×13，1*。

第六节 轴向经编产品及加工方式

近年来，随着我国经编工业的迅速发展，许多经编企业引进了大量先进的高档经编机，包括带全幅衬纬机构的单轴向型、双轴向型和多轴向型经编机。这类全幅衬纬经编机技术先进、产品独特、产品性能好、附加值高，对提高我国经编工业加工水平、拓宽经编产品用途起到了积极的推动作用。全幅衬纬经编机的生产具有工序流程短、效率高、原料适应性广，能使用涤纶、锦纶、棉等常规长丝纤维，也能使用诸如玻璃纤维、碳纤维等特殊纺织材料。

带有全幅衬纬纱线结构的单轴向、双轴向和多轴向经编织物是使用带有纬纱衬入系统的经编机生产的一类独特的经编织物。这类织物结构的一个显著特点是：在织物的纵向、横向或斜向都可以直接衬入平行纱线，并且这些纱线能够按照使用要求平行伸直地衬在需要的方向上，因此有时这类织物又被称为取向经编织物，其结构称为取向结构。

一、单轴向经编织物

单轴向经编织物是在织物的横向或纵向衬入纱线，按衬入方向分为单向衬经经编织物和单向衬纬经编织物，但通常所指的单轴向经编织物即为单向衬纬经编织物。图7-55所示为单向衬纬经编织物的结构，为纬向衬纬的单轴向经编结构，图7-56为实物照片，地组织为编链组织。纱线一律呈纬向排列，采用经编编链组织的结构，把纬纱连接起来。单轴向取向型织物结构具有以下特点。

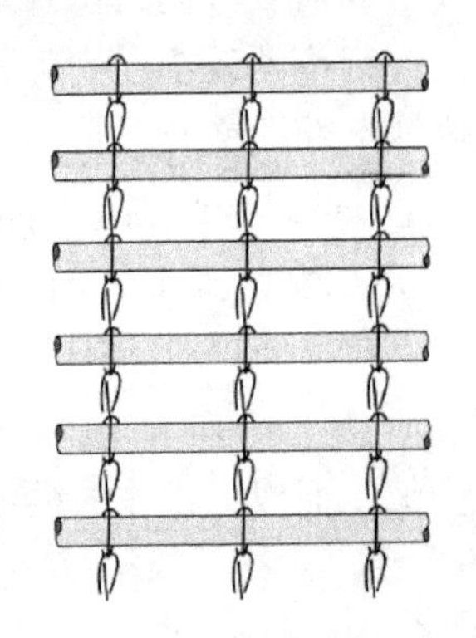

图7-55　单轴向经编织物结构

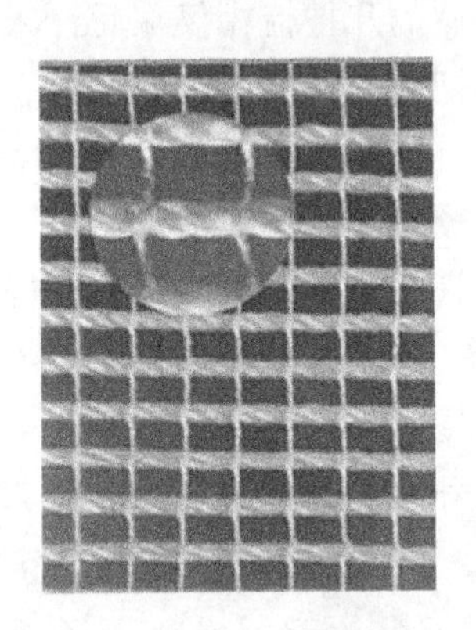

图7-56　轴向经编织物

（1）经编机速度高，门幅宽。

（2）具有很高的强力和尺寸稳定性。

（3）由于纬纱层呈张紧状态，因此织物没有弯曲，没有下垂现象。

（4）织物具有很好的卷曲性能。

（5）织物呈多孔结构，能防止热积聚，并能保证额外的阴凉。

（6）如果进行铝涂层，可以使太阳反射，得到热绝缘材料。

单轴向经编织物具有高度的纤维连续性和线性，是典型的各向异性材料。织物具有良好的尺寸稳定性，布面平整。沿衬纱方向具有良好的拉伸强度，沿垂直衬纱方向具有良好的卷取性。

编织单轴向衬纬经编织物时，衬纬纱的细度可以在很大范围内变化。衬纬不参加编织，平行伸直衬入地组织，地组织通常采用编链组织或经平组织。编织单向衬经经编织物时，使用的纱线通常比地组织使用的纱线粗得多。这种单轴向全幅衬纬经编机目前主要为特里科系列，用于服装衬布的生产，主要有用于生产普通衬布的HKS2MSU型、HKS2MSUS型、HKS2EMS型和用于生产弹性织物的HKS2MSU-E型全幅衬纬经编机。

实例 1：窗帘面料

该织物在机号为 E24 的 HKS2MSU 经编机上编织而成，工作幅宽为 3300mm（130 英寸），机器速度为 880r/min，产量为 40m/h，织物的纵密为 13.3 横列/cm，克重为 $120g/m^2$。原料为 A：45D/20f 涤纶长丝，B：34 公支/2 涤纶短纤纱。组织与穿经如下：

GB1：1-0/1-2/2-3/2-1//，1A，1 *；

GB2：2-3/2-1/1-0/1-2//，1A，1 *；

全幅衬纬：满穿 B。

实例 2：轻型骨架基布

该织物在机号为 E24 的 HKS2MSUS 经编机上编织而成，工作幅宽为 4318mm（170 英寸），机器速度为 720r/min，产量为 54m/h，织物的纵密为 8 横列/cm，克重为 $72g/m^2$。原料为 A：75D 涤纶，B：200D 涤纶，C：200D 涤纶。组织与穿经如下：

GB1：1-0/1-2//，满穿 A；

GB2：1-1/0-0//，满穿 B；

全幅衬纬：满穿 C。

二、双轴向经编织物

双轴向织物是指在织物的经向和纬向（或纵向和横向）有相同或相似力学性能的一类织物，如机织物中的$\frac{2}{2}$方平组织。与机织物不同的是，经编双轴向织物有三个系统的纱线，如图 7-57 所示，即衬经纱、衬纬纱和编织纱。实物图如图 7-58 所示，衬经纱处于衬纬纱和成圈纱延展性之间，与衬纬纱之间没有交织，能够平行伸直地形成两个纱片层并相互垂直排列，再由第三系统的纱线，即编织纱绑缚在一起。

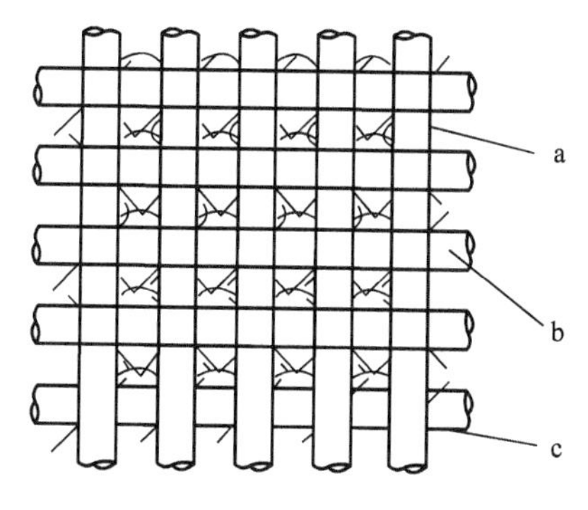

图 7-57　经编双轴向织物结构

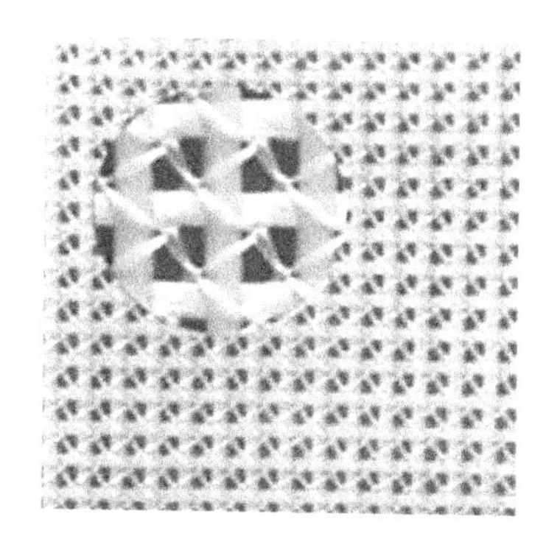

图 7-58　经编双轴向织物

双轴向经编取向织物结构具有以下特点。

（1）纱线的性能得到完全利用，纱线在取向织物结构中是笔直和平行的。

（2）最佳的织物结构单位。

（3）织物操纵比较简单，织物性能可以预先计算。

（4）所有的纱线类型都能生产，从很软的天然纤维到很粗的单丝都能生产。

（5）纱线与纱线之间通过编链纱线很安全地连接。即使是网眼结构也是如此。这使运输、操作或进一步加工，如涂层和复合加工很简单。

（6）优越的抗撕裂性能。纱线层有轻微地偏移，编链纱与纬纱一起阻止撕裂。这种抗撕裂性能是所有取向织物结构典型的特征。双轴向经编织物结构可用于涂层织物、复合材料，如野营用的椅子、甲板上用的椅子、大型的广告牌（采用网眼结构，经涂层、印花制成），可以达到5m宽，我国生产较多的“灯箱布”也是双轴向结构。

实例1：经编土工格栅

该织物在机号为E12的RS3MSU-（V）-N经编机上编织而成，工作幅宽为2667mm（105英寸），机器速度为700r/min，产量为59m/h，织物的纵密为7.1横列/cm，克重为344.6g/m^2。原料为A：125D/48f涤纶，B：125D/48f涤纶，C：3000D/600f涤纶，D：3000D/600f涤纶。组织与穿经如下：

GB1：1-0/0-1//，4A，5*；

GB2：0-0/2-2//，2*，3B，4*；

GB3：0-0/1-1//，1*，4C，4*；

MSU：2D，10*。

实例2：灯箱布

该织物在机号为E18的RS3MSU-N经编机上编织而成，机器速度为900r/min，产量为154m/h，织物的纵密为3.5横列/cm，克重为400g/m^2。原料为A：75D/24f高强涤纶，B：1100D/200f高强涤纶，C：1100D/200f高强涤纶。组织与穿经如下：

GB1：2-0/0-2//，1A，1*；

GB2：2-2/0-0//，1B，1*；

MSU：满穿。

三、多轴向经编织物

多轴向经编织物结构如图7-59所示，由纬纱、经纱、两个斜向衬纬的纱线和成圈纱组成。经纱处于最低层，其次纬纱，然后为两个斜向衬纬的纱线，即自下而上分别为0°/90°/+45°/-45°的纱线。图7-60为带有纤维网的多轴向织物。长纤维增强复合材料越来越多地被用于生产。纱层的整齐排列使多轴向衬入的织物特别适用于塑料增强织物。与传统的材料相比，多轴向增强塑料有下列的重要优点：重量比铁轻，承载能力强，硬度可调，服务寿命更长，抗腐蚀和化学作用，材料和劳动力成本低。

多轴向织物在0°、90°和±θ方向都衬有增强纱线，θ可以在30°~90°之间变化，多层纱片由经平组织或编链组织绑缚在一起。纤维铺设在面内不同方向（衬纱系统）以及沿厚度方向（绑缚系统），形成由纤维束构成的三维网络整体结构。

实例1：多轴向经编织物1

该织物在机号为F5的Multiaxial多轴向经编机上编织而成，幅宽为1270mm（50英寸），

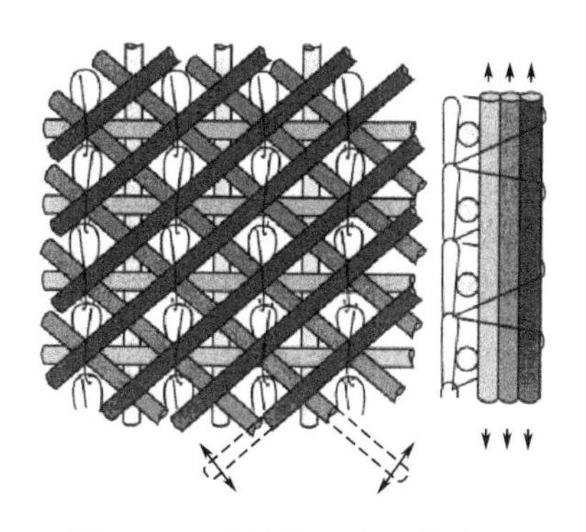
图 7-59 多轴向经编织物结构

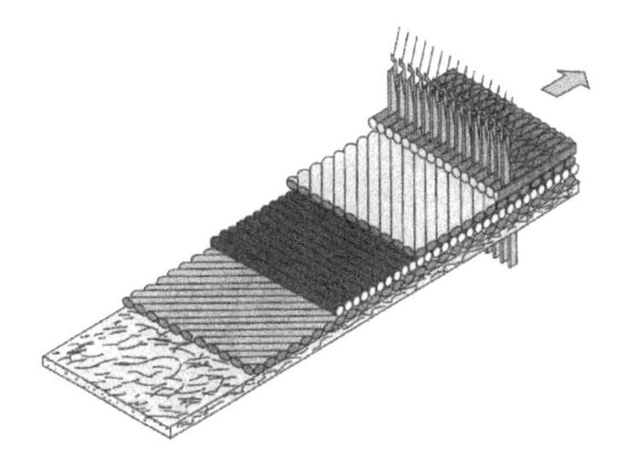
图 7-60 带纤维网的多轴向经编织物

带有纬纱衬入系统和纤维网衬入装置。原料为斜向衬纱+45°为 6000 旦玻璃纤维粗纱；衬纬纱 90°为 6000 旦玻璃纤维粗纱；斜向衬纱-45°为 6000 旦玻璃纤维粗纱；经编纱为 140D 涤纶；地组织为编链织入顺序，纤维网/+45°/90°/-45°//。

实例 2：多轴向经编织物 2

该织物在机号为 5F 的 Multiaxial 多轴箱经编机上编织而成，工作幅宽为 1270mm（50 英寸），线圈类型为经平组织。原料为聚丙烯纺粘型非织造布，衬纬纱为-45°600tex 无捻玻璃丝条，90°600 旦无捻玻璃丝条，+45°600 旦无捻玻璃丝条；衬经纱为 600 旦无捻玻璃丝条；经编纱为 135 旦涤纶。

参考文献

[1] 蒋高明．针织学［M］．北京：中国纺织出版社，2012.

[2] 蒋高明．经编间隔织物的开发应用［J］．上海纺织科技，2003，31（4）：27-29.

[3] 蒋高明，顾璐英．多轴向经编技术的现状与发展［J］．纺织导报，2009（8）：53-56.

[4] 丛洪莲，李秀丽．经编产业用纺织品的生产与开发［J］．纺织导报，2011，000（7）：29-33.

[5] 魏光群，蒋高明，缪旭红．多轴向经编针织物的应用现状与发展展望［J］．纺织导报，2008（3）：70-72.